工程测量学

（第 3 版）

主　编　刘　星　吴　斌

主　审　王　熔

U0280017

重庆大学出版社

内 容 简 介

全书共 11 章,分成三个部分。第一部分(1—6 章)介绍测量学基本概念,测量仪器的使用,测量基本工作及测量误差基本知识;第二部分(7—9 章)介绍大比例尺地形图的基本知识、测绘、阅读及应用;第三部分(10—11 章)介绍土木工程施工测量,线路施工测量、地下工程施工测量及变形观测等内容。本书不仅讲述了传统测量仪器的基本知识,同时也讲述了当今现代测绘新技术。

该书内容精练、要点突出,适用专业面广,既可作为高等学校非测绘专业的测量学教材,也可作为从事土建工程技术人员的参考用书。

图书在版编目(CIP)数据

工程测量学/刘星,吴斌主编.—重庆:重庆大学出版社,2011.1(2021.3 重印)
(土木工程专业本科系列教材)
ISBN 978-7-5624-2988-3

Ⅰ.工…　Ⅱ.①刘…②吴…　Ⅲ.工程测量—高等学校—教材　Ⅳ.TB22

中国版本图书馆 CIP 数据核字(2011)第 100806 号

工程测量学

(第 3 版)

主　编　刘　星　吴　斌
主　审　王　熔

责任编辑:周　立　　版式设计:周　立
责任校对:任卓惠　　责任印制:张　策

*

重庆大学出版社出版发行
出版人:饶帮华
社址:重庆市沙坪坝区大学城西路 21 号
邮编:401331
电话:(023) 88617190　88617185(中小学)
传真:(023) 88617186　88617166
网址:http://www.cqup.com.cn
邮箱:fxk@ cqup.com.cn(营销中心)
全国新华书店经销
重庆华林天美印务有限公司印刷

*

开本:787mm×1092mm　1/16　印张:17　字数:424 千
2015 年 1 月第 3 版　　2021 年 3 月第 27 次印刷
ISBN 978-7-5624-2988-3　定价:49.00 元

本书如有印刷、装订等质量问题,本社负责调换
版权所有,请勿擅自翻印和用本书
制作各类出版物及配套用书,违者必究

土木工程专业本科系列教材
编审委员会

主　任　朱彦鹏

副主任　周志祥　程赫明　陈兴冲　黄双华

委　员（按姓氏笔画排序）

于　江　马铭彬　王　旭　王万江　王秀丽

王泽云　王明昌　孔思丽　石元印　田文玉

刘　星　刘德华　孙　俊　朱建国　米海珍

邢世建　吕道馨　宋　彧　肖明葵　沈　凡

杜　葵　陈朝晖　苏祥茂　杨光臣　张东生

张建平　张科强　张祥东　张维全　周水兴

周亦唐　钟　晖　郭荣鑫　黄　勇　黄呈伟

黄林青　彭小芹　程光均　董羽蕙　韩建平

樊　江　魏金成

前　言

　　本书是根据高等学校土木工程类教学大纲的要求,结合我校几十年来教学、测绘生产实践经验和当前现代测绘技术编写的。全书着重介绍测量学的基本概念、基本理论和基本方法,还介绍了现代测绘科学的新技术和新方法。本书除注意本学科必要的系统性外,还力求叙述简明、图文并茂、通俗易懂。本书可作为土木工程、道路与桥梁工程、建筑学、城市规划、城镇建筑、采矿工程、给水排水工程,环境工程、水利工程、供热通风与空调工程、工程管理、房地产管理等专业学生的教材,也可作为广大的工程技术人员参考用书。

　　本教材由重庆大学刘星、吴斌主编。编写者有刘星(第1、10章)、郑应亨(第2章)、吴斌(第3章),张亚莉(第4章)、刘文谷(第5章)、谭家兵、刘星(第6章)、张伟富(第7、9章),第8章(谭家兵、张亚莉、郑应亨)、第11章(吴斌、魏矿灵)。

　　王熔教授审阅了全书,并提了宝贵的修改意见。对此,我们表示衷心感谢。

　　由于编者水平有限,书中可能存在不少疏漏和错误之处,敬请读者批评指正。

编　者

2015 年 1 月

目录

第 **1** 章
绪　论

1.1　测量学概述

测绘学是研究对地球整体及其表面和外层空间中的各种自然和人造物体与地理空间分布有关的信息进行采集、处理、管理、更新和利用的科学和技术。它是一门一级学科。若研究的对象不一样或者采用的技术手段不同,可把测绘学划分为多个学科。

大地测量学是研究和确定地球形状、大小、重力场、整体与局部运动和地表面点的几何位置以及它们的变化的理论和技术的科学。

摄影测量与遥感学是研究利用电磁波传感器获取目标物的影像数据,从中提取语义和非语义信息,并用图形、图像和数字形式表达的科学。

工程测量学是研究工程建设和自然资源开发中各个阶段的控制和地形测绘、施工放样、变形监测的理论与技术的科学。

海洋测绘学是以海洋水体和海底为对象所进行的测量和海图编制工作。

地图制图学是研究模拟和数字地图的理论、设计、测绘、复制的技术方法以及应用的学科。

众所周知:地球是一个球体,其表面是有曲率的,若不考虑地球表面的曲率对测量的影响,在一个小范围来研究测绘学的理论和方法的范畴,称之为普通测量学。本教材主要介绍普通测量学的基本理论、方法和工程测量学中有关施工测量的基本内容,以及现代测绘技术的基本理论,因此可以称之为工程测量学。

从本质上来讲,测量学的实质就是确定点的位置,并对点的位置信息进行处理、储存、管理。测量学的任务主要有两方面内容:测定和测设。测定就是采集描述空间点信息的工作;测设就是把设计好的建筑物(或者构筑物)细部点的信息标定在地面上的工作。

在当前信息社会中,测绘资料是管理机构重要的基础信息之一。测绘成果也是信息产业的重要内容。测绘技术及成果应用面很广,对于国民经济建设、国防建设和科学研究有着重要的作用。国民经济建设的发展总体规划,城市建设与改造、工矿企业建设、公路铁路修建、各种水利工程和输电线路的兴建、农业规划和管理、森林资源的保护和利用、地下矿产资源的勘探和开采都需要测量工作。在国防建设中,测绘技术不但对国防工程建设、作战战略部署和现代

1

诸兵种协同作战起着重要的保证作用,而且对于现代化的武器装备,如远程导弹、空间武器及人造卫星和航天器的发射也起着重要作用。测量技术对于空间技术研究、地壳形变、地震预报、地球动力学、地球与人类可持续发展研究等科学研究方面也是不可缺少的工具。

工程测量学主要面向土木建筑、环境、道路、桥梁、水利等学科。其主要任务是:

(1)研究测绘地形图的理论和方法

地形图是工程勘测、规划、设计的依据。工程测量学是研究确定地球表面局部区域建筑物、构筑物、地面高低起伏形态的三维坐标的原理和方法。研究局部地区地图投影理论,以及将测量资料按比例绘制成地形图或制成电子地图的原理和方法。

(2)研究在地形图上进行规划设计的基本原理和方法

本教材主要介绍在地形图上进行土地平整、土方计算、道路选线和区域规划的基本原理和方法。

(3)研究工程建(构)筑物施工放样、工程质量检测的技术方法

施工放样是工程施工的依据。工程测量学是研究将规划设计在图纸上的建筑物(或者构筑物)准确地标定在地面上的技术和方法。研究施工过程及大型金属结构物安装中的检测技术。

(4)对大型建筑物的安全进行变形监测

在大型建筑物施工过程中或竣工后,为确保建筑物的安全,应对建筑物进行位移和变形监测。本教材主要介绍变形观测的技术方法。

测量学是一门历史悠久的科学,早在几千年前,由于当时社会生产发展的需要,中国、埃及、希腊等古代国家的人民就开始创造与应用测量工具进行测量。随着社会生产的发展,逐渐应用到社会的许多生产部门。我国古代劳动人民为测量学的发展做出了宝贵的贡献。在远古时代我国就发明了指南针,以后又发明了浑天仪等测量仪器,并绘制了相当精确的全国地图。指南针于中世纪由阿拉伯人传到欧洲,以后在全世界得到广泛应用,到今天仍然是利用地磁测定方位角的简便测量工具。在17世纪望远镜的发明,人们利用光学进行测量,使测绘科学迈进了一大步。自19世纪末发展了航空摄影测量后,又使测绘学增添了新的内容,20世纪50年代以来,由于现代光学、激光、电子学理论、电子计算机、遥感及空间技术在测绘学中的应用,创制了一系列电磁波测距仪、全站仪、电子水准仪、激光准直仪和卫星定位的仪器等现代测绘仪器设备。惯性理论在测绘学中的应用,又创造了陀螺定向、定位仪器。因此出现了把地形测量从白纸测图变为数字测图的技术,从而使测量工作迅速地向内外业一体化、自动化、智能化和数字化方向迈进,使测量工作成为当今信息社会的重要组成部分。人造地球卫星的发射以及通过遥感、遥测技术使人类获得了丰富的地面信息。随着现代科学技术的飞速进展,测绘科学也必然会向更高层的数字化和自动化方向发展。

1.2 地面点的确定

1.2.1 地球的形状和大小

测量学的实质就是确定地面点的空间位置。要测量地球表面上点的相互位置,必须首先建立一个共同的坐标系统,而测量工作是在地球表面上进行,因此测量的坐标与地球的大小形状有密切关系。

我们知道,地球的自然表面有高山、丘陵、平原、盆地及海洋等起伏状态。就整个地球而言,海洋的面积约占71%,陆地的面积约占29%。虽然陆地上最高的山峰珠穆朗玛峰海拔8 848.13米,海底最深的海沟太平洋西部的马里亚纳和菲律宾附近的海沟深达11 022米,但和地球半径6 371千米来比较,是可以忽略不计的。所以把地球的形状想象为一个处在静止状态的海洋面,延伸通过大陆后所包围的形体。

如图1-2-1(a)所示,假想静止不动的水面延伸穿过陆地,包围了整个地球,形成一个闭合的曲面,这个曲面称为水准面。水准面是受地球重力影响而形成的,它的特点是面上任意一点的铅垂线都垂直于该点的曲面。水面可高可低,因此符合这个特点的水准面有无数个,其中与平均海水面相吻合的水准面称为大地水准面,如图1-2-1(b)所示。

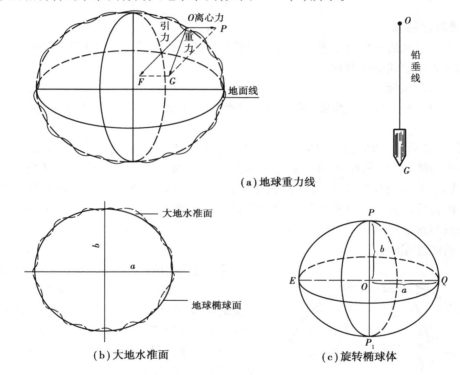

（a）地球重力线

（b）大地水准面

（c）旋转椭球体

图 1-2-1　大地水准面与地球椭球面

由于地球内部质量分布不均匀,重力也受其影响,引起铅垂线方向的变动,致使大地水准面成为一个复杂的曲面。如果将地球表面上的图形投影到这个复杂的曲面上,在计算上是非常困难的。为了解决这个问题,选用一个非常接近大地水准面、并可用数学式表示的几何形体来代表地球总的形状。这个数学形体是由椭圆PEP_1Q绕其短轴PP_1旋转而成的旋转椭球体,又称地球椭球体。其旋转轴与地球自转轴重合,如图1-2-1(c)所示,其表面称为旋转椭球面(参考椭球面)。

决定地球椭球体的大小和形状的元素为椭圆的长半轴a、短半轴b、扁率f,其关系式为:

$$f = \frac{a - b}{a} \tag{1-2-1}$$

随着测绘科学技术的进步,可以越来越精确地确定椭圆元素,目前我国采用的地球椭球体的参数为:

$$a = 6\ 378.140\ km$$

$$f = \frac{1}{298.257}$$

由于地球椭球体的扁率很小,当测区面积不大时,可以将其当做圆球看待,其半径 R 按式(1-2-2)计算:

$$R = \frac{1}{3}(2a + b) \tag{1-2-2}$$

其近似值为 6 371 km。

1.2.2 确定地面点的方法

(1)地理坐标系

地理坐标系又按坐标所依据的基本线和基本面的不同以及求坐标方法的不同可分为天文地理坐标和大地地理坐标两种。

1)天文地理坐标

天文地理坐标又称天文坐标,是表示地面点在大地水准面上的位置,用天文经度 λ 和天文纬度 φ 表示。

如图 1-2-2 所示:PP_1 为地球的自转轴(简称地轴),P 为北极,P_1 为南极。过地面上任意一点的铅垂线与地轴 PP_1 所组成的平面称为该点的子午面。子午面与球面的交线称为子午线(或称经线)。F 点的经度 λ,是过 F 点的子午面 $PFKP_1OP$ 与首子午面 $PGMP_1OP$(国际公认的通过英国格林威治天文台的子午面为计算经度的起始面)所组成的夹角(两面角),自首子午线向东或向西计算,数值为 $0° \sim 180°$。在首子午线以东者为东经,以西者为西经,同一子午线上各点的经度相同。

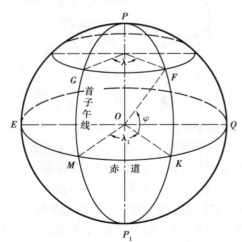

图 1-2-2 地理坐标

垂直于地轴的平面与地球表面的交线称为纬线。垂直于地轴的平面并通过球心 O 与地球表面相交的纬线称为赤道。F 点的纬度 φ,是 F 点的铅垂线 FO 与赤道平面 $EMKQO$ 之间的夹角,自赤道起向南或向北计算,数值为 $0° \sim 90°$,在赤道以北为北纬,以南者为南纬。

经度和纬度的值是用天文测量方法测定。例如我国首都北京中心地区的概括天文坐标为东经 $116°24'$,北纬 $39°54'$。

2)大地地理坐标

大地地理坐标又称为大地坐标,是表示地面点在旋转椭球面上的位置,用大地经度 L 和大地纬度 B 表示。F 点的大地经度 L,就是包含 F 点的子午面和首子午面所夹的两面角;F 点的大地纬度 B,就是过 F 点的法线(与旋转椭圆球面垂直的线)与赤道面的夹角。大地经、纬度是根据一个起始的大地点（大地原点，该点的大地经纬度与天文经纬度一致）的大地坐标，再按大地测量所得的数据推算而得的。我国以陕西省泾阳县大地原点为起算点，由此建立新的统一坐标系，称为"1980 年国家大地坐标系"。

（2）平面直角坐标系

1）高斯平面直角坐标

地理坐标对局部测量工作来说是不方便的，测量计算最好在平面上进行。但地球是一个不可展的曲面，把地球面上的点位化算到平面上，称为地图投影，我国是采用高斯投影的方法。

高斯投影的方法首先是将地球按经线划分成带，称为投影带，投影带是从首子午线起，每隔经度 6° 划为一带（称为 6° 带），如图 1-2-3 所示，自西向东将整个地球划分为 60 个带。带号从首子午线开始，用阿拉伯数字表示，位于各带中央的子午线称为该带的中央子午线（或称主子午线），如图 1-2-4 所示，第一个 6° 带的中央子午线的经度为 3°，任意一个带的中央子午线经度 λ_0，可按式（1-2-3）计算：

$$\lambda_0 = 6N - 3 \tag{1-2-3}$$

式中为 N 投影带号。

图 1-2-3 投影分带

高斯投影——计算方法

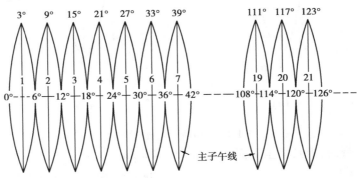

图 1-2-4 6°带中央子午线及带号

投影时设想取一个空心圆柱体（图 1-2-5）与地球椭球体的某一中央子午线相切，在球面图形与柱面图形保持等角的条件下，将球面上图形投影在圆柱面上，然后将圆柱体沿着通过南北极母线切开，并展开成为平面。投影后，中央子午线与赤道为互相垂直的直线，以中央子午线为坐标纵轴 x，以赤道为坐标横轴 y，两轴的交点作为坐标原点 O，组成高斯平面直角坐标系，如图 1-2-6 所示。

在坐标系内，规定 x 轴向北为正，y 轴向东为正。我国位于北半球，x 坐标值为正，y 坐标则有正有负。例如图 1-2-6（a）中，$y_A = +37\ 680$ m，$y_B = -34\ 240$ m，为避免出现负值，将每带的坐标原点向西移 500 km，则每点的横坐标值也均为正值，如图 1-2-6（b）中，$y_A = 500\ 000 + 37\ 680 = 537\ 680$ m，$y_B = 500\ 000 - 34\ 240 = 465\ 760$ m。

为了根据横坐标值能够确定某点位于哪一个 6° 带内，则在横坐标值前冠以带的编号。例

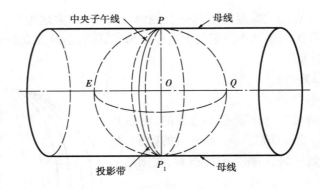

图 1-2-5　高斯平面直角坐标的投影

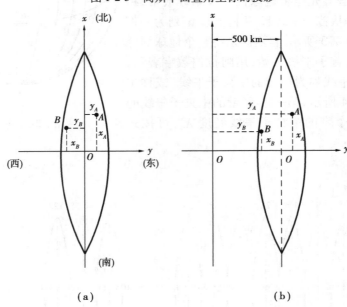

（a）　　　　　　　　　　　　（b）

图 1-2-6　高斯平面直角坐标

如,A 点位于第 20 带内,则其横坐标值 y_A = 20 537 680 m。

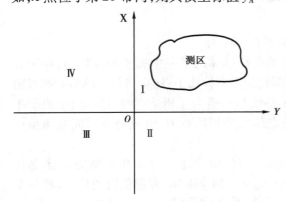

图 1-2-7　独立坐标系的建立

高斯投影中,能使球面图形的角度与平面图形的角度保持不变,但任意两点间的长度却产生变形(投影在平面上的长度大于球面长度),称为投影长度变形。离中央子午线愈远则变形愈大,变形过大对于测图和用图都是不方便的。6°带投影后,其边缘部分的变形能满足 1∶25 000 或更小比例尺测图的精度,当进行 1∶10 000 或更大比例尺测图时,要求投影变形更小,可采用 3°分带投影法或 1.5°分带投影法。

2)小地区平面直角坐标

当测量的范围较小时,可以不考虑地球表面的曲率点测量的影响,把该测区的地表一小块

6

球面当作平面看待。将坐标原点选在测区西南角使坐标均为正值,以该测区中心的子午线方向为 x 轴方向。建立该地区的独立平面直角坐标系。

　　测量所用的平面直角坐标系(图 1-2-7)和数学所采用的平面直角坐标系有些不同:数学中的平面直角坐标的横轴为 x 轴、纵轴为 y 轴,象限按逆时针方向编号;而测量学中则横轴为 y 轴、纵轴为 x 轴,象限按顺时针方向编号。其原因是测量学中是以南北方向线为角度的起算方向,同时将象限按顺时针方向编号便于将数学中的公式直接应用到测量计算中去。

(3)高程

　　地面点到大地水准面的铅垂距离称为绝对高程(又称海拔),简称高程。如图 1-2-8 中,A、B 两点的绝对高程分别为 H_A、H_B。

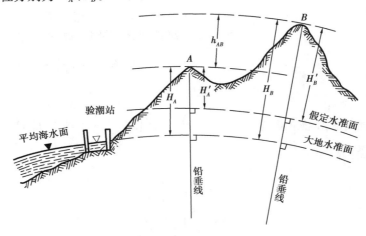

图 1-2-8　高程和高差

　　在局部地区,若无法知道绝对高程时,也可以假定一个水准面作为高程起算面,地面点到假定水准面的铅垂距离称为相对高程(又称假定高程)。A、B 点的相对高程分别以 H'_A、H'_B 表示。

　　地面两点高程之差称为高差,用 h 表示。A、B 两点的高差为:

$$h_{AB} = H_B - H_A = H'_B - H'_A \qquad (1\text{-}2\text{-}4)$$

　　由此说明:高差的大小与高程起算面无关。

　　由于海水面受潮汐、风浪等影响,它的高低时刻在变化。通常是在海边设立验潮站,进行长期观测,求得海平面的平均高度作为高程零点,过该点的大地水准面作为高程基准面,即在大地水准面上的高程为零。我国采用"1985 年国家高程基准",它是根据青岛验潮站 1952—1979 年的观测资料确定的黄海平均海水面(其高程为零)作为高程起算面,并在青岛建立了水准原点,水准原点的高程为 72.260 m,全国各地的高程均以它为基准进行推算。

1.3　用水平面代替水准面的限定

　　水准面是一个曲面,曲面上的图形投影到平面上,总会产生一定的变形。用水平面代替水准面,其产生的变形不超过测量容许的误差,则完全是可以的。以下讨论以水平面代替水准面对距离和高程测量的影响,以便明确可以代替的范围,或者在什么情况下须加以改正。

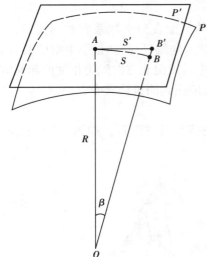

图 1-3-1 水平面代替水准面的影响

1.3.1 对水平距离的限定

如图 1-3-1 所示,设球面 P 与水平面 P' 在 A 点相切, A、B 两点在球面上的弧长为 S,在水平面上的距离为 S',球的半径为 R,AB 所对球心角为 β(弧度),则:

$$S' = R \cdot \tan\beta$$
$$S = R \cdot \beta$$

以水平长度 S' 代替球面上弧长所产生的误差为

$$\Delta S = S' - S = R\tan\beta - R\beta = R(\tan\beta - \beta)$$

将 $\tan\beta$ 按级数展开,并略去高次项,得

$$\tan\beta = \beta + \frac{1}{3}\beta^3 + \cdots$$

因而近似得到

$$\Delta S = R\left[\left(\beta + \frac{1}{3}\beta^3 + \cdots\right) - \beta\right] = R \cdot \frac{\beta^3}{3}$$

以 $\beta = \dfrac{S}{R}$ 代入上式,得

$$\Delta S = \frac{S^3}{3R^2} \tag{1-3-1}$$

或

$$\frac{\Delta S}{S} = \frac{1}{3}\left(\frac{S}{R}\right)^2 \tag{1-3-2}$$

取 $R = 6\,371$ km,并以不同的 S 值代入上式,则可以得出距离误差 ΔS 和相对误差 $\dfrac{\Delta S}{S}$,如表 1-3-1 所示。

表 1-3-1 用水平面代替水准面的距离误差 ΔS 和相对误差 $\dfrac{\Delta S}{S}$

距离 S/km	距离误差 ΔS/cm	相对误差 $\dfrac{\Delta S}{S}$
10	0.8	1:1 200 000
25	12.8	1:200 000
50	102.7	1:49 000
100	821.2	1:12 000

由表 1-3-1 可知,当距离为 10 km 时,以平面代替曲面所产生的距离相对误差为 1:120 万,这样微小的误差,就是在地面上进行最精密的距离测量也是容许的。因此,在半径为 10 km 的范围内,即面积约 300 km² 内,以用水平面代替水准面所产生的距离相对误差可以忽略不计。

1.3.2 高程测量的限定

在图 1-3-1 中,A、B 两点在同一水准面上,其高程应相等。B 点投影到水平面上得 B' 点,

8

则 BB' 即为以平面代替水准面所产生的高程误差。设 $BB' = \Delta h$，则：

$$(R + \Delta h)^2 = R^2 + S'^2$$

$$2R\Delta h + \Delta h^2 = S'^2$$

即

$$\Delta h = \frac{S'^2}{2R + \Delta h}$$

上式中，用 S 代替 S'，同时 Δh 与 $2R$ 相比可以忽略不计，则

$$\Delta h = \frac{S^2}{2R} \tag{1-3-3}$$

以不同的距离代入上式，则可以得出相应高程误差值，如表 1-3-2 所示。

表 1-3-2 以平面代替水准面所产生的高程误差

S/km	0.1	0.2	0.3	0.4	0.5	1	2	5	10
Δh/cm	0.08	0.3	0.7	1.3	2	8	31	196	785

由表 1-3-2 可知，以平面代替水准面，在 1 km 的距离上高程误差就有 8 cm。因此，当进行高程测量时，应顾及水准面曲率(又称地球曲率)的影响。

1.4 测量的工作概述

1.4.1 测量工作的原则和程序

测量工作应遵循两个原则：一是"由整体到局部，由控制到碎部"；二是"步步检核"。

第一项原则是对总体工作而言。任何测绘工作都应先总体布置，然后再分阶段、分区、分期实施。在实施过程中要先布设平面和高程控制网，确定控制点平面坐标和高程，建立全国、全测区的统一坐标系。在此基础上再进行细部测绘和具体建(构)筑物的施工测量。只有这样，才能保证全国各单位各部门的地形图具有统一的坐标系统和高程系统。减少控制测量误差的积累，保证成果质量。

第二项原则是对具体工作而言。对测绘工作的每一个过程、每一项成果都必须检核。在保证前期工作无误条件下，方可进行后续工作，否则会造成后续工作的困难，甚至全部返工。只有这样，才能保证测绘成果的可靠性。

1.4.2 测量的基本工作

以地形图的测绘为例说明。为了保证全国各地区测绘的地形图能有统一的坐标系，并能减少控制测量误差积累，国家测绘局在全国范围内建立了能覆盖全国的平面控制网和高程控制网。在测绘地形图时，首先应在测区范围内布设测图控制网及测图用的图根控制点。这些控制网应与国家控制网联测，使测区控制网与国家控制网的坐标系统一致。图根控制点还应便于安置仪器进行测图。如图 1-4-1 中，$A, B, \cdots, F$ 为图根控制点，A 点只能测山前的地形图，山后要用 C, D, E 等点测量。地物、地貌特征点也称为碎部点，地形图碎部测量中大多采用极坐标法，见图 1-4-2。设地面上有三个点 A, B, C，其中 A, B 为已知点，现要测定 C 点的平面坐

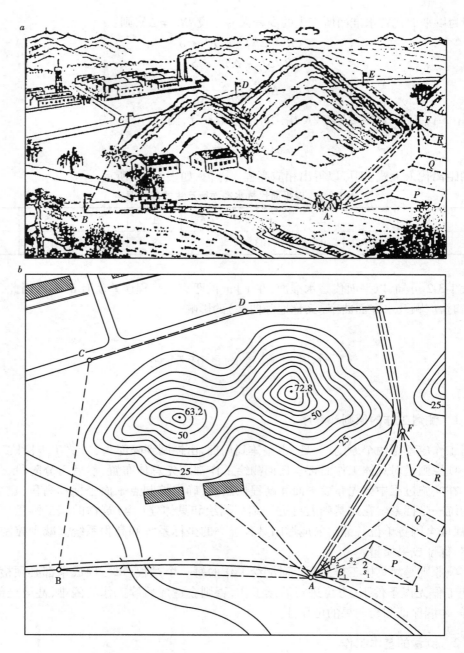

图 1-4-1　控制和地形测量

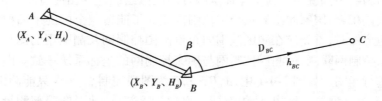

图 1-4-2　测量的基本工作

标和高程。将仪器架在 B 点,测定水平角 β,量测 BC 的距离 D_{BC} 和高差 h_{BC},即可得到 C 点的平面位置和高程。所以测角、量边、测高程是测量的基本工作。把测定的地物、地貌的特征点人工展绘在图纸上,称为白纸测图。如果在野外测量时,就将测量结果自动存储在计算机内,利用测站坐标及野外测量数据计算出特征点坐标;并给特征点赋予特征代码,即可利用计算机自动绘制地形图,这就是数字化测图。测绘的地形图经过严格的检查验收、编辑、修改、绘制,可得到正规的地形图。

思考题与习题

1 测量工作在土木类工程专业中有什么作用?

2 什么叫水准面? 它有什么特性?

3 什么叫大地水准面,它在测量中的作用是什么?

4 什么叫高程、绝对高程和相对高程?

5 在什么情况下可以采用独立坐标系? 测量学和数学中的平面直角坐标系有哪些不同?

6 设我国某处 A 点的横坐标 $Y = 19\ 689\ 513.12$ m,问该点位于第几度带? A 点在中央子午线东侧还是西侧,距中央子午线多远?

7 用水平面代替水准面对高程和距离各有什么影响?

8 测量工作的基本原则是什么? 为什么要遵循这些基本原则?

9 测量的基本工作是什么?

第**2**章
水准测量

测量地面上各点高程的工作,称为高程测量。高程测量根据所使用的仪器和施测方法不同,分为气压高程测量、三角高程测量、水准测量。气压高程测量是根据气压与地面高程成反比的原理来确定地面点位的高程,这种方法的精度很低。三角高程测量是根据三角形原理来确定两点之间的高差,从而确定地面点位的高程。水准测量是利用一条水平视线来确定两点之间的高差,然后推算地面点位的高程。三角高程测量和水准测量已广泛地应用于高程测量中。

2.1 水准测量原理

水准测量是利用一条水平视线,并借助水准尺,来测定地面两点间的高差,这样就可由已知点的高程推算出未知点的高程。如图 2-1-1 所示,欲测定 A、B 两点之间的高差 h_{AB},可在 A、B 两点上分别竖立有刻划的尺子——水准尺,并在 A、B 两点之间安置一台能提供水平视线的仪器——水准仪。根据仪器的水平视线,在 A 点尺上读数,设为 a;在 B 点尺上读数,设为 b;则 A、B 两点间的高差为

$$h_{AB} = a - b \tag{2-1-1}$$

如果水准测量是由 A 到 B 进行的,如图 2-1-1 中的箭头所示。由于 A 点为已知高程点,故 A 点尺上读数 a 称为后视读数;B 点为欲求高程的点,则 B 点尺上读数 b 为前视读数。高差等于后视读数减去前视读数。若 $a > b$,则 A、B 两点高差为正;反之,则 A、B 两点高差为负。

若已知 A 点的高程为 H_A,则 B 点的高程为

$$H_B = H_A + h_{AB} = H_A + (a - b) \tag{2-1-2}$$

还可通过仪器的视线高 H_i 来计算 B 点的高程,即

$$H_i = H_A + a$$
$$H_B = H_i - b \tag{2-1-3}$$

式(2-1-2)是直接利用高差 h_{AB} 计算 B 点高程的,此方法称为高差法;式(2-1-3)是利用仪器视线高程 H_i 来计算 B 点高程的,此方法称为仪高法。当安置一次仪器要求测出若干个前视

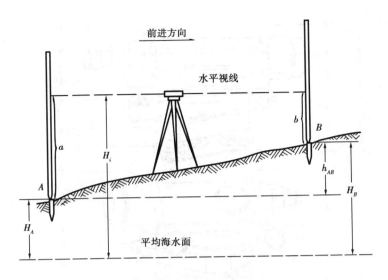

图 2-1-1　水准测量原理

点的高程时,仪高法比高差法方便。

2.2　水准测量的仪器和工具

水准测量所使用的仪器为水准仪,辅助工具为水准尺和尺垫。水准仪按其精度高低可分为 DS_{05}、DS_1、DS_3、和 DS_{10} 四个等级;按结构可分为微倾式水准仪和自动安平式水准仪;按构造可分为光学水准仪和电子水准仪。D、S 分别为"大地测量"和"水准仪"的汉语拼音第一个字母;数字 05、1、3、10 表示该仪器的精度。如 DS_3 型水准仪,表示该型号仪器进行水准测量每千米往返测高差精度可达 ±3 mm。本章着重介绍 DS_3 微倾式水准仪,并简单介绍精密水准仪和电子水准仪。

2.2.1　DS_3 微倾式水准仪的构造

根据水准测量的原理,水准仪的主要作用是提供一条水平视线,并能照准水准尺进行读数。因此,水准仪主要由望远镜、水准器及基座三部分构成。图 2-2-1 所示是我国生产的 DS_3 微倾式水准仪。

(1)望远镜

图 2-2-2 是 DS_3 微倾式水准仪望远镜的构造图,它主要由物镜 1、目镜 2、调焦透镜 3 和十字丝分划板 4 所组成。物镜和目镜多采用复合透镜组,十字丝分划板上刻有两条互相垂直的长线,如图 2-2-2 中的 7,竖直的一条称为竖丝,横的较长那条称为中丝,是为了瞄准目标和读取读数用的。在中丝的上下还对称地刻有两条与中丝平行的短横线,是用来测定距离的,称为视距丝。十字丝分划板是由平板玻璃圆片制成的,平板玻璃片在分划板座上,分划板座由固定螺丝固定在望远镜筒上。十字丝交点与物镜光心的连线,称为视准轴或视线(图 2-2-2)中的($C\text{-}C_1$)。水准测量是在视准轴水平时,用十字丝的中丝截取水准尺上的读数。

图 2-2-3 为望远镜成像原理图。远处目标 AB 发出的光线经过物镜 1 及调焦透镜 3 折射

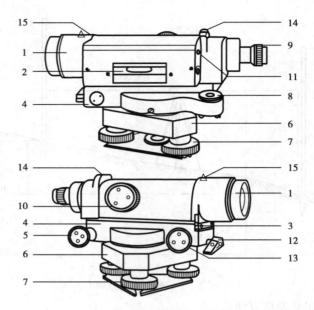

图 2-2-1　DS₃微倾式水准仪

1. 望远镜　2. 水准管　3. 钢片　4. 支架　5. 微倾螺旋　6. 基座　7. 脚螺旋
8. 圆水准器　9. 目镜对光螺旋　10. 物镜对光螺旋　11. 气泡观察镜　12. 制动
扳手　13. 微动螺旋　14. 缺口　15. 准星

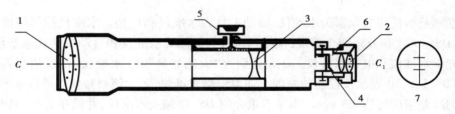

图 2-2-2　望远镜

1. 物镜　2. 目镜　3. 调焦透镜　4. 十字丝分划板　5. 物镜对光螺旋
6. 目镜对光螺旋　7. 十字丝放大像

后,在十字丝平面 4 上形成一个倒立而缩小的实像 ab;通过目镜 2 的放大,成虚像 $a'b'$,十字丝同时也被放大。

　　从望远镜内所看到的目标影像的视角与肉眼直接观察该目标的视角之比,称为望远镜的放大率。如图 2-2-3 所示,从望远镜内看到目标的像所对的视角为 β,用肉眼看目标所对的视角可近似地认为是 α,故放大率 $V = \beta/\alpha$。DS₃微倾式水准仪的望远镜的放大率一般为 28 倍。

（2）水准器

　　水准器是用来指示视准轴是否水平或仪器竖轴是否竖直的装置。水准器分为管水准器和圆水准器两种。管水准器又称为长水准器或水准管,管水准器用来指示视准轴是否水平,圆水准器用来指示竖轴是否竖直。

　　1）管水准器

　　管水准器,是一纵向内壁磨成圆弧形(圆弧半径一般为 7～20 m)的玻璃管,管内装酒精、乙醚或二者的混合液,加热融封冷却后留有一个气泡(见图 2-2-4)。由于气泡较轻,故恒处于

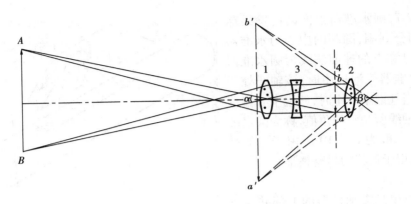

图 2-2-3　望远镜成像原理

管内最高位置。

　　水准管上一般刻有间隔为 2 mm 的分划线,分划线的中点 O,称为水准管零点(见图 2-2-4b)。通过零点作水准管圆弧的切线,称为水准管轴(图 2-2-4a 中的 L-L_1)。当水准管的气泡中点与水准管零点重合时,称为气泡居中;这时水准管轴 LL_1 处于水平位置。水准管圆弧 2 mm 所对的圆心角 τ''(图 2-2-5),称为水准管分划值。用公式表示为

$$\tau'' = \frac{2}{R} \cdot \rho'' \qquad (2\text{-}2\text{-}1)$$

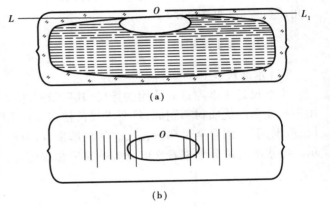

(a)

(b)

图 2-2-4　水准管

式中　$\rho'' = 206\ 265''$;

　　　　R——水准管圆弧半径,单位:mm。

　　式(2-2-1)说明圆弧的半径 R 愈大,角值 τ'' 愈小,则水准管灵敏度愈高。安装在 DS₃ 级水准仪上的水准管,其分划值不大于 $20''/2$ mm.

　　微倾式水准仪在水准管的上方安装一组符合棱镜,如图 2-2-6 所示。通过符合棱镜的反射作用,使气泡两端的像反映在望远镜旁的符合气泡观察窗中。若气泡两端的半像符合成一个圆弧时,就表示气泡居中。若气泡的半像错开,则表示气泡不居

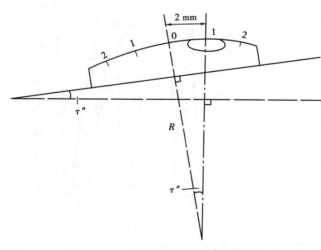

图 2-2-5　水准管分划值

中,这时,应转动微倾螺旋,使气泡的半像符合成一个圆弧。

　　2)圆水准器

15

如图 2-2-7,圆水准器顶面的内壁是球面,其中有圆分划圈,圆圈的中心为水准器的零点。通过零点的球面法线为圆水准器轴线,当圆水准器气泡居中时,该轴线处于竖直位置。当气泡不居中时,气泡中心偏移零点 2 mm,轴线所倾斜的角值,称为圆水准器的分划值,一般为 8′~10′。由于它的精度较低,故只用于仪器的粗略整平。

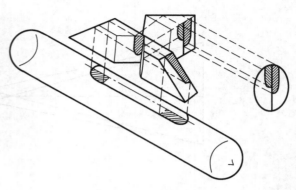

图 2-2-6 水准管与符合棱镜

3)基座

基座的作用是支承仪器的上部并与三脚架连接。它主要是由轴座、螺旋、底板和三角压板构成(见图 2-2-1)。

2.2.2 水准尺和尺垫

(1)水准尺

水准尺是水准测量时使用的标尺,其质量好坏直接影响水准测量的精度。因此,水准尺需用不易变形的优质材料制成,且要求尺长稳定,分划准确。就尺面材料而言,水准尺分为木质尺、玻璃钢尺、铝合金尺和铟瓦尺。从尺形来看,有整尺(直尺)、折尺、塔尺三种,如图 2-2-8 所示。按水准尺的分划来看又可分为单面尺和双面尺。

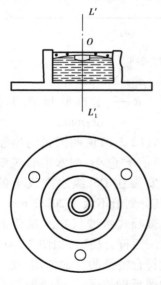

图 2-2-7 圆水准器

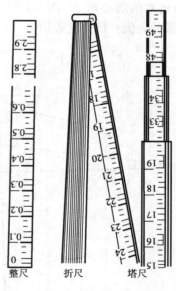

图 2-2-8 水准尺

塔尺多用于等外水准测量,其长度有 2 m 和 5 m 两种,用两节或三节套接在一起。尺的底部为零点,尺上黑白格相间,每格宽度为 1 cm,有的为 0.5 cm,每一米和分米处均有注记。

双面水准尺多用于三、四等水准测量。其长度有 2 m 和 3 m 两种,且两根尺为一对。尺的两面均有刻划,一面为红白相间的,称红面尺;另一面为黑白相间的,称黑面尺(也称主尺),两面的刻划均为 1 cm,并在分米处注字。两根尺的黑面均由零开始;而红面,一根尺由 4.687 m

开始至 6.687 m 或 7.687 m,另一根由 4.787 m 开始至 6.787 m 或 7.787 m。

(2)尺垫

尺垫是在转点处放置水准尺用的,它由生铁铸成,一般为三角形状,中央有一突起的半球体,下方有三个支脚,如图 2-2-9 所示。用时将支脚牢固地插入土中,以防下沉,上方突起的半球形顶点作为竖立水准尺和标志转点之用。

2.2.3 DS₃微倾式水准仪的使用

水准仪的使用包括仪器的安置、粗略整平、瞄准水准尺、精平和读数等操作步骤。

(1)安置水准仪

首先打开三脚架并使高度适中,目估使架头大致水平,检查脚架腿是否安置稳固,脚架伸缩螺旋是否拧紧,然后打开仪器箱取出水准仪,安置于三脚架头上,连接螺旋将仪器牢固地固连在三脚架头上。

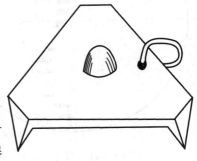

图 2-2-9 尺垫

(2)粗略整平

粗略整平是借助圆水准器的气泡居中,使仪器竖轴大致铅直,从而视准轴粗略水平。粗平的具体操作方法如下:如图 2-2-10(a)所示,外围圆圈为三个脚螺旋,中间为圆水准器,虚线圆圈代表气泡所在位置。首先用双手按箭头所指的方向转动脚螺旋 1、2 使气泡移到这两个脚螺旋方向的中间,然后再按图 2-2-10(b)中箭头所指方向,用左手转动脚螺旋 3,使气泡居中。气泡移动方向与左手大拇指转动脚螺旋时的移动方向相同(与右手大拇指转动脚螺旋时的移动方向相反),故称为"左手大拇指"规则。

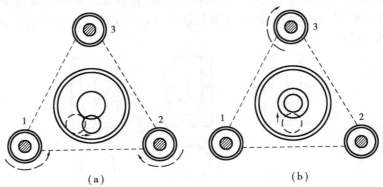

(a)   (b)

图 2-2-10 圆水准气泡居中过程

(3)瞄准水准尺

首先进行目镜对光,即把望远镜对着白色背景,转动目镜对光螺旋,使十字丝清晰;再松开制动螺旋,转动望远镜,用望远镜筒上的照门和准星瞄准水准尺,拧紧制动螺旋;然后从望远镜中观察,转动物镜对光螺旋进行对光,使目标清晰,再转动微动螺旋,使竖丝对准水准尺,如图 2-2-11 所示。

当眼睛在目镜端上下微微移动时,若发现十字丝与目标影像有相对运动,如图 2-2-12(b),这种现象称为视差。产生视差的原因是目标成像的平面和十字丝平面不重合。由于视差的存在会影响到读数的正确性,必须加以消除。消除的方法是重新仔细地进行物镜对光,直

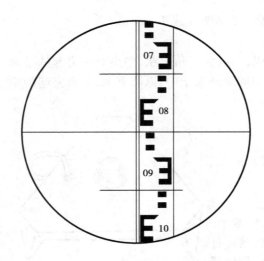

图 2-2-11　瞄准水准尺

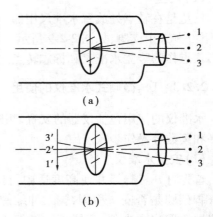

图 2-2-12　瞄准水准尺望远镜瞄准中的视差

到眼睛上下移动,读数不变为止。此时,从目镜端见到十字丝与目标的像都十分清晰,如图 2-2-12(a)。

(4)精平与读数

眼睛通过位于目镜左方的符合气泡观察窗看水准管气泡,右手转动微倾螺旋,使气泡两端的像吻合,即表示水准仪的视准轴已精确水平,如图 2-2-13(a)所示(b、c 表示气泡不居中)。这时,即可用十字丝在尺上读数。现在的水准仪有采用正像望远镜和倒像望远镜两种,不论正像还是倒像读数时应从小往大读。先估读毫米数,然后报出全部读数。如图 2-2-11 所示,读数为 0.859 m。精平和读数虽是两项不同的操作步骤,但在水准测量的实施过程中,却把两项操作视为一个整体。即精平后再读数,读数后还要检查管水准气泡是否完全符合。只有这样,才能取得准确的读数。

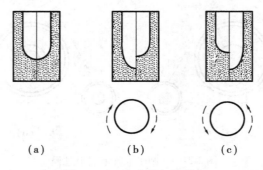

图 2-2-13　水准管气泡符合

2.3　普通水准测量

2.3.1　水准点

为了统一全国的高程系统和满足各种测量的需要,测绘部门在全国各地埋设并测定了很多高程已知的固定点,这些点称为水准点(Bench Mark),简记为 BM。水准测量通常是从水准点引测其他点的高程。按时间作用来看,水准点有永久性和临时性两种。国家等级水准点如图 2-3-1 所示,一般用石料或钢筋混凝土制成,深埋到地面冻结线以下。在标石的顶面设有用不锈钢或其他不易锈蚀的材料制成的半球状标志。有些水准点也可设置在稳定的墙脚下,称为墙上水准点,如图 2-3-2 所示。建筑工地上的永久性水准点一般用混凝土或钢筋混凝土制成。临时性的水准点可用地面上突出的坚硬岩石或用大木桩打入地下,桩顶钉以半球形铁钉。

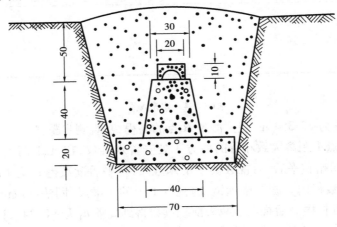

图 2-3-1　水准标石的埋设(单位:cm)

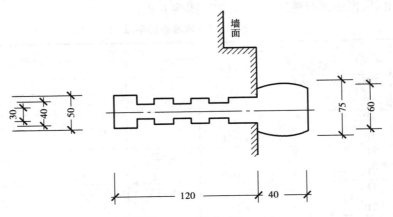

图 2-3-2　墙上水准点

埋设水准点后,应绘出水准点与附近固定建筑物或其他地物的关系图,在图上还要写明水准点的编号和高程,称为点之记,以便于日后寻找水准点位置之用。水准点编号前通常加 BM 字样,作为水准点的代号。如图 2-3-3 所示。

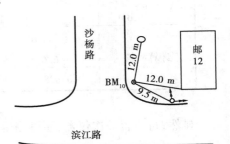

图 2-3-3　点之记

2.3.2　水准测量的施测

当欲测的高程点距水准点较远或高差很大时,就需要连续多次安置仪器以测出两点的高差。如图 2-3-4 所

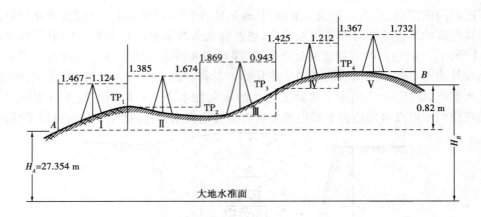

图 2-3-4　水准测量

示,水准点 A 的高程为 27. 354 m,现拟测量 B 点的高程,其观测步骤如下:

在离 A 点和转点 1 距离大致相等的地方 I 处安置水准仪,在 A、1 两点上分别立水准尺。用圆水准器将仪器粗略整平后,后视 A 点上的水准尺,精平后读数得 a_1 为 1 467,记入表 2-3-1 观测点 A 的后视读数栏内。旋转望远镜,前视点 1 上的水准尺,同法读取读数为 b_1 为 1 124,记入点 1 的前视读数栏内。后视读数减去前视读数得到高差 h_1 为 +0.343,记入高差栏内。此为一个测站上的工作。点 1 上的水准尺不动,把 A 点上的水准尺移到点 2,仪器安置在点 1 和点 2 之间的 II 处,同法进行观测和计算,依次测到 B 点。

表 2-3-1　水准测量手簿

| 测站 | 测点 | 水准尺读数 | | 高差/m | | 高程/m | 备注 |
		后视(a)	前视(b)	+	−		
I	BM_A	1 467		0.343		27. 354	
	TP_1		1 124				
II	TP_1	1 385			0.289		
	TP_2		1 674				
III	TP_2	1 869		0.926			
	TP_3		0 943				
IV	TP_3	1 425		0.213			
	TP_4		1 212				
V	TP_4	1 367			0.365		
	BM_B		1 732			28. 182	
计算检核		$\sum a = 7.513$ −6.685	$\sum b = 6.685$	$\sum +1.482$	$\sum -0.654$	28. 182 −27. 354	
		+ 0.828		$\sum h = +0.828$		+ 0.828	

显然,每安置一次仪器,便可测得一个高差,即

$$h_1 = a_1 - b_1$$
$$h_2 = a_2 - b_2$$
$$h_3 = a_3 - b_3$$

$$h_4 = a_4 - b_4$$
$$h_5 = a_5 - b_5$$

将各式相加,得

$$\sum h = \sum a - \sum b$$

则 B 点的高程为

$$H_B = H_A + \sum h \qquad\qquad\qquad (2\text{-}3\text{-}1)$$

由上述可知,在观测过程中,点 1、2、…、4 仅起传递高程的作用,这些点称为转点(Turning Point),常用简写为 TP 或 ZD。转点无固定标志,但为保证高程传递的正确性,在相邻测站的观测过程中,必须使转点保持稳定不动。

2.3.3　测量的检核与成果计算

(1) 测量检核

1) 计算检核

由式(2-3-1)看出,B 点对 A 点的高差等于各转点之间高差的代数和,也等于后视读数之和减去前视读数之和,因此,此式可用来作为计算的检核。如表 2-3-1 中

$$\sum h = + 0.828 \text{ m}$$

$$\sum a - \sum b = 7.513 \text{ m} - 6.685 \text{ m} = + 0.828 \text{ m}$$

这说明高差计算是正确的。

终点 B 的高程 H_B 减去 A 点的高程 H_A,也应等于 $\sum h$,即

$$H_B - H_A = \sum h$$
$$= 28.182 \text{ m} - 27.354 \text{ m} = + 0.828 \text{ m}$$

这说明高程计算也是正确的。

计算检核只能检查计算是否正确,并不能检核观测和记录时是否产生错误。

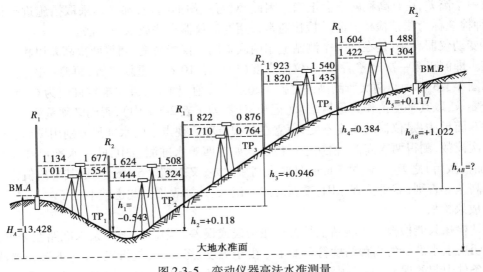

图 2-3-5　变动仪器高法水准测量

表 2-3-2　水准测量记录(两次仪高法)

测站	点号	水准尺读数		高差/m	平均高差/m	改正后高差/m	高程 H/m	备注
		后视	前视					
1	BM$_A$	1.134					13.428	
		1.011						
	TP$_1$		1.677	−0.543				
			1.554	−0.543	−0.543			
2	TP$_1$	1.444						
		1.624						
	TP$_2$		1.324	0.120				
			1.508	0.116	+0.118			
3	TP$_2$	1.822						
		1.710						
	TP$_3$		0.876	+0.946				
			0.764	+0.946	+0.946			
4	TP$_3$	1.820						
		1.923						
	TP$_4$		1.435	+0.385				
			1.540	+0.383	+0.384			
5	TP$_4$	1.422						
		1.604						
	BM$_B$		1.304	+0.118				
			1.488	+0.116	+0.117		14.450	
检核	$\sum$	15.514	13.470	2.044	1.022			
		+2.044						

2)测站检核

如上所述,B 点的高程是根据 A 点的已知高程和转点之间的高差计算出来的。若其中测错任何一个高差,B 点高程就不会正确。因此,对每一站的高差,都必须采取措施进行检核测量,这种检核称为测站检核。测站检核通常采用变动仪器高法或双面尺法。

①变动仪器高法:是在同一个测站上用两次不同的仪器高度,测得两次高差以相互比较进行检核。即测得第一次高差后,改变仪器高度(应大于 10 cm)重新安置,再测一次高差,观测过程如图 2-3-5 所示。两次所测高差之差不超过容许值(例如等外水准容许值为 6 mm),则认为符合要求,取其平均值作为最后结果(记录、计算列于表 2-3-2 中),否则必须重测。

②双面尺法:是仪器的高度不变,而立在前视点和后视点上的水准尺分别用黑面和红面各进行一次读数,测得两次高差,相互进行检核。如在四等水准测量中,同一水准尺红面与黑面读数(加常数后)之差,不超过 3 mm,且两次高差之差,又未超过 5 mm,则取其平均值作为该测站观测高差。否则,需要检查原因,重新观测。记录、计算表格在此也就不画了。

3)成果检核

测站检核只能检核一个测站上是否存在错误或误差超限。对于一条水准路线来说,还不足以说明所求水准点的高程精度符合要求。由于温度、风力、大气折光、尺垫下沉和仪器下沉等外界条件引起的误差,尺子倾斜和估读的误差,以及水准仪本身的误差等,虽然在一个测站上反映不很明显,但随着测站数的增多使误差积累,有时也会超过规定的限差。因此,还必须进行整个水准路线的成果检核,以保证测量资料满足使用要求。其检核方法有如下几种:

①闭合水准路线

如图 2-3-6(a),由一已知高程的水准点 BM_A 出发,沿环线待定高程点 1、2、3、4 进行水准测量,最后回到原水准点 BM_A 上,称为闭合水准路线。显然,从理论上说,如果不存在误差,路线上各点之间高差的代数和应等于零。如果不等于零,便产生高差闭合差,其大小不应超过容许值。

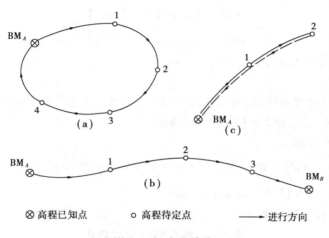

图 2-3-6　水准路线

②附合水准路线

如图 2-3-6(b),从一已知高程的水准点 BM_A 出发,沿各个待定高程的点 1、2、3 进行水准测量,最后附合到另一水准点 BM_B 上,这种水准路线称为附合水准路线。路线中各待定高程点间高差的代数和,应等于两个水准点间已知高差。如果不相等,两者之差称为高差闭合差,其值不应超过容许范围,否则,就不符合要求,须进行重测。

③支水准路线

如图 2-3-6(c),由一个已知高程的水准点 BM_A 出发,沿待定点 1 和 2 进行水准测量,既不附合到另外已知高程的水准点上,也不回到原来的水准点上,称为支水准路线。支水准路线应进行往返观测,以资检核。

(2)水准测量的成果计算

水准测量外业工作结束后,要检查手簿,再计算各点间的高差。经检核无误后,才能进行计算和调整高差闭合差。最后计算各点的高程。以上工作,称为水准测量

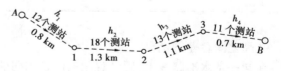

图 2-3-7　外业成果整理图

的内业。下面分别介绍附合水准路线和闭合水准路线的计算过程:

1)附合水准路线

如图 2-3-7 所示,A、B 为两个水准点。A 点高程为 56.345 m,B 点高程为 59.039 m。各测段的高差,分别为 h_1、h_2、h_3 和 h_4。

显然,各测段高差之和应等于 A、B 两点高程之差,即

$$\sum h = H_B - H_A \tag{2-3-2}$$

实际上,由于测量工作中存在着误差,使(2-3-2)式不相等,其差值即为高差闭合差,以符号 f_h 表示,即

$$f_h = \sum h - (H_B - H_A) \tag{2-3-3}$$

高差闭合差可用来衡量测量成果的精度,等外水准测量(图根水准测量)的高差闭合差容许值,规定为

$$\left. \begin{array}{ll} \text{平地} & f_{h容} = \pm 40\sqrt{L} \text{ mm} \\ \text{山地} & f_{h容} = \pm 12\sqrt{n} \text{ mm} \end{array} \right\} \tag{2-3-4}$$

式中:L——水准路线长度,以公里为单位计算;

n——测站数。

若高差闭合差不超过容许值,说明观测精度符合要求,可进行闭合差的调整。现以图 2-3-6 中的观测数据为例,记入表 2-3-3 中进行计算说明。

①高差闭合差的计算

$$f_h = \sum h - (H_B - H_A) = 2.741 \text{ m} - (59.039 - 56.345)\text{m} = +0.047 \text{ m}$$

设为山地,故 $f_{h容} = \pm 12\sqrt{n} \text{ mm} = \pm 88 \text{ mm}$

$|f_h| \leqslant |f_{h容}|$,其精度符合要求。

表 2-3-3　水准测量内业计算表

段号	点名	距离/km	测站数	实测高差/m	改正数/mm	改正后高差/m	高程/m	备注
1	2	3	4	5	6	7	8	9
	A						56.345	
1	1	0.8	12	+2.785	-10	+2.775	59.120	
2	2	1.3	18	-4.369	-16	-4.385	54.735	
3		1.1	13	+1.980	-11	+1.969	56.704	
4	3	0.7	11	+2.345	-10	+2.335	59.039	
$\sum$	B	3.9	54	+2.741	-47	+2.694		
辅助计算	$f_h = +47$ mm　　$f_{h容} = \pm 12\sqrt{n}$ mm $= \pm 88$ mm　$\|f_h\| \leqslant \|f_{h容}\|$　$-\dfrac{f_h}{n} = -\dfrac{47 \text{ mm}}{54 \text{ mm}} = -0.87$ mm							

②高差闭合差的调整

在同一条水准路线上,假设观测条件是相同的,可认为各站产生的误差机会是相同的,故闭合差的调整按与测站数(或距离)成正比例反符号分配的原则进行。本例中,测站数 $n = 54$,故每一站的高差改正数为

$$-\frac{f_h}{n} = -\frac{47}{54} = -0.87$$

各测段的改正数,按测站数计算,分别列入表 2-3-3 中的第 6 栏内。改正数总和的绝对值应与闭合差的绝对值相等。第 5 栏中的各实测高差分别加改正数后,便得到改正后的高差,列入第 7 栏。最后求改正后的高差代数和,其值应与 A、B 两点的高差($H_B - H_A$)相等,否则,说明

计算有误。

③各点高程的计算

根据检核过的改正后高差,由起始点 A 开始,逐点推算出各点的高程,列入第 8 栏中。最后算得的 B 点高程应与已知的高程 H_B 相等,否则说是有高程计算有误。

2)闭合水准路线

闭合水准路线各段高差的代数和应等于零,即

$$\sum h = 0$$

由于存在着测量误差,必然产生高差闭合差

$$f_h = \sum h \qquad\qquad (2\text{-}3\text{-}5)$$

闭合水准路线高差闭合差的调整方法、容许值的计算,均与附合水准路线相同。

2.3.4　水准测量的误差分析

误差按其性质可分为系统误差和偶然误差,按其产生的根源可分为仪器误差、观测误差和环境误差。水准测量误差分析就是从仪器误差、观测误差和环境误差三个方面进行的。

(1)仪器误差

1)仪器校正后的残余误差　例如水准管轴与视准轴不平行,虽经校正但仍然残存少量误差等。这种误差的影响与距离成正比,只要观测时注意使前、后视距离相等,便可消除或减弱此项误差的影响。

2)水准尺误差　由于水准尺刻划不准确,尺长变化、弯曲等影响,会影响水准测量的精度,因此,水准尺须经过检验才能使用。至于水准尺的零点差,可在一水准测段中使测站数为偶数的方法予以消除。

(2)观测误差

1)水准管气泡居中误差　设水准管分划值为 τ'',居中误差一般为 $\pm 0.15\tau''$,采用符合式水准器时,气泡居中精度可提高一倍,故居中误差为

$$m_\tau = \pm \frac{0.15\tau''}{2\rho''} \cdot D \qquad\qquad (2\text{-}3\text{-}6)$$

2)读数误差　在水准尺上估读毫米数的误差,与人眼的分辨能力、望远镜的放大倍数以及视线长度有关,通常按下式计算

$$m_V = \frac{60''}{V} \cdot \frac{D}{\rho''} \qquad\qquad (2\text{-}3\text{-}7)$$

式中　V——望远镜的放大倍数;

　　　$60''$——人的极限分辨能力。

3)视差影响　当存在视差时,十字丝平面与水准尺影像不重合,若眼睛观察的位置不同,便读出不同的读数,因而也会产生读数误差。

4)水准尺倾斜影响　水准尺倾斜将使尺上读数增大,如水准尺倾斜 $3°30'$,在水准尺上 1 m 处读数时,将会产生 2 mm 的误差;若读数大于 1 m,误差将超过 2 mm。

(3)环境误差(外界条件的影响)

1)仪器下沉　由于仪器下沉,使视线降低,从而引起高差误差。若采用"后、前、前、后"的

观测程序,可减弱其影响。

2)尺垫下沉　如果在转点发生尺垫下沉,将使下一站后视读数增大,这将引起高差误差,采用往返观测的方法,取成果的中数,可以减弱其影响。

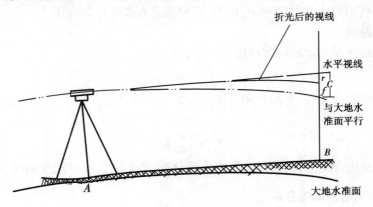

图 2-3-8　地球曲率和大气折光对水准测量的影响

3)地球曲率及大气折光影响　如图 2-3-8 所示,用水平视线代替大地水准面在尺上读数产生的误差为 Δh(这在第 1 章第 1.3 节中已阐述),此处用 C 代替 Δh,则

$$C = \frac{D^2}{2R} \tag{2-3-8}$$

式中:D——仪器到水准尺的距离;

R——地球的平均半径 6 371 km。

实际上,由于大气折光,视线并非是水平的,而是一条曲线(见图 2-3-7),曲线的曲率半径约为地球半径的 7 倍,其折光量的大小对水准尺读数产生的影响为

$$r = \frac{D^2}{2 \times 7R} \tag{2-3-9}$$

折光影响与地球曲率影响之和称之为球气差,通常用 f 表示,则

$$f = C - r = \frac{D^2}{2R} - \frac{D^2}{14R} = 0.43\frac{D^2}{R} \tag{2-3-10}$$

如果使前后视距离 D 相等,由公式(2-3-10)计算的 f 值则相等,地球曲率和大气折光的影响将得到消除或大大减弱。

4)温度影响　温度的变化不仅引起大气折光的变化,而且当烈日照射水准管时,由于水准管本身和管内液体温度的升高,气泡向着温度高的方向移动,而影响仪器水平,产生气泡居中误差,观测时应注意撑伞遮阳。

2.4　微倾式水准仪的检验与校正

根据水准测量原理,水准仪必须提供一条水平视线,才能正确地测出两点间的高差。为此,水准仪应满足的条件是:如图 2-4-1 所示。

①圆水准器轴 $L'L'$ 应平行于仪器的竖轴 VV;

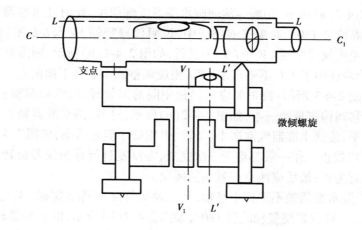

图 2-4-1　水准仪的轴线

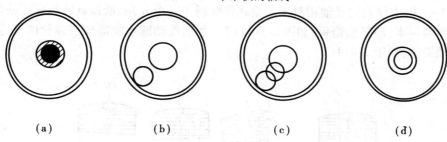

（a）　　　　　（b）　　　　　（c）　　　　　（d）

图 2-4-2　圆水准器的检验与校正

②十字丝的中丝（横丝）应垂直于仪器的竖轴；

③水准管轴 LL 平行于视准轴 CC。其中①、②两个条件为次要条件,③为主要条件。

上述水准仪应满足的各项条件,在仪器出厂时已经过检验与校正而得到满足,但由于仪器在长期使用和运输过程中受到震动和碰撞等原因,使各轴线之间的关系发生变化,若不及时检验校正,将会影响测量成果的质量。所以,在水准测量之前,应对水准仪进行认真的检验和校正。检校的内容有以下三项。

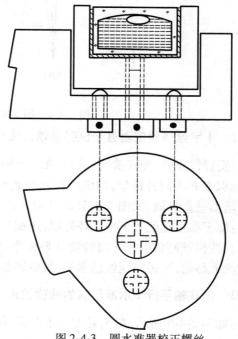

图 2-4-3　圆水准器校正螺丝

27

2.4.1　圆水准器轴平行于仪器竖轴的检验校正

检验：如图 2-4-2(a)所示，用脚螺旋使圆水准器气泡居中，此时圆水准器轴 $L'L'$ 处于竖直位置。然后将仪器旋转 180°，如果气泡仍居中，说明仪器竖轴 VV 与 $L'L'$ 平行；如果气泡不居中，发生了偏离，说明仪器竖轴 VV 与 $L'L'$ 不平行，如图 2-4-2(b)所示，则需要校正。

校正：通过检验证明了 $L'L'$ 不平行于 VV。则应调整圆水准器下面的三个校正螺丝。圆水准器校正结构如图 2-4-3 所示：校正前应先稍松中间的固紧螺丝；然后调整三个校正螺丝，使气泡向居中位置移动偏离量的一半，如图 2-4-2(c)所示，这时，圆水准器轴 $L'L'$ 与 VV 平行；然后再用脚螺旋整平，使圆水准器气泡居中，竖轴 VV 则处于竖直状态，如图 2-4-2(d)所示(这两步可以交换进行)，校正工作一般都难于一次完成，需反复进行直至仪器旋转到任何位置圆水准器气泡皆居中时为止；最后应注意拧紧固紧螺丝。

校正原理：设圆水准器轴不平行于竖轴，且二者交角为 α，那么竖轴 VV 与铅垂线便偏差 α 角，如图 2-4-4(a)。将仪器绕竖轴旋转 180°，如图 2-4-4(b)所示，圆水准器转到竖轴的左面，$L'L'$ 不但不竖直，而且与铅垂线的交角变为 2α。显然气泡不再居中，而离开零点的弧长所对的圆心角为 2α。因为仪器的竖轴相对于铅垂线仅倾斜了一个 α 角，所以旋转脚螺旋使气泡向中心移动偏距的一半，使竖轴铅垂，如图 2-4-4(c)。然后拨动圆水准器校正螺丝使气泡居中，使圆水准器轴铅垂，如图 2-4-4(d)。

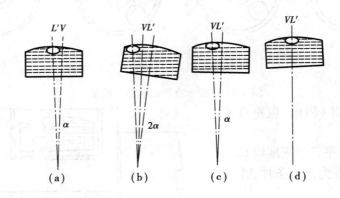

图 2-4-4　圆水准器检校原理

2.4.2　十字丝横丝应垂直于仪器竖轴的检验与校正

检验：安置仪器后，先将横丝一端对准一个明显的点状目标 P，固定制动螺旋，转动微动螺旋，如果标志点 P 不离开横丝，则说明横丝垂直竖轴，不需要校正。如果标志点 P 离开横丝，则说明横丝不垂直竖轴(如图 2-4-5(a)所示)，需要校正。

校正：旋下靠目镜处的十字丝环外罩，用螺丝刀松开十字丝分划板的四个固定螺丝(如图 2-4-5(b))，按横丝倾斜的反方向转动分划板座，使十字丝横丝水平。再进行检验，如果 P 点始终在横丝上移动，则说明横丝已水平，最后转紧十字丝分划板的固定螺丝。

2.4.3　视准轴平行于水准管轴的检验校正

检验：如图 2-4-6 所示，在 S_1 处安置水准仪，从仪器向两侧各量约 40 m，定出等距离的 A、B 两点，打木桩或放置尺垫标志之。

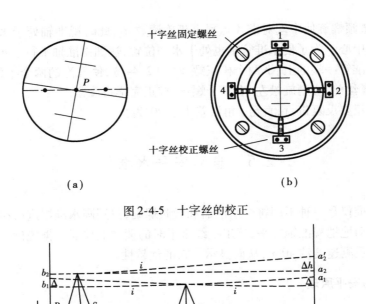

十字丝固定螺丝

十字丝校正螺丝

（a）　　　　　　　　　　　（b）

图 2-4-5　十字丝的校正

图 2-4-6　水准管轴平行于视准轴的检验

1）在 S_1 处用变动仪高（或双面尺）法，测出 A、B 两点的高差。若两次测得的高差之差不超过 3 mm，则取其平均值 h_{AB} 作为最后结果。由于距离相等，两轴不平行的误差 Δh 可在高差计算中自动清除，故 h 值不受视准轴误差的影响。

2）安置仪器于 B 点附近的 S_2 处，离 B 点约 3 m，精平后读得 B 点水准尺上的读数为 b_2，因仪器离 B 点很近，两轴不平行引起的读数误差可忽略不计。故根据 b_2 和 A、B 两点的正确高差 h 算出 A 点尺上应有读数为

$$a_2 = b_2 + h_{AB} \tag{2-4-1}$$

然后，瞄准 A 点水准尺，读出水平视线读数 a_2'，如果 a_2' 与 a_2 相等，则说明两轴平行。否则存在 i 角，其值为

$$i'' = \frac{\Delta h}{D_{AB}} \cdot \rho'' \tag{2-4-2}$$

式中：$\Delta h = a_2' - a_2$；　$\rho = 206\ 265''$

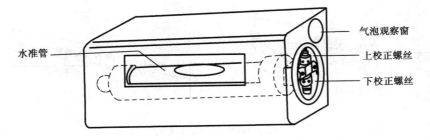

气泡观察窗

水准管

上校正螺丝

下校正螺丝

图 2-4-7　水准管的校正

对于 DS$_3$ 级微倾水准仪，i 值不得大于 20''，如果超限，则需要校正。

校正:转动微倾螺旋使中丝对准 A 点尺上正确读数 a_2,此时视准轴处于水平位置,但管水准气泡必然偏离中心。为了使水准管轴也处于水平位置,达到视准轴平行于水准管轴的目的,可用拨针拨动水准管一端的上、下两个校正螺丝(图2-4-7),使气泡的两个半像符合。在拨动上、下两个校正螺丝前,应稍旋松左、右两个螺丝,校正完毕再旋紧。

这项检验校正要反复进行,直至 i 角误差小于 $20''$ 为止。

2.5　自动安平水准仪

自动安平水准仪是一种不用符合水准器和微倾螺旋,只用圆水准器进行粗略整平,然后借助安平补偿器自动地把视准轴置平,读出视线水平时的读数的仪器。据统计,该仪器与普通水准仪比较能提高观测速度约40%,从而显示了它的优越性。

2.5.1　自动安平原理

如图2-5-1(a)所示,当望远镜视准轴倾斜了一个小角 α 时,由水准尺上的 a_0 点过物镜光心 O 所形成的水平线,不再通过十字丝中心 Z,而在离 Z 为 l 的 A 点处,显然

$$l = f \cdot \alpha \qquad (2\text{-}5\text{-}1)$$

式中:f——物镜的等效焦距;

　　α——视准轴倾斜的角度。

在图2-5-1(a)中,若在距十字丝分划板 S 处,安装一个补偿器 K,使水平光线偏转 β 角,以通过十字丝中心 Z,则

$$l = S \cdot \beta \qquad (2\text{-}5\text{-}2)$$

故有

$$f \cdot \alpha = S \cdot \beta \qquad (2\text{-}5\text{-}3)$$

这就是说,式(2-5-3)的条件若能得到保证,虽然视准轴有微小倾斜,但十字丝中心 Z 仍能读出视线水平时的读数 a_0,从而达到自动补偿的目的。

还有另一种补偿器(图2-5-1(b)),借助补偿器 K 将 Z 移到 A 处,这时视准轴所截取尺上的读数仍为 a_0。这种补偿器是将十字丝分划板悬吊起来,借助重力,在仪器微倾的情况下,十字丝分划板回到原来的位置,安平的条件仍为式(2-5-3)。

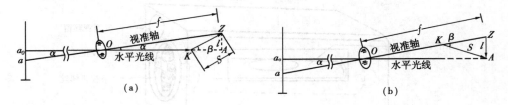

图 2-5-1　自动安平原理

2.5.2　自动安平补偿器

自动安平补偿器的种类很多,但一般都是采用吊挂光学零件的方法,借助重力的作用达到

视线自动补偿的目的。

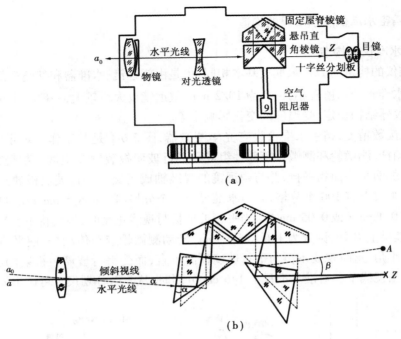

图 2-5-2　自动安平补偿器

如图 2-5-2(a)，是 DSZ₃ 自动安平水准仪。该仪器是在对光透镜与十字丝分划板之间装置一套补偿器。其构造是：将屋脊棱镜固定在望远镜筒内，在屋脊棱镜的下方，用交叉的金属丝吊挂着两个直角棱镜，该直角棱镜在重力作用下，能与望远镜作相对的偏转。为了使吊挂的棱镜尽快地停止摆动，还设置了阻尼器。

如图 2-5-2(a)所示，当仪器处于水平状态，视准轴水平时，尺上读数 α_0 随着水平光线进入望远镜，通过补偿器到达十字丝中心 Z。则读得视线水平时的读数仍为 α_0。

当望远镜倾斜了微小角度 α 时，如图 2-5-2(b)所示。此时，吊挂的两个直角棱镜在重力作用下，相对于望远镜的倾斜方向作反向偏转，如图 2-5-2(b)中的虚线所画直角棱镜，它相对于实线直角棱镜偏转了 α 角。这时，原水平光线（虚线表示）通过偏转后的直角棱镜（起补偿作用的棱镜）的反射，到达十字丝的中心 Z，所以仍能读得视线水平时的读数 α_0，从而达到了补偿的目的。这就是自动安平水准仪为什么在仪器倾斜了一个小角 α 时，十字丝中心在水准尺上仍能读得正确读数的道理。

由图 2-5-2(b)中还可以看出，当望远镜倾斜 α 角时，通过补偿的水平光线（虚线与未经补偿的水平光线（点画线）之间的夹角为 β。由于吊挂的直角棱镜相对于倾斜的视准轴偏转了 α 角，反射后的光线便偏转 2α，通过两个直角棱镜反射，则 β 等于 4α。

2.6　精密水准仪和水准尺

精密水准仪主要用于国家一、二级水准测量和高精度的工程测量中，例如建筑物沉降观测,大型精密设备安装等测量工作。

2.6.1 精密水准仪和水准尺的构造

(1) 精密水准仪的构造

精密水准仪的构造与 DS₃ 水准仪基本相同,也是由望远镜、水准器和基座三部分组成。其不同之点是:水准管分划值较小,一般为 10/2 mm;望远镜放大率较大,一般不小于 40 倍;望远镜的亮度好,仪器结构稳定,受温度的变化影响小等。

为了提高读数精度,精密水准仪设有光学测微器,图 2-6-1 是其工作原理示意图,它由平行玻璃板、传动杆、测微轮和测微尺等部件组成。平行玻璃板装置在望远镜物镜前,其旋转轴与平行玻璃板的两个平面相平行,并与望远镜的视准轴成正交。平行玻璃板通过传动杆与测微尺相连。测微尺上有 100 个分格,它与水准尺上一个分格(1 cm 或 5 mm)相对应,所以测微时能直接读到 0.1 mm(或 0.05 mm)。当平行玻璃板与视线正交时,视线将不受平行玻璃板的影响,对准水准尺上 B 处,读数为 146(cm)+a。转动测微轮带动传动杆,使平行玻璃板绕旋转轴俯仰一个小角,这时视线不再与平行玻璃板面垂直,而受平行玻璃板折射的影响,使得视线上下平移。当视线下移对准水准尺上 146 cm 分划时,从测微分划尺上可读出 a 的数值。

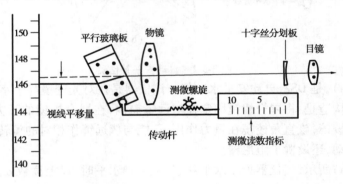

图 2-6-1 水准仪平行玻璃板测微装置

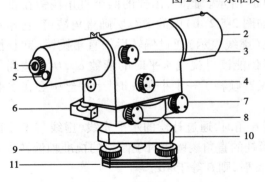

图 2-6-2 DS₁ 精密水准仪

1.目镜 2.物镜 3.物镜对光螺旋 4.测微轮
5.测微器读数镜 6.粗平水准管 7.水平微动螺旋
8.微倾螺旋 9.脚螺旋 10.基座 11.底板

图 2-6-2 是我国北京测绘仪器厂生产的 DS₁ 级水准仪,光学测微器最小读数为 0.05 mm。

(2) 精密水准尺的构造

精密水准仪必须配有精密水准尺。这种水准尺一般都是在木质尺身的槽内,引张一根因瓦合金带。在带上标有刻划,数字注在木尺上,如图 2-6-3 所示。精密水准尺的分划值有 1 cm 和 0.5 cm 两种,WildN3 水准仪的精密水准尺分划值为 1 cm,如图 2-6-3(a)所示,水准尺全长约 3.2 m,因瓦合金带上有两排分划,右边一排的注记数字自 0 cm 至 300 cm,称为基本分划;左边一排注记数字自 300 cm 至 600 cm,称为辅助分划。基本分划和辅助分划有一差数

K，K 等于 3.01 550 m，称为基辅差。北京 DS_1 级水准仪和 Ni004 水准仪配套用的精密水准尺，为 0.5 cm 分划，该尺只有基本分划而无辅助分划，如图 2-6-3(b)所示。左面一排分划为奇数值，右面一排分划为偶数值；右边注记为米数，左边注记为分米数。小三角形表示半分米处，长三角形表示分米的起始线。厘米分划的实际间隔为 5 mm，尺面值为实际长度的两倍，所以，用此水准尺观测高差时，须除以 2 才是实际高差值。

2.6.2　精密水准仪的使用方法

精密水准仪的操作方法与一般水准仪基本相同，不同之处是用光学测微器测出不足一个分格的数值。即在仪器精确整平(用微倾螺旋使目镜视场左面的符合水准气泡半像吻合)后，十字丝横丝往往不恰好对准水准尺上某一整分划线，这时就要转动测微轮使视线上、下平行移动使十字丝的楔形丝正好夹住一个整分划线，如图 2-6-4 所示，被夹住的分划线读数为 1.97 m。视线在对准整分划过程中平移的距离显示在目镜右下方的测微尺读数窗内，读数为 1.50 mm。所以水准尺的全读数为 1.97 + 0.001 5 = 1.971 5 m，而其实际读数是全读数除以 2，即 0.985 75 m。

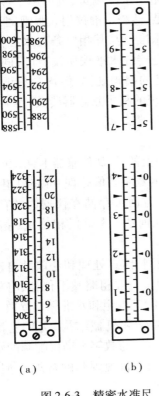

（a）　　　　　　　（b）

图 2-6-3　精密水准尺

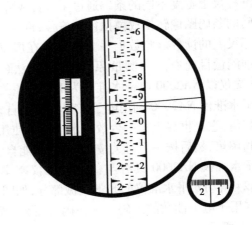

图 2-6-4　精密水准仪读数

2.7　电子水准仪

　　1990 年 3 月徕卡(Leica)公司推出世界上第一台数字水准仪 NA2000,它是由 Gachter,Braunecker,Muller 博士和 P. Gold 组成的研究组研制成功的。他们在 NA2000 上首次采用数字图像技术处理标尺影像,并以行阵传感器取代观测员的肉眼获得成功。这种传感器可以识别水准标尺上的条码分划,并采用相关技术处理信号模型,自动显示与记录标尺读数和视距,从而实现观测自动化。目前已经有瑞士、德国和日本三个国家在生产电子水准仪了。

2.7.1　电子水准仪的特点及工作原理

(1)电子水准仪的特点

　　电子水准仪和传统水准仪相比较,其相同点是:电子水准仪具有与传统水准仪基本相同的光学、机械和补偿器结构;光学系统也是沿用光学水准仪的;水准标尺一面具有用于电子读数的条码,另一面具有传统水准标尺的 E 型分划,既可用于电子水准测量,也可用于传统水准测量、摩托化测量、形变监测和适当的工业测量。其不同点是:传统水准仪用人眼观测,电子水准仪用光电传感器(CCD 行阵)(即探测镜)代替人眼;电子水准仪与其相应条码水准标尺配用,仪器内装有图像识别器,采用数字图像处理技术,这些都是传统水准仪所没有的;同一根编码标尺上的条码宽度不同,各型电子水准仪的条码尺有自己的编码规律,但均含有黑白两种条块,这与传统水准标尺不同。另外,对精密水准仪而言,传统的利用测微器读数,而电子水准仪没有测微器。

(2)数字水准仪的基本原理

　　水准标尺上宽度不同的条码通过望远镜成像到像平面上的 CCD 传感器上,CCD 传感器将黑白相间的条码图像转换成模拟视频信号,再经仪器内部的数字图像处理,可获得望远镜中丝在条码标尺上的读数。此数据一方面显示在屏幕上,另一方面可存储在仪器内的存储器中。电子水准测量目前有三种测量原理,即相关法(徕卡)、几何法(蔡司)、相位法(拓普康、索佳)。本文仅以 NA2000 电子水准仪为例介绍相关法。

　　电子水准仪 NA2000 利用电子工程学原理自动进行观测、信息处理和获取并自动记录每一个观测值,它是世界上第一台数字水准仪。使用时,作业员只要粗略整平仪器,将望远镜对准标尺和调焦,然后按一下有关按键,仪器就能自动地精确测定视距和水准标尺读数。

　　电子水准仪 NA2000 具有与传统水准仪基本相同的光学和机械结构,实际上就是采用 Wild NA24 自动安平水准仪的光学机械部分,如图 2-7-1 所示。与数字水准仪配套的水准标尺一面具有用于电子读数的条码——条码尺,另一面复制有用于目视观测的常规 E 型分划线,如图 2-7-2 所示。

　　在电子水准仪中,标尺条码的像经光学系统成像在仪器的行阵探测器上(如图 2-7-1)。长约 6.5 mm 的行阵探测器是由 256 个间距为 25 μm 的光敏二级管(像素)组成。光敏二极管的口径为 25 μm,由于 Wild NA—24 的视场角约为 2 度,因此在 1.8 m 的最短视距上,标尺截距有 70 mm;视距为 100 m 时,标尺截距有 3.5 m 成像到行阵探测器上,行阵探测器将接收到的图像转换成模拟视频信号,读出电子部件将视频信号进行放大和数字化。电子水准仪的数

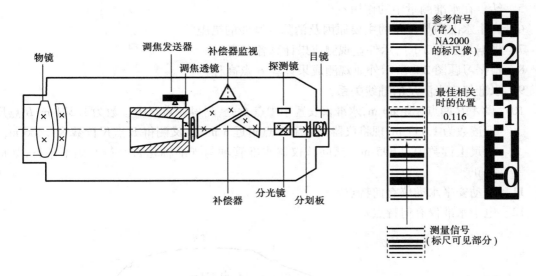

图 2-7-1　电子水准仪的光学机械部分　　　　图 2-7-2　条码尺

值处理是以相关技术为基础,将仪器内存的"已知"代码(参考信号)与行阵探测器上的成像所构成的信号(测量信号)按相关方法进行比较,直至两个信号最佳符合,由此获得标尺读数和视距。

　　目前,电子水准仪一般都带有随机水准测量软件,如 NA2002 和 NA3003 随机附徕卡水准测量软件 LevelPak,这是基于 Windows 的水准测量及平差计算、高程数据管理软件。LevelPak软件含与 GIF10、GIF12 、数字水准仪的数据传输模块。具有如下功能:点位和高程管理;平差计算;报表输出;导入观测文件与高程;手工输入观测数据;水准数据检验;上载数据以供放样;数据传输等。

2.7.2　电子水准仪的使用方法

电子水准仪的使用方法与一般水准测量大体相似,也包括以下几步:
①安置仪器
②粗略整平
③瞄准目标
④观测
值得一提的是:第 4 步只需按一下测量键即可从电子水准仪的显示屏上看到读数。

思考题与习题

1　水准测量原理?

2　何为视准轴? 何为视差? 产生视差的原因及消除的办法?

3　水准器的分类及各自的作用?

4　何为水准管轴、圆水准器轴、水准管分划值?

5 转点在水准测量中的作用？

6 产生水准测量误差的主要原因及消除或减弱的措施？

7 根据习题图 2-1 所示外业观测成果计算各点高程？

8 根据习题图 2-2 所示外业观测成果计算 B 点高程？

9 水准仪应当满足的轴线关系？

10 设 A、B 两点相距 80 m，水准仪安置于中点 C 处，测得 A 点尺上读数为 1.321 m，B 点尺上读数为 1.117 m；现将仪器安置于 B 点附近 3 m 处，又测得 B 点尺读数为 1.466 m，A 点尺上读数为 1.695 m。试问该仪器水准管轴与视准轴是否平行？如不平行，如何校正？

11 自动安平水准仪有何特点？

12 电子水准仪有何特点？

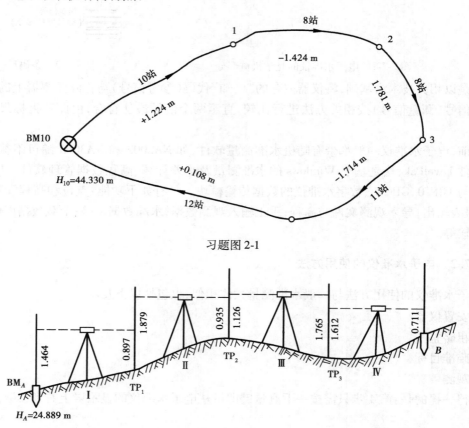

习题图 2-1

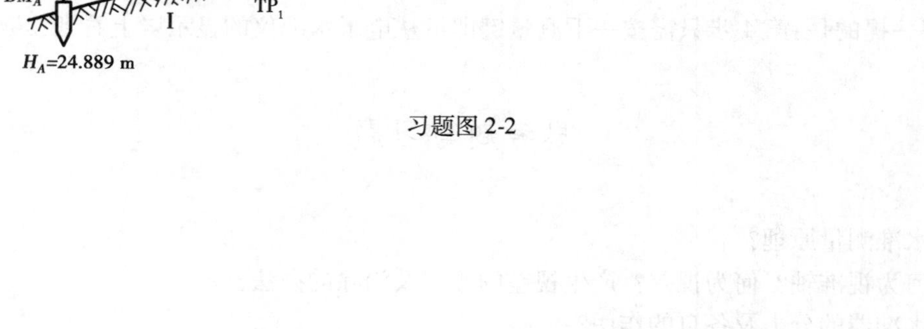

习题图 2-2

第3章
角度测量

　　角度测量是确定地面点位的基本测量工作之一,角度测量分为水平角测量和竖直角测量。水平角测量是为了确定地面点的平面位置;竖直角测量是为了求得地面两点间的高差或将地面两点间的斜距改算成水平距离。

3.1　水平角测量的原理

　　如图 3-1-1 所示,A、B、C 为地面上任意三点,B 为测站点,A、C 为目标点,将 BA、BC 两方向线垂直投影到水平面 H 上,所形成的 $\angle abc$ 即为地面 BA 与 BC 两方向线间的水平角。所以水平角是指地面上一点到两目标点的方向线垂直投影到水平面上的夹角,或是过这两条方向线的竖直面所夹的两面角。

　　为了测出水平角,在过 B 点的铅垂线上水平放置一个带有刻度的圆盘,并使圆盘的中心通过 B 点的铅垂线。通过 BA、BC 各作一竖直面,在度盘上分别得的读数为 α 和 γ,则所求水平角 β 的值为:

$$\beta = \gamma - \alpha \qquad (3\text{-}1\text{-}1)$$

　　由上述可见,测量水平角的仪器,必须有一个带刻度的圆盘,并能使之水平和其中心能位于过 B 点的铅垂线上。还要有即能在水平方向转动,又能在竖直方向上下转动,构成一个竖直面的望远镜。经纬仪就是根据这些要求而制成的一种测角仪器。

　　经纬仪可以分为游标经纬仪、光学经纬仪和电子经纬仪,现在使用的大多是光学经纬仪和电子经纬仪。

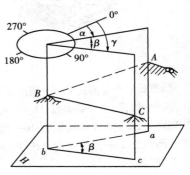

图 3-1-1　水平角测量原理

3.2 光学经纬仪

光学经纬仪按精度划分为 DJ_{07}、DJ_1、DJ_2、DJ_6、DJ_{15} 等级别。DJ 分别为"大地测量"和"经纬仪"的汉语拼音第一个字母,07、1、2、6、15 分别为该仪器一测回方向观测中误差的秒值。工程建设中常用的是 DJ_2 和 DJ_6 两种,本章着重介绍 DJ_6 级光学经纬仪的构造和使用方法,并简介 DJ_2 级光学经纬仪。

3.2.1 DJ_6 级光学经纬仪的构造及读数方法

(1) DJ_6 级光学经纬仪的构造

如图 3-2-1 所示为 DJ_6 级光学经纬仪。它主要由照准部、水平度盘和基座三部分组成。

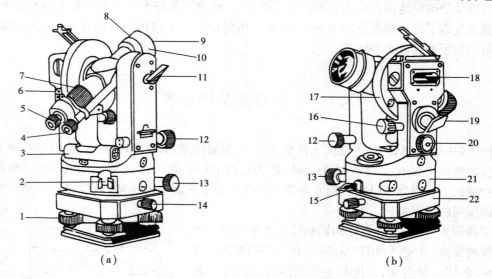

(a)　　　　　　　　　　　　(b)

图 3-2-1 DJ_6 级光学经纬仪

1—脚螺旋;2—复测扳手;3—照准部水准管;4—读数显微镜;5—目镜;6—照门;7—物镜调焦螺旋;8—准星;9—物镜;10—望远镜;11—望远镜制动螺旋;12—望远镜微动螺旋;13—水平微动螺旋;14—轴套固定螺丝;15—水平制动螺旋;16—指标水准管微动螺旋;17—竖直度盘;18—指标水准管;19—反光镜;20—测微轮;21—水平度盘;22—基座

1) 照准部

照准部是经纬仪水平度盘上部能绕仪器竖轴旋转的部分。主要部件有望远镜、支架、横轴、竖直度盘、光学读数显微镜及水准器等。

望远镜、竖盘和横轴固连在一起,组装于支架上。望远镜的构造与水准仪的望远镜相似,望远镜绕横轴上下旋转是由望远镜制动螺旋和微动螺旋控制。竖盘安装在横轴的一端,竖盘、指标水准管和指标水准管微动螺旋,是用来测量竖直角。照准部水准管和圆水准器用以整平仪器,照准部在水平方向的转动是由水平制动螺旋和水平微动螺旋来控制的。

2）水平度盘

水平度盘是由光学玻璃制成的圆盘，在其上刻有间距相等的分划，从 0°～360°，按顺时针方向注记，用以量度水平角。

经纬仪的照准部与水平度盘的关系可离可合，由复测器控制，当复测扳手扳上时，照准部与水平度盘分离，这时转动照准部水平度盘不动，而读数随照准部的转动而变化；当复测扳手扳下时照准部与水平度盘结合，水平度盘随照准部的转动而转动，而读数不变。有的仪器没有复测器，而装有水平度盘转换手轮，转动此轮使水平度盘转动到所需位置。

3）基座

基座是支撑整个仪器的部件，它主要由轴座、三个脚螺旋和三角形底座组成。用连接螺旋使经纬仪与三脚架连接。连接螺旋的下方备有垂线钩，以便悬挂垂球，借助垂球将水平度盘中心安置在所测顶点的铅垂线上。现在大部分的经纬仪装有光学对中器以代替垂球对中，提高对中精确度。三个脚螺旋用来整平仪器。

照准部通过基座固定螺旋固定在基座上，使用仪器时，切勿松动该螺旋，以免照准部脱离基座而坠地。

（2）DJ₆ 光学经纬仪的读数方法

DJ₆ 光学经纬仪常用的读数设备有分微尺和单平板玻璃两种，现将其读数方法分别介绍如下：

1）分微尺测微器的读数方法

分微尺测微器的读数设备是将分微尺的影像，通过一系列透镜的放大和棱镜的折射，反映到读数显微镜内，在读数显微镜内可读取水平度盘和竖直度盘读数。如图 3-2-2 所示，水平度盘与竖直度盘上 1°的分划间隔，成像后与分微尺的全长相等。上面窗格注有"水平"或"H"是水平度盘及分微尺的影像；下面窗格注有"竖直"或"V"是竖直度盘及分微尺的影像。分微尺全长等分为 60 小格每小格为 1′，可估读到 0.1′，即 6″。读数时，首先读取落在分微尺上度盘分划的度数，再读该分划在分微尺上的位置数值，两者之和即为度盘读数。如图 3-2-2 所示的读数，水平度盘为 112°54′00″，竖直读盘读数为 89°06′30″。

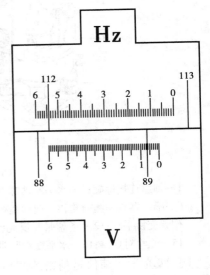

图 3-2-2　分微尺法读数

2）单平板玻璃测微器读数方法

单平板玻璃测微器主要由平板玻璃、测微尺、连接机构和测微轮组成。图 3-2-3 是单平板玻璃测微器读数显微镜内看到的影像。下窗为水平度盘和双指标线，中窗为竖直度盘和双指标线，上窗为测微尺和单指标线。度盘分划值为 30′，测微尺全长也为 30′，将其等分为 30 大格，每一大格为 1′，每大格又等分为 3 小格，每小格为 20″。当转动测微轮，测微尺从 0′移动到 30′时，度盘影像恰好移动一格。

读数时，转动测微轮，使度盘某一分划居于双指标中央，先读出该分划的度盘读数，再在测微尺上根据单指标读取不足 30′的部分，两者之和即为度盘读数。如图 3-2-3（a）所示水平度盘读数为 4°32′00″，图 3-2-3（b）所示竖直度盘读数为 91°21′20″。

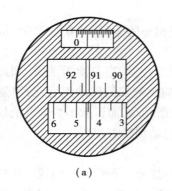 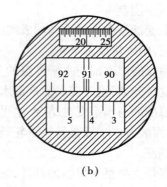

（a）　　　　　　　　　　　（b）

图 3-2-3　测微器法读数

3.2.2　DJ₂ 级光学经纬仪简介

图 3-2-4 是苏州第一光学仪器厂生产的 DJ₂ 级光学经纬仪,各部件的名称如图所注。

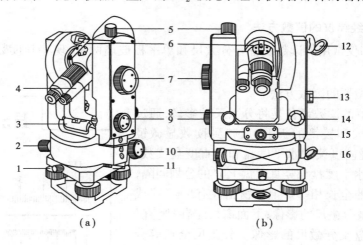

（a）　　　　　　　　　（b）

图 3-2-4　DJ₂ 级光学经纬仪

1—轴座连接螺旋;2—水平制动螺旋;3—照准部水准管;4—读数显微镜;5—望远镜制动螺旋;
6—瞄准器;7—测微轮;8—望远镜微动螺旋;9—换像手轮;10—水平微动螺旋;11—水平度盘
位置变换手轮;12—竖盘照明反光镜;13—竖盘指标水准管;14—竖盘指标水准管微动螺旋;
15—光学对点器;16—水平度盘照明反光镜

DJ₂ 级光学经纬仪是精密的测角仪器,一测回水平方向的中误差是 2″。这种仪器的构造与 DJ₆ 级相类似,在结构上,除望远镜的放大倍数较大,照准部水准管的灵敏度较高,度盘格值较小外,主要表现为读数设备不同。其读数设备有以下两个特点:

1)DJ₂ 级光学经纬仪采用对径重合读数法,相当于利用度盘上相差 180° 的两个指标读数并取其平均值,可消除度盘偏心的影响。

2)DJ₂ 级光学经纬仪可通过转动换像手轮在读数显微镜中选择所需要的度盘影像。手轮上的指示线水平,表示读数显微镜内是水平度盘影像;竖直时,表示为竖直度盘影像。

DJ₂ 级光学经纬仪的读数设备采用对径重合的读数系统,外界光线进入仪器后,经过一系列棱镜和透镜,将度盘直径两端的分划同时反映到读数显微镜内,分别位于一条横线的上、下方,如图 3-2-5(a)所示,左边小窗是测微尺。度盘的最小格值为 20′,测微尺由 0′刻到 10′,最小分划值为 1″,左边的数是分,右边的数是 10″。

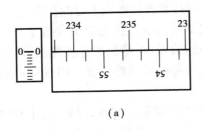　　　　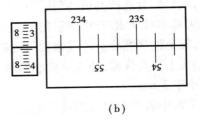

(a)　　　　　　　　　　　　　　　(b)

图 3-2-5　DJ₂ 级光学经纬仪读数

苏州第一光学仪器厂生产的 DJ₂ 级经纬仪采用的是双光楔测微器,其原理是利用光楔的直线运动,使通过它的度盘分划影响产生位移,位移量与光楔运动量成正比,以达到测微的目的。当转动测微轮使测微尺由 0′转到 10′,度盘的正倒像分划线相向移动各半格(即 10′),上、下影像相向移动量则是一格。具体读数方法如下:

①转动测微轮,使正、倒像分化线重合;

②确定正、倒像相差 180°的最近的两条分划线,必须是正像在左,倒像在右;

③读取正像分划的注记的读数为度数,对径分化间的格数(每格 10′),再加上测微尺上的读数值,即为度盘读数。如图 3-2-5(b),读数为 234°48′34.5″。

苏州第一光学仪器生产的新型 DJ₂ 级光学经纬仪,采用了数字化读数,即度盘分化线重合之后,10′数由中间小窗直接读出,其他相同。如图 3-2-6 所示,读数为 74°44′16.5″。

瑞士威特(Wild)T_2 光学经纬仪,也采用数字化读数,如图 3-2-7 所示,上部为度盘对径分划线,中部为度盘上的读数和测微尺的 10′注记,下部为 10′以下的读数,该读数为 94°12′44.3″。

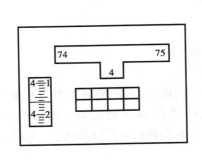　　　　　　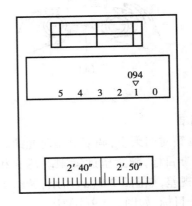

图 3-2-6　苏光 J₂ 经纬仪读数　　　　图 3-2-7　T_2 光学经纬仪读数

3.2.3　光学经纬仪的使用

经纬仪的使用包括对中、整平、照准和读数 4 项操作步骤,现分述如下:

（1）对中

对中的目的是使水平度盘的中心与测站点中心位于同一铅垂线上。具体的做法是,张开三角架,调整到合适的高度,将其架在测站点上,把垂球挂在连接螺旋下方的挂钩上,移动脚架使垂球尖基本对准测站点,将三角架的脚尖踩紧使之稳固,此时,注意架头大致水平。然后装上仪器,旋上连接螺旋。若垂球尖与测站点间有较小的偏差,可稍旋松连接螺旋,两手扶住基座,在架头上移动仪器,使垂球尖准确对准测站点后,再将连接螺旋旋紧。用垂球对准的误差一般应小于 3 mm。

光学对中器设在照准部或基座上,用它对中,仪器的竖轴必须竖直,因此,对中和整平是同时完成的。其方法是:将仪器安置在架头上,并置于测站点上;踩稳一个架腿,两手各移动另外两个架腿,使对中器的圆分划对准测站点,踩稳这两个架腿;转动脚螺旋,使圆分划精确对中测站点;伸缩两个架腿,使圆水准气泡居中,再精确整平仪器;检查对中情况,若有偏离,在架头上移动仪器使其精确对中。这样反复调正至水准管气泡居中,精确对中为止。光学对中的误差一般不大于 1 mm。

（2）整平

整平的目的是使仪器的竖直轴处于竖直位置和水平度盘处于水平位置。整平工作是利用基座上的三个脚螺旋,使照准部水准管在相互垂直的两个方向上气泡都居中。具体做法是:转动照准部使水准管大致平行于任意两个脚螺旋的联线,如图3-2-8(a)所示,两手同时向内(或向外)转动脚螺旋使气泡居中。注意气泡移动方向与左手大拇指转动方向一致,转动照准部90°,旋转另一个脚螺旋,使气泡居中,如图3-2-8(b)所示。反复进行,直至照准部转动到任何位置气泡总是居中,这时仪器的竖轴铅垂,水平度盘水平。

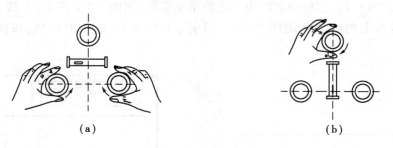

图3-2-8　经纬仪整平

（3）瞄准

将望远镜对向天空,调节目镜对光螺旋使十字丝清晰;然后用望远镜照门和准星(或光学瞄准器)瞄准目标,旋紧望远镜制动螺旋和水平制动螺旋,调节物镜对光螺旋使目标影像清晰,并消除视差,如图3-2-9(a)所示;转动望远镜微动螺旋和照准部微动螺旋,使双丝夹住目标或单丝平分目标,如图3-2-9(b)所示。

（4）读数

打开反光镜,调至合适位置,使读数窗明亮。然后调节读数显微镜调焦螺旋,使读数分划清晰,再读取度盘读数并记录。

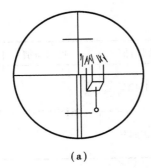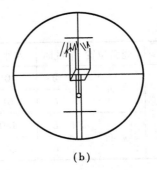

图 3-2-9　目标瞄准示意图

3.2.4　水平角观测

常用的水平角观测方法有测回法和方向观测法。

(1)测回法

测回法适用于观测两个方向之间的单角。如图 3-2-10 所示,欲测水平角 $\angle BAC$,观测步骤为:

1)在测站 A 点安置仪器,对中、整平;

2)用盘左位置(竖盘在望远镜左侧,亦称正镜),瞄准目标 B,读取水平度盘读数,如 $0°12'00''$,记入手簿,见表 3-2-1;

3)松开水平制动螺旋,顺时针方向转动照准部,瞄准目标 C,读取水平度盘读数为 $61°33'12''$,记入手簿;

以上称上半测回,其角值为右目标读数减去左目标读数,即:

$$\beta_{左} = 61°33'12' - 0°12'00'' = 61°21'12''$$

4)纵转望远镜成盘右位置(竖盘在望远镜右侧,亦称倒镜),瞄准目标 C,读取水平度盘数,如 $241°33'30''$,记入手簿;

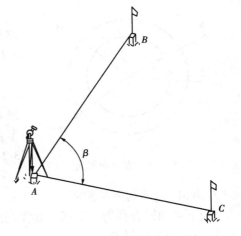

图 3-2-10　测回法示意图

5)逆时针方向转动照准部,瞄准目标 B,并读取水平度盘数,如 $180°12'36''$,记入手簿。

以上 4)、5)称为下半测回,其角值为:

$$\beta_{右} = 241°33'30'' - 180°12'36'' = 61°20'54''$$

上、下半测回合称为一测回。一测回角值为:

$$\beta = 1/2(\beta_{左} + \beta_{右})$$

计算时,若右目标读数小于左目标读数,应加 $360°$。

本例中　$\beta = 1/2(61°21'12'' + 61°20'54'')$

$\qquad = 61°21'03''$

测回法用盘左、盘右观测,可以消除仪器某些系统误差对测角的影响,校核观测结果和提高观测成果的精度。对于 DJ_6 级仪器,上、下半测回角值之差不得超过 $±40''$,若超过此限应重

43

新观测。

表 3-2-1

测站	竖盘位置	目标	水平度盘读数	半测回角值	一测回角值	备注
A	左	B	0°12′00″	61°21′12″	61°21′03″	
		C	61°33′12″			
	右	B	180°12′36″	61°20′54″		
		C	241°33′30″			

当测角精度要求较高时,可多测几个测回,取其平均值作为水平角的最后结果。为了减少度盘刻划不均匀误差对水平角的影响,各测回应利用仪器的复测装置或换盘手轮按 $180°/n$(n 为测回数)变换水平盘位置,即第一测回盘左时,左目标读数为略大于 0° 的数值,以后各测回依次加 $180°/n$。如 $n=3$,则分别设置成略大于 0°、60°、120°。

(2)方向观测法

当一个测站上需观测的方向在 3 个或 3 个以上时,应采用方向观测法,也称为全圆观测法或全圆测回法。现以图 3-2-11 为例介绍如下:

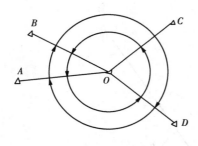

图 3-2-11　方向观测法

1)安置仪器于 O 点,选定起始方向 A,盘左位置,将水平度盘置于略大于 0° 的数值,瞄准 A,读数,并记入表 3-2-2 第 4 栏。

2)顺时针方向依次瞄准 B、C、D 点,读数并记录。

3)继续顺时针转动照准部,再次瞄准 A,读数并记录。此操作称为归零,A 方向两次读数差称为半测回归零差。对于 DJ$_6$ 经纬仪,归零差不应超过 $\pm 18″$(见表 3-2-3),否则应重新观测,上述观测称为上半测回。

4)纵转望远镜成盘右位置,逆时针方向依次观测 A、D、C、B、A 点,此为下半测回。

上、下半测回合称为一测回。如需观测多个测回,各测回仍按 $180°/n$ 变换水平盘位置。

5)方向观测法计算。

①计算两倍照准误差 $2C$,

$$2C = 盘左读数 - (盘右读数 \pm 180°)$$

将各方向 $2C$ 值填入表 3-2-2 第 6 栏,各方向 $2C$ 值互差不得大于表 3-2-3 中的规定。

②计算各方向的平均读数

$$平均读数 = 1/2[盘左读数 + (盘右读数 \pm 180°)]$$

由于存在归零读数,所以起始方向 A 有两个平均值,将这两个平均值再取平均值作为起始方向的方向值,记入表 3-2-2 第 7 栏括号内。

③计算归零后方向值

将各方向的平均读数减去括号内的起始方向平均值,即得各方向归零后的方向值,记入第 8 栏。

④计算各测回归零后方向值的平均值

将各测回同一方向归零后的方向值取平均数,作为各方向的最后结果,记入第9栏。同一方向值各测回互差应满足表3-2-3之规定。

表3-2-2

测站	测回数	目标	水平度盘读数		$2c = 左 - (右 \pm 180°)$	平均读数 $= \frac{1}{2}[左 + (右 \pm 180°)]$	归零后方向值	各测回归零后方向平均值
			盘左 ° ′ ″	盘右 ° ′ ″	″			
1	2	3	4	5	6	7	8	9
0	1					(0 01 03)		
		A	0 01 12	180 01 00	+12	0 01 06	0 00 00	0 00 00
		B	41 18 18	221 18 00	+18	41 18 09	41 17 06	41 17 02
		C	124 27 36	304 27 30	+6	124 27 33	124 26 30	124 26 34
		D	160 25 18	340 25 00	+18	160 25 09	160 24 06	160 24 06
		A	0 01 06	180 00 54	+12	0 01 00		
	2					(90 03 09)		
		A	90 03 18	270 03 12	+6	90 03 15	0 00 00	
		B	131 20 12	311 20 00	+12	131 20 06	41 16 57	
		C	214 29 54	34 29 42	+12	214 29 48	124 26 39	
		D	250 27 24	70 27 06	+18	250 27 15	160 24 06	
		A	90 03 06	270 03 00	+6	90 03 03		

表3-2-3

经纬仪型号	半测回归零差 ″	测回内2C互差 ″	同一方向值各测回互差 ″
DJ$_2$	8	13	9
DJ$_6$	18		24

3.2.5 水平角测量误差分析

水平角测量的误差主要来源于仪器本身的误差、观测误差和外界条件的影响。研究这些误差的成因及性质从而找出消除或减少其影响的方法,以提高水平角观测成果的质量,是测量工作的一个重要内容。

(1)仪器误差

仪器误差主要包括两个方面,一是仪器制造、加工不完善所引起的误差;二是仪器检验校正不完善所引起的误差。

仪器制造、加工不完善所产生的误差,主要有度盘刻划误差和度盘偏心误差,这些误差不能用检验校正的方法减小其影响,只能以适当的观测方法加以消除或减小其影响。如度盘刻划误差可采用不同的度盘部位进行观测,以减小其影响。度盘偏心误差可以采用盘左、盘右观测取其平均值的方法加以消除。

仪器检校不完善而引起的误差,如视准轴不垂直于横轴的误差及横轴不垂直竖轴的误差和水准管不垂直于竖轴的误差等。仪器在作业前都必须进行检验和校正(方法见3.3),但经过检校后仍有其残余部分存在,仍需用一定的观测方法加以消除或减弱。如前两项误差在盘左、盘右观测同一目标时,其误差大小相等,符号相反。因此,用盘左、盘右观测取平均值的方法可以消除这两项误差对水平角的影响。而后一种误差影响,在水准管气泡居中时,竖轴倾斜,其倾斜方向不会随竖盘位置不同而改变。故对同一目标进行盘左、盘右观测,不能消除水准管不垂直于竖直的误差对水平角的影响。所以应注意仪器的检验校正。

(2)观测误差

1)对中误差

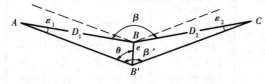

图 3-2-12　对中误差

如图 3-2-12 所示,B 为测站点,B' 为仪器中心,e 为偏心距,A、C 为目标。由于对中不准确,使得仪器中心与测站中心不在同一铅垂线上,而实际观测的为 β',β' 与正确的角值 β 的关系为:

$$\beta = \beta' + (\varepsilon_1 + \varepsilon_2)$$

因 ε_1、ε_2 很小,故:

$$\varepsilon_1 = \frac{\rho''}{D_1} e\sin\theta$$

$$\varepsilon_2 = \frac{\rho''}{D_2} \times e\sin(\beta' - \theta)$$

因此仪器对中误差对水平角的影响为:

$$\varepsilon'' = (\varepsilon_1 + \varepsilon_2) = \rho'' \cdot e\left[\frac{\sin\theta}{D_1} + \frac{\sin(\beta' - \theta)}{D_2}\right] \tag{3-2-1}$$

当 $\beta' = 180°$,$\theta = 90°$ 时,ε 角值最大,即:

$$\varepsilon'' = \rho'' \cdot e\left(\frac{1}{D_1} + \frac{1}{D_2}\right)$$

设 $D_1 = D_2 = D$　则 $\varepsilon'' = \rho'' \cdot e\dfrac{2}{D}$

例:当 $e = 0.003$ m　　　$D = 100$ m 时,　　　　$\varepsilon'' = 12.4''$;

　　当 $D = 30$ m 时,　　　$\varepsilon'' = 41.3''$

以上可知,ε 与偏心距 e 成正比,与边长 D 成反比。所以在测角时,对边长越短且转折角接近 180°时,应特别注意对中。

2)整平误差

由于仪器没有整平将引起仪器竖轴和横轴的倾斜,望远镜绕横轴转动时,视准轴扫出的将是一个倾斜面。盘左、盘右观测时影响相同,无法用正倒镜观测的方法加以消除,所以观测时应认真整平仪器,观测过程中要注意气泡是否居中,若气泡偏离超过 1 格,应在测回间重新整平仪器。

3)目标偏心的影响

测角时,常用标杆立于目标上作为照准标志,当标杆倾斜而又瞄准标杆上部时,则使瞄准点偏离测点产生目标偏心误差。

如图 3-2-13 所示,B 为测站点,A、C 为测点标志中心,C' 为瞄准点,$CC' = l$,为标杆长,$CC'' = e$ 为偏心距,标杆倾斜与铅垂线的夹角为 α,则测角误差为:

$$\Delta\beta = \rho'' \frac{e}{D}$$

式中，$e = l \cdot \sin\alpha$

代入上式得：

$$\Delta\beta = \rho'' \frac{l \cdot \sin\alpha}{D} \qquad (3\text{-}2\text{-}2)$$

设：$l = 2$ m，$\alpha = 1°$　$D = 100$ m，则：$\Delta\beta = 1'12''$

由此可见，边长越短，标杆越倾斜，瞄准点越高，引起的测角误差也越大，所以在水平角观测时，标杆要竖直，并尽可能瞄准标杆的底部，在短边上尤其要注意。

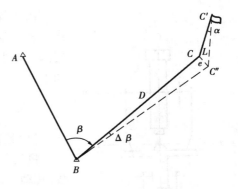

图 3-2-13　目标偏心误差

4）瞄准误差

影响瞄准误差的因素很多，如望远镜的放大倍数，人眼的分辨率，十字丝的粗细。标志的大小和形状、目标影像的亮度、颜色等，通常以人眼的最小分辨视角 ϕ 和望远镜的放大倍数 V 来衡量，为：

$$m_v = \pm \frac{\phi}{V} \qquad (3\text{-}2\text{-}3)$$

一般人眼的最小分辨视角为 $60''$，DJ_6 级光学经纬仪的望远镜放大倍率为 28 倍，因此瞄准误差为 $\pm 2 \cdot 2''$。

5）读数误差

读数误差主要取决于仪器的读数设备。对于采用分微尺读数设备的 DJ_6 仪器，读数误差为测微器最小格值的 1/10，即为 $\pm 6''$。

（3）外界条件的影响

外界条件对角度观测成果有直接影响。如大气透明度差，目标阴暗与旁折光影响等都增大照准误差；土壤松软会使仪器下沉、位移；日晒和温度变化会影响仪器的整平；大风会影响仪器的稳定；受地面热辐射的影响会引起的物像跳动等等。因此，要选择有利的观测时间和观测条件，使这些外界条件的影响降低到最小程度。

3.3　光学经纬仪平盘部分的检验和校正

在水平角测量中，要求仪器的水平度盘应处于水平位置，水平度盘的中心位于测站点铅垂线上，望远镜上、下转动应形成一个竖直面。要达到上述要求，如图 3-3-1 所示，经纬仪各轴线间必须满足下列几何条件。

照准部水准管轴垂直于仪器的竖轴（$LL \perp VV$）

视准轴垂直于横轴（$CC \perp HH$）

横轴垂直于竖轴（$HH \perp VV$）

此外，为了迅速照准目标，可用十字丝任何部位进行照准，就要求十字丝竖丝垂直于横轴；为了用光学对中器进行精确对中，要求光学对中器的视准轴应与仪器的竖轴重合。

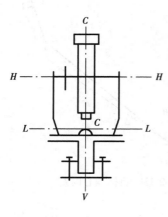

图 3-3-1　经纬仪轴线图

由于仪器长期在野外使用,其轴线关系可能被破坏,从而产生测量误差。因此,作业前应对经纬仪进行检验和校正,使之满足要求。现将经纬仪平盘部分的各项检验校正方法分述如下:

3.3.1　照准部水准管轴应垂直于竖轴

(1)检验方法

将仪器大致整平,使照部水准管平行于一对脚螺旋的连线,转动这两个脚螺旋使水准管气泡居中。然后转动照准部180°,若气泡居中,说明条件满足。若气泡偏离超过一格,应进行校正。

(2)校正方法

如图 3-3-2(a)所示,当水准管气泡居中,水准管轴水平,竖轴倾斜,竖轴与铅垂线之夹角为 α。当转动照准部180°时,基座和竖轴位置不变,但气泡不居中,此时水准管轴与水平线的夹角为 2α,反映为气泡偏离中心的格值,如图 3-3-2(b)所示。用校正针拨动水准管校正螺丝,使气泡返回偏离量的一半,即 α,这时水准管轴就垂直于竖轴,见图 3-3-2(c),再用脚螺旋使水准管气泡居中,如图 3-3-2(d)所示。这时,水准管轴水平,竖轴铅垂。此项检验校正要反复进行,直至照准部处于任何位置,气泡偏离中心不大于一格为止。

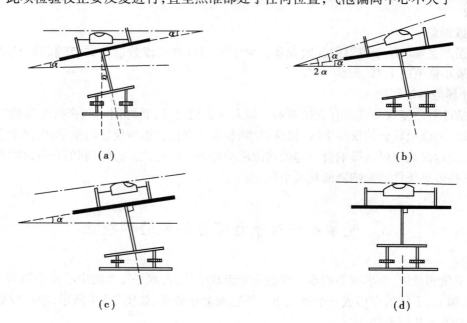

(a)　　　　　　　　　　　　　(b)

(c)　　　　　　　　　　　　　(d)

图 3-3-2　圆水准器检校示意图

3.3.2　十字丝竖丝应垂直于仪器横轴

(1)检验方法

用十字丝的交点精确瞄准一清晰目标点,将照准部水平制动螺旋和望远镜制动螺旋制紧,慢慢转动望远镜微动螺旋,使望远镜上、下移动,若目标点一直不离开竖丝,条件满足,否则需校正,见图 3-3-3 所示。

(2)校正方法

此项校正与第 2 章 2.4 节中的水准仪十字丝校正方法相似。

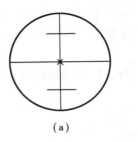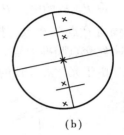

图 3-3-3　十字丝检校图

3.3.3　视准轴应垂直于横轴

(1)检验方法

1)选择一平坦场地,如图 3-3-4 所示,A、B 两点相距约 60～100 m,置仪器与中点 O,在 A 点立一标志,在 B 点与 OB 垂直的横置一有毫米分划的直尺,并使 A 点标志和 B 点直尺大致与仪器同高。

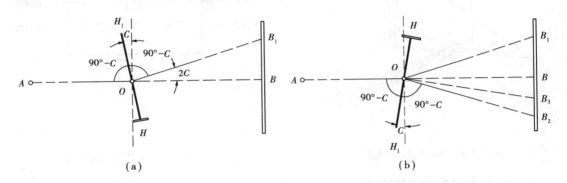

图 3-3-4　视准轴检校示意图

2)盘左位置瞄准 A 点,制紧水平制动螺旋,纵转望远镜在 B 点直尺上读数 B_1,如图 3-3-4(a)。

3)盘右再瞄准 A 点,制紧水平制动螺旋,纵转望远镜在 B 尺上读数 B_2,如图 3-3-4(b)。若 B_1、B_2 两数相等,说明视准轴垂直于横轴,否则需校正。

(2)校正方法

如图 3-3-4(b)所示,$\angle B_1 OB_2 = 4C$。在尺上定出 B_3 点,使 $B_2 B_3 = \frac{1}{4} B_1 B_2$,则 OB_3 垂直于仪器的横轴。用校正针拨动左右两个十字丝校正螺丝,如图 3-3-5 所示,一松一紧,移动十字丝交点与 B_3 重合即可,这项检验与校正也需反复进行。

3.3.4　横轴应垂直于竖轴

十字丝固定螺丝

十字丝校正螺丝

图 3-3-5　十字丝构造示意图

(1)检验方法

在距墙 30 m 处安置经纬仪,用盘左位置瞄准墙上仰角大于 30°的高处目标 P,如图 3-3-6 所示,然后望远镜大致水平,在墙上标出十字丝交点 P_1。盘右同法标出 P_2,若 P_1 与 P_2 重合,说明横轴垂直于竖轴,否则需要校正。

(2)校正方法

取 P_1、P_2 的中点 P_M,用盘右位置瞄准 P_M 点,固定照准部,抬高望远镜,此时十字丝交点必然偏离 P 点至 P' 点。打开支架护盖,用校正针拨动支架校正螺丝,升高或降低横轴的一端,使十字丝交点瞄准 P 点。

由于光学经纬仪的密封性好,横轴密封在支架内,该项校正应由专业维修人员进行。

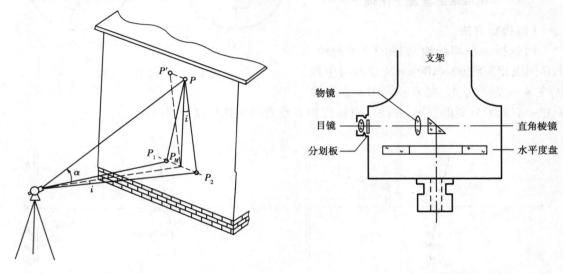

图 3-3-6　横轴检校示意图　　　　　　图 3-3-7　光学对中器示意图

3.3.5　光学对中器的检验校正

光学对中器是由目镜、分划板、物镜和直角棱镜组成,如图 3-3-7 所示。分划板刻划圈中心与物镜光心的连线是对中器的视准轴。光学对中器的视准轴应与仪器的竖轴重合,否则会产生对中误差。

(1)检验方法

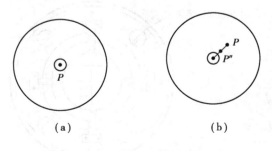

安置仪器,整平,然后在仪器下方地面上放一白纸板,将光学对中器分划圈中心(或十字丝中心)投影到白纸板上,见图 3-3-8(a)所示,并绘制中心点 P。转动照准部 180°,观察 P 点是否偏离分划圈中心(或十字丝中心),若不偏离,则条件满足,否则需校正。

图 3-3-8　光学对中器检校图

(2)校正方法

在纸板上确定出分划圈中心(十字丝中心)与 P 点连线的中点 P''。拨动光学对中器校正螺丝,使 P 点移至 P'' 即可,如图 3-3-8(b)。

3.4　竖直角测量

3.4.1　竖直角测量的原理

竖直角是指在一竖直面内,目标方向线与水平线之间的夹角,常用 α 表示,如图 3-4-1所示。AB 视线向上倾斜,竖直角为仰角,符号为正;视线 AC 向下倾斜,竖直角为俯角,符号为负。其角值为 $0° \sim \pm90°$。

竖直角和水平角一样,其角值也是两个方向读数之差,但其中一个是水平方向的读数。仪器在制造时,视线水平时的读数为固定值($0°$、$90°$、$180°$、$270°$)4 个数值中的一个。所以在观测竖直角时,只需瞄准目标点,读取竖直度盘读数,即可计算出竖直角。

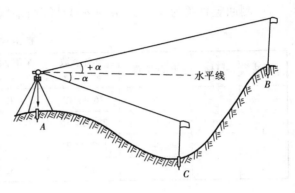

图 3-4-1　竖直角示意图

3.4.2　竖直角的观测与计算

(1)竖直度盘的构造

经纬仪的竖盘装置,由竖直度盘、竖盘指标水准管和竖盘指标水准管微动螺旋组成,如图 3-4-2 所示。竖直度盘也是玻璃制成,以 $0° \sim 360°$ 刻划,有顺时针和逆时针注记两种形式。

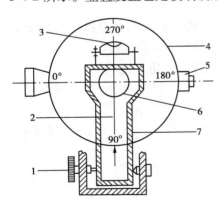

图 3-4-2　竖盘示意图

1—指标水准管微动螺旋;2—读数指标;3—指标水准管;4—竖直度盘;5—望远镜;6—水平轴;7—框架

竖盘固定在横轴一端,随望远镜一起转动。而竖盘读数指标与指标水准管、指标水准管的微动框架连成一体。转动指标水准管微动螺旋,气泡居中,读数指标处于正确位置,即可读取竖盘读数。

(2)竖角观测和计算

竖直角也要采用正倒镜观测。计算竖直角要根据竖盘的注记形式确定计算方法。观测步骤和计算方法如下:

1)盘左,瞄准目标 B,如图 3-4-1 所示,使十字丝横丝是精确地切于目标顶端。转动指标水准管微动螺旋,使竖盘指标水准管气泡居中,读取竖盘读数 $L = 76°45'12''$,记入表 3-4-1 中。

2)盘右,瞄准目标 B,并使指标水准管气泡居中,读取竖盘读数 $R = 283°14'36''$,记入表 3-4-1 中。

3)计算竖直角

计算时首先应判断竖盘注记方向来确定计算公式。方法是,盘左望远镜大致水平,竖盘读数应为 $90°$ 左右,上仰望远镜,若读数减小,竖直角

$$\alpha_L = 90° - L \tag{3-4-1}$$

51

而盘右竖直角为

$$\alpha_R = R - 270° \qquad (3\text{-}4\text{-}2)$$

若读数增大则

$$\alpha_L = L - 90° \qquad (3\text{-}4\text{-}3)$$

$$\alpha_R = 270° - R \qquad (3\text{-}4\text{-}4)$$

一测回竖直角为：$\alpha = \dfrac{1}{2}(\alpha_L + \alpha_R)$ 计算结果填入表 3-4-1 中。

表 3-4-1

测站	目标	竖盘位置	竖盘读数 ° ′ ″	半测回竖直角 ° ′ ″	指标差 ″	一测回竖直角 ° ′ ″	备注
A	B	左	76 45 12	+ 13 14 48	- 06	13 14 42	
		右	283 14 36	+ 13 14 36			
	C	左	122 03 36	- 32 03 36	+ 12	- 32 03 24	
		右	237 56 48	- 32 03 12			

上述竖直角观测时,为使竖盘读数指标处于正确位置,每次读数前必须转动竖盘指标水准管微动螺旋,使竖盘指标水准管气泡居中。现在经纬仪很多都采用了竖盘指标自动归零装置,取代了竖盘指标水准管及其微动螺旋,当仪器整平后,竖盘读数指标自动处于正确位置,瞄准目标后即可读数。

3.4.3 竖盘指标差的概念及其检验和校正

(1) 竖盘指标差

根据竖直角的观测与计算,要竖盘指标处于正确位置。当视线水平时,竖盘指标水准管气泡居中,指标不恰好在 90° 或 270°,而相差一个小角度 X,此值称为竖盘指标差。

如图 3-4-3 所示,盘左视线水平时,读数为 $(90° + X)$,正确的竖直角为:

$$\alpha = (90° + X) - L = \alpha_L + X \qquad (3\text{-}4\text{-}5)$$

盘右视线水平时读数为 $(270° + X)$,正确的竖直角为

$$\alpha = R - (270° + X) = \alpha_R - X \qquad (3\text{-}4\text{-}6)$$

两式相加除以 2,得

$$\alpha = \frac{1}{2}(\alpha_L + \alpha_R)$$

两式相减,得

$$X = \frac{1}{2}(L + R - 360°) \qquad (3\text{-}4\text{-}7)$$

指标差 X 可用来检查观测质量。同一测站上观测不同目标时,指标差的变动范围,对 DJ_6 级光学经纬仪不应超过 25″。

(2) 竖盘指标差的检验与校正

1)检验方法

安置仪器整平后,用盘左、盘右两个位置瞄准高处同一目标,分别使竖盘指标水准管气泡

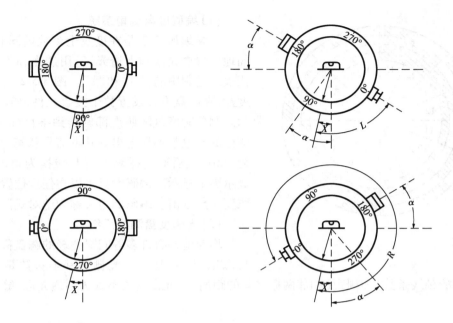

图 3-4-3

居中,读取竖盘读数 L 和 R,计算出竖直角 α 和指标差 X。若 X 大于 $1'$ 则需校正。

2)校正方法

盘右瞄准原目标,转动竖盘指标水准管微动螺旋,使读数为 $R_{应} = R + X$,此时竖盘指标水准管气泡必然偏离,用校正针拨动竖盘指标水准管的上、下的两个校正螺丝直至气泡居中。此项检校应反复进行。

3.5 电子经纬仪

随着电子科学技术的发展,经纬仪向自动化、数字化的方向迅速发展。电子经纬仪的出现标志着经纬仪的发展到了一个新的阶段,为测量工作自动化创造了有利条件。其主要特点是使用电子测角系统,自动显示角值,采用积木式结构,可以和光电测距仪组合,同时测定角度和距离。

电子经纬仪在结构和外观上与光学经纬仪相似,如图 3-5-1 所示为 T2000 电子经纬仪。

3.5.1 电子经纬仪的测角原理

电子经纬仪与光学经纬仪的主要不同点在于读数系统,采用光电读数装置,目前大部分电子经纬仪采用编码度盘测角系统、光栅度盘测角系统和动态测角系统。

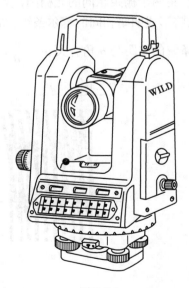

图 3-5-1

(1)编码度盘测角系统

光学编码度盘是在度盘上刻数道同心圆,等间隔地设置透光区和不透光区,用透光和不透光分别代表二进制中的:"0"和"1"。图 3-5-2 为四位编码度盘,在码盘下方设置数个接收元件,如图 3-5-3 所示。测角时度盘随照准部旋转到某目标不动后,由该处的导电与不导电得到其电信号状态,如图 3-5-3 为 1001,然后通过译码器将其转换为角度值,并在显示屏上显示。编码度盘可以在任意位置上直接读取度、分、秒值。编码测角又称为绝对式测角。

(2)光栅度盘测角系统

均匀地刻有许多等间隔狭缝的圆盘称为光栅度盘,如图 3-5-4 所示。光栅的基本参数是刻线密度

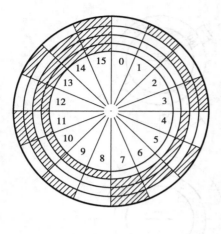

图 3-5-2

(每毫米的刻线条数)和栅距(相邻两栅之间的距离)。光栅的线条处为不透光区,缝隙处为透光区。

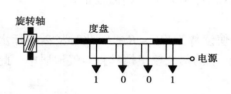

图 3-5-3

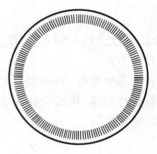

图 3-5-4

将两个栅距相同的光栅圆盘重叠起来,并使它们的刻线相互斜交成一小角 θ。光线通过时,将形成明暗相间的莫尔条纹,图 3-5-5(a)中,两个暗条纹的宽度叫做纹距,用 ω 表示。莫尔条纹的纹距与 θ 角有关,$\omega = \dfrac{d}{\theta}$,式中 d 为栅距。

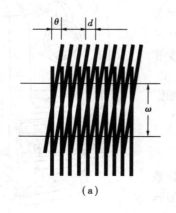

(a)

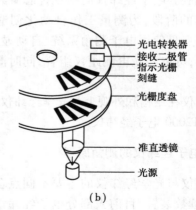

(b)

图 3-5-5

在光栅盘上下对应位置分别安置一发光二极管和一光电接收传感器,如图 3-5-5(b)所示。其指示光栅、发光二极管、光电转换器和接收二极管固定而光栅度盘随照准部一起旋转。发光管发出的光信号通过莫尔条纹就落到光电接收管上,度盘每转动一栅距(d),莫尔条纹移动一个周期(ω)。所以,当望远镜从一个方向转动到另一个方向时,流过光电管的光信号,就是两方向间的光栅数。由于仪器两方向间的夹角已知,所以通过自动数据处理,即可求得两方向间的夹角。

(3)动态测角原理

如图 3-5-6 所示,度盘由等间隔的明暗分划线构成,明的透光,暗的不透光,相当于栅线和缝隙,其间隔角为 ϕ_0。在度盘的内外边缘各设一个光栏,设在外边缘的固定,称为固定光栏 L_S,相当于光学度盘的 0°刻划线。设在内边缘的随照准部一起转动,称为活动光栏 L_R,相当于光学度盘的读数指标线,它们之间的夹角即为要测的角度值。在光栏上装有发光二极管和光电接收传感器,且分别位于度盘的上、下侧。

测角时,微型马达带动度盘旋转。发光二极管发射红外光线,因度盘上的明暗条纹而形成透光亮度的不断变化,被设在另一侧的光电接收传感器接收。则由计取的两光栏之间的分划数,求得所测的角度值 ϕ

$$\phi = n\phi_0 + \Delta\phi \qquad (3\text{-}5\text{-}1)$$

式中:$\Delta\phi$ 为不足整周期的值。

动态测角包括精测和粗测两部分,粗测求得 ϕ_0 的个数 n,精测求得 $\Delta\phi$ 值。粗测和精测的信号送角度处理器处理并送中央处理器,然后由液晶显示器显示或记录于数据终端。

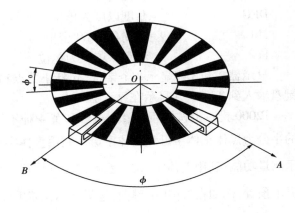

图 3-5-6

动态测角记数精度高,但结构较复杂,目前市场上较先进的电子经纬仪多采用这种测角系统。

3.5.2　电子经纬仪的使用

目前市场上电子经纬仪的种类较多,不同国家或厂家生产的电子经纬仪,基本结构和工作原理大致相同,而在仪器的操作方面有一定的区别,因此在使用前应仔细认真阅读使用说明书。本节以威尔特(WILD)生产的 T2000 电子经纬仪为例,对其操作做简要介绍。

T2000 电子经纬仪外观如图 3-5-1 所示。

T2000 仪器装有两个控制面板,控制面板上有键盘和三个显示器,如图 3-5-7 所示。

显示器 1 能显示 4 个字母——数字字符。显示内容为操作指南、提示、符号以及指示显示器 2 和 3 的数值所代表的含义。

在显示器顶部显示下列符号:

Bat　　　　　　　　电池充电不足

/△　　　　　　　　角度和距离测量的标志

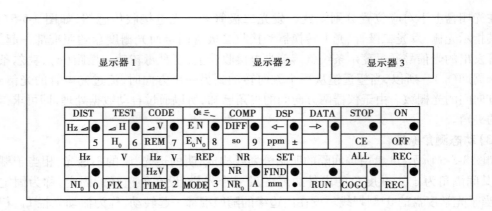

图 3-5-7

Comp	补偿器关闭
DEG	角度以度为单位
Mil	观测角为 60 密位
Ft	测距以英尺为单位

显示器 2 和 3 能显示 8 个字符(包括小数点和符号)。通过某些指令可将数据和信息通过键盘输入到 T2000 并显示在显示器 3 上。

T2000 键盘上按键用白、绿、橘红和黄 4 种不同颜色加以区别。白色为主指令,主指令上的字分为黑体正体字母和斜体字母。利用直体字母,按一个键就可执行,例如按 DIST 键即表示测量功能;利用斜体字,按一系列键方可执行,例如按 TEST 0 表示测试工作电压。绿色为显示预置,例如在按 DIST 键前,选择显示预置 DSP HZV,当按 DIST 键后,显示器 2 和 3 就分别显示平盘读数和竖盘读数;若预先不作任何选择,当按了 DIST 键后,再根据需要选择显示也可以。桔红色为预置功能,T2000 有自己的非易失性存储器,某些数据、信息和指令可以输入并存储,关机后保留,直到输入新的数值。黄色为数字,用于输入数据,包括数字、小数点和 ± 号。CE 键用于清除还没有用 RUN 键完成的输入数据和指令,每按一次 CE 键,显示器 3 上显示的数据消掉一位,从个位起向左逐个清除。

用于照亮望远镜分划和显示器,再按 或 OFF 键即可关闭照明。

T2000 的操作:

ON 开机

SET MODE 95 RUN 1/0 RUN 选择 1 表示连续工作,选择 0 表示自动关机;

SET TIME 1/0 RUN 选择 1 表示 3 min 后关机,选择 0 表示 20 s 后关机;

SET MODE 40 RUN 3/4 RUN 选择 3 表示角度为 360° 十进制,选择 4 表示角度为 360° 六十进制;

SET FIX n RUN 其中 $n = 1$、2、3、4、5,用 DATA 键改变或输入 1~5,则角值分别显示到 $10'$、$1'$、$10''$、$1''$、$0.1''$;

OFF 关机（为了省电和延长电子元件使用寿命，尽量缩短开机工作时间）

角度观测

照准 1 号目标后

ON 开机

DSP HZV 显示平盘读数和竖盘读数

SET HZV 0 RUN 把 1 号目标置零

OFF 关机

照准 2 号目标后

ON 开机

DSP HZV 显示平盘读数和竖盘读数

OFF 关机

以上程序完成上半测回，按普通方法完成下半测回，一测回结束。若需观测第 2 测回，在盘左照准 1 号目标后，ON 开机，DSP HZV 显示平盘读数和竖盘读数后 SET HZV $\frac{\text{XXX°XX′XX″}}{\text{所需角度}}$ RUN

把 1 号目标置于所需角度值，即可完成。

思考题与习题

1　何谓水平角？经纬仪为什么能测出水平角？

2　DJ$_6$级光学经纬仪读数设备有哪两种？如何进行读数？

3　经纬仪对中、整平的目的是什么？简述其对中、整平的方法？

4　分别说明用复测经纬仪和方向经纬仪使某方向的水平度盘读数为已知数值的操作方法？

5　试述用测回法测水平角的操作步骤。

6　完成习题表 3-1 的计算

习题表 3-1

测站	竖盘位置	目标	水平度盘读数 ° ′ ″			半测回角值 ° ′ ″	一测回角值 ° ′ ″
B	左	A	0	24	48		
		C	180	18	24		
	右	A	180	24	40		
		C	0	18	00		

7 完成习题表 3-2 的计算

习题表 3-2

| 测站 | 目标 | 水平度盘读数 | | 2C″ | 平均读数 | 归零后方向值 |
		盘左 ° ′ ″	盘右 ° ′ ″			
	A	0 02 36	180 02 36			
	B	88 17 24	268 17 42			
0	C	165 39 54	345 40 00			
	D	248 55 18	68 55 36			
	A	0 02 30	180 02 42			

8 盘左、盘右观测水平角取其平均值可以消除哪些误差对水平角的影响?

9 经纬仪有哪些主要轴线?它们之间应满足什么几何条件?

10 竖轴倾斜,能否通过盘左、盘右观测取平均值的方法,消除对水平角的影响?为什么?

11 若水平角观测的测站点距目标点较近时,要特别注意什么问题?

12 怎样确定经纬仪测竖直角的计算公式?

13 何谓竖盘指标差?如何检验校正?

14 完成习题表 3-3 的计算。

习题表 3-3

测站	目标	竖盘位置	竖盘读数 ° ′ ″	指标差 ″	竖直角 ° ′ ″	平均竖直角 ° ′ ″	略图
M	N	左	82 37 48				
		右	277 22 36				

15 如习题图 3-1,设已测得从经纬仪到铁塔中心的水平距离为 42.45 m,对塔顶的仰角为 +22°51′,对塔底中心的俯角为 -1°49′,试计算铁塔的高度 H。

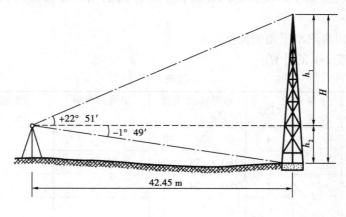

习题图 3-1

第<big>4</big>章
距离测量与直线定向

确定地面点的位置,除需要测量角度和高程外,还要测定两点间的水平距离和直线定向。测量两点间的水平距离的方法,主要有间接测量和直接测量距离两类,在本章里间接测量距离主要介绍电磁波测距的一般原理和方法,在直接测量距离的方法中仅介绍钢尺量距的一般方法。

4.1 钢尺量距

4.1.1 量距工具

钢尺量距是利用具有标准长度的钢尺直接量测地面两点间的距离,又称为距离丈量。钢尺量距时,根据不同的精度要求,所用的工具和方法也不同。普通钢尺是钢制带尺,卷放在圆形盒内或金属架上。长度有 20 m,30 m,50 m 等多种。多数钢尺的基本分划为厘米,也有的基本分划为毫米。钢尺的零分划位置的不同,分为端点尺和刻线尺。端点尺的零点位于尺端(图 4-1-1(a)),刻线尺是以尺前端的一刻线作为尺长的零点(图 4-1-1(b))。此外,量距工具还有因瓦尺和皮尺等。

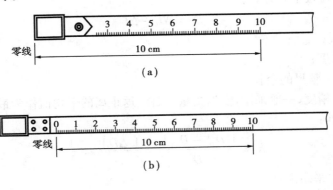

图 4-1-1 钢尺

钢尺量距中辅助工具有测钎、标杆、垂球和弹簧秤等。测钎用来标志所量尺段的起、止点。标杆长 3 m,杆上涂以 20 cm 间隔的红、白漆,以便远处清晰可见,用于标定直线。弹簧秤用于控制拉力。

4.1.2 直线定线

如果地面两点间距离较长或地面起伏较大,需要分段进行量测。为了使所量线段在一条直线上,需要在每一尺段首尾立标杆,将所量尺段标定在所测直线上的工作称为直线定线。

一般量距用目视定线。首先在待测距离两个端点 A、B 上竖立标杆。如图 4-1-2 所示,一个作业员立于端点 A 后 1~2 m 处,瞄 A、B,并指挥另一位持杆作业员左右移动标杆 2,直到三个标杆在一条直线上。然后将标杆竖直插下。直线定线一般由远到近进行。

图 4-1-2 直线定线

当量距精度要求较高时,应使经纬仪定线,其方法与目估法基本相同,只是将经纬仪安置在 A 点,用望远镜瞄准 B 点进行定线。

4.1.3 量距方法

(1)平坦地区量距

首先在待测距离的两个端点 A、B 做标志,后司尺员持钢尺零端对准地面标志点,前司尺员拿一组测钎持钢尺末端,丈量时前后司尺员沿定线方向拉紧钢尺。前司尺员在尺末端分划处垂直插下一个测钎,这样就量定一个尺段。然后,前后司尺员同时将钢尺抬起前进。后司尺员走到第一根测钎处,用零端对准测钎,前司尺员拉紧钢尺在整尺段处插下第二根测钎,依此继续丈量。每量完一尺段,后司尺员要注意收回测钎。最后一尺段不足一整尺时,前司尺员在 B 点标志处读取刻划值。后司尺员手中测钎数为整尺段数。不足一个整尺段的距离为余长 ΔL,则水平距离 D 可按下式计算:

$$D = NL + \Delta L \tag{4-1-1}$$

式中:N——尺段数;

L——钢尺长度;

ΔL——不足一整尺的余长。

为了提高量距精度,一般采用往、返丈量,取往、返距离的平均值作为最后结果。用相对误差衡量测量精度,即:

$$K = \frac{|D_{往} - D_{返}|}{\overline{D}} = \frac{|\Delta D|}{\overline{D}} = \frac{1}{M} \tag{4-1-2}$$

其中,$\overline{D}$ 为两点的水平距离:

$$\overline{D} = \frac{1}{2}(D_{往} + D_{返})$$

平坦地区钢尺量距相对误差不应低于 1/3 000;困难地区相对误差不应低于 1/1 000。

(2)倾斜地面距离丈量

在倾斜地面上量距,根据地形情况可用水平量距法和倾斜量距法。

当地面起伏不大时,可将钢尺拉平丈量,称为水平量距法。如图 4-1-3(a),后司尺员将零端点对准 A 点标志中心,前司尺员目估,使钢尺水平,拉紧钢尺。用垂球尖将尺端投于地面,并插上测钎。量第二段时,后司尺员用零端对准第一根测钎根部,前司尺员同法插上第二根测钎。依次类推,直到 B 点。

$$D_{AB} = \sum l$$

当倾斜地面坡度均匀时,可以将钢尺贴在地面上量斜距 L,用水准测量方法测出高差 h,再将丈量的斜距换算成平距,如图 4-1-3(b),称为倾斜量距法。

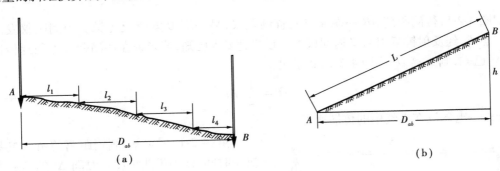

图 4-1-3　倾斜地面距离丈量

4.1.4　钢尺量距误差及注意事项

影响钢尺量距精度的因素很多,主要由定线误差、钢尺倾斜误差、钢尺对准及读数误差等。现分析各项误差对量距的影响,要求各项误差对测距影响在 1/3 000 以内。

(1)定线误差

在量距时由于钢尺没有准确的安放在待测距离的直线上,所量的是折线,不是直线,造成量距结果偏大,如图 4-1-4 所示。设定线误差为 ε,则一尺段的量距误差为:

$$\Delta\varepsilon = 2\sqrt{\left(\frac{l}{2}\right)^2 - \varepsilon^2} - \frac{l}{2} = -\frac{2\varepsilon^2}{l} \tag{4-1-3}$$

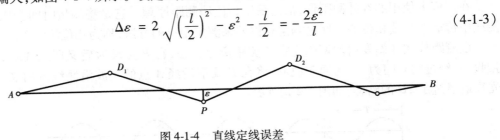

图 4-1-4　直线定线误差

(2)钢尺倾斜误差

若量距时钢尺不水平会使距离测量值偏大。当用目估持平钢尺时,经统计会产生 50′的倾斜,对测距约产生 3 mm 的误差。

(3)钢尺对点及读数误差

在量距时,由于钢尺对点误差、测钎安置误差及读数误差都会使量距产生误差。这些误差属偶然误差,所以量距时应特别仔细。并采取多次丈量取平均值的方法,以提高量距精度。

4.2 电磁波测距

钢尺量距是一项十分繁重的工作。在山区或沼泽地区使用钢尺更为困难,且视距测量精度又太低。为了提高测距速度和精度,在 20 世纪 50 年代就研制成功了光电测距仪。20 世纪 60 年代初,随着激光技术、电子技术和处理器技术的发展,各种类型的光电测距仪相继出现。电磁波测距仪具有测量速度快、方便、受地形影响小和测量精度高等特点,已逐渐代替常规量距方法。

4.2.1 电磁波测距原理

如图 4-2-1,待测距离 AB 一端 A 点安置测距仪,另一端 B 安置反光镜。当测距仪发出光束由 A 至 B,经反射镜反射后又返回仪器。设光速 c 为已知,若光束在待测距离上往返传播的时间 Δt 已知,则距离 D 可由(4-2-1)式求出:

$$D = \frac{1}{2}c\Delta t \tag{4-2-1}$$

式中: c ——电磁波在大气中的传播速度。

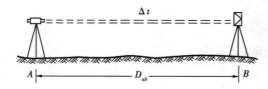

由(4-2-1)式可知,测定距离的精度主要取决于时间 Δt 的量测精度。时间 Δt 的测量方法通常有两种。

(1)脉冲式测距

由测距仪的发射系统发出光脉冲,经被测目标反射后,再由测距仪的接收系统接收,测出

图 4-2-1 脉冲法测距

这一光脉冲往返所需时间间隔 Δt,以求得距离 D,而 Δt 时间的量测精度,目前由于受电子元件性能的限制,很难达到很高的时间测量精度。例如,要达到 $\pm 1\ \text{cm}$ 的测距精度,时间 Δt 的量测值必须精确到 $6.7 \times 10^{-11}\text{s}$。所以脉冲法测距一般只能达到米级精度,精度较低。

(2)相位法测距

在工程上使用的红外测距仪,都是采用相位法测距原理。它是将测量时间变成测量光在测线中传播的载波相位差。通过测定相位差来测定距离的方法,称为相位法测距。

设测距仪在 A 站发射的调制光在待测距离上传播,在 B 点反射后又回到 A 点,被测距仪接收,所经过的时间为 t。为便于说明,将在 B 反射后经 A 点的光波沿测线方向展开,则调制光往返经过了 $2D$ 的路程,如图 4-2-2 所示。

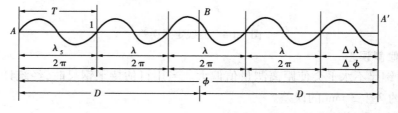

图 4-2-2 相位法测距

设调制光的角频率为 ω,则调制光在测线上的相位延迟为 Φ,对应的时间 t,则为:

$$\phi = \omega\Delta t = 2\pi f\Delta t \qquad (4\text{-}2\text{-}2)$$

$$\Delta t = \frac{\Phi}{\omega} = \frac{\Phi}{2\pi f} \qquad (4\text{-}2\text{-}3)$$

从图 4-2-2 中可见,相位 Φ 可用相位的整周期 2π 的个数 N 和不足一个整周期的 $\Delta\Phi$ 来表示,则

$$\Phi = N \times 2\pi + \Delta\Phi \qquad (4\text{-}2\text{-}4)$$

将其代入式(4-2-3)后,再代入式(4-2-1)得相位法测距基本公式:

$$D = \frac{C}{2} \cdot \frac{N \cdot 2\pi + \Delta\phi}{2\pi f}$$

经变换后得

$$D = L_{S1} \cdot (N + \Delta N) \qquad (4\text{-}2\text{-}5)$$

式中:$L_{S1} = \dfrac{C}{2f} = \dfrac{\lambda}{2}$ 为调制光的波长(测尺长度):

$\Delta N = \dfrac{\Delta\phi}{2\pi}$ 为不足一个周期的尾数。

式(4-2-5)就是相位法测距原理的基本公式,它与钢尺量距公式相比,有相似之处。即距离的长度等于 N 个整尺段的长度与不足一个整尺段长度之和。

由于测距仪的相位计只能分辨 $0 \sim 2\pi$ 之间的相位变化,即只能测出不足一个整周期的相位差 $\Delta\Phi$,而不能测出整周期数 N。例如:测尺为 10 m,只能测出小于 10 m 的距离;测尺为 1 000 m,只能测出小于 1 000 m 的距离。由于仪器测相精度一般为 1/1 000,1 km 的测尺测量精度只有米级。测尺越长,精度越低。所以为了兼顾测程和精度,目前测距仪常采用多个测尺频率进行测距。用短测尺(也称精尺)测定精确的小数,用长测尺(也称粗尺)测定距离的大数,将两者衔接起来,就解决了长距离测距数字直接显示的问题。

如某双频测距仪,测程为 1 km,设计了精、粗两个测尺,精尺长 10 m(载波频率 $f_1 = 15$ MHz),粗测尺长 1 000 m,(载波频率 $f_2 = 150$ kHz)。用精尺测 10 m 以下小数,粗尺测 10 m 以上大数。如实测距离为 545.662 m,其中:

精测结果　　　　　 5.662 m

粗测结果　　　 545 m

仪器显示结果　 545.662 m

对于更远测程的测距仪,可以设几个测尺配合测距。

4.2.2　红外测距仪及其使用

红外测距仪的产品很多,下面只介绍 WILD DI1000。

WILD DI1000 红外测距仪小而轻,能架设在任何 WILD 光学经纬仪上,同时完成测距和测角任务。也可与 WILD 电子经纬仪构成组合式或整体式电子速测仪。

(1)主要技术参数

测程:单块棱镜　　500 m

　　　三块棱镜　　800 m

精度:常规测量 $\pm(5\ \text{mm} + 5 \times 10^{-6}D)$

跟踪测量 $\pm(10\text{ mm}+5\times10^{-6}D)$

测量时间:常规测量是 5 s;跟踪测量时,首次测量为 1 s,以后每 0.3 s 显示一次。

(2)DI1000 的操作

DI1000 的键盘如图 4-2-3 所示。

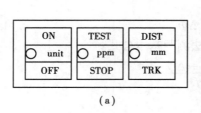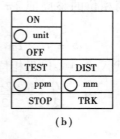

图 4-2-3　DI1000 键盘

1)"ON":开机。显示已存储的 ppm 值和 mm 值。按键 2 s,显示器照明灯点亮。

2)"OFF":关机。若在 10 分钟内没有按任何键,则仪器自动关机。

3)"DIST":常规测量并显示斜距。若光束被挡,只增加测量时间,不影响测量结果。若光束中断 30 s,测量自动停止。

4)"TRK":在 2 s 内按其两次,启动跟踪测量程序。

5)"STOP":停止距离测量。在"TEST"下,关闭蜂鸣器音响信号。

6)"TEST":检查显示。按住"TEST"键 4 s,显示全部元素,如图 4-2-4(a)所示,释放后,显示内容如图 4-2-4(b)所示。显示器显示返回信号强度和电池电压状态,电池电压可测范围用显示器的末位 1~9 数字显示。9 表示电压充足,12 表示电用完。回光信号强度用一系列竖线表示。竖线越多,返回信号越强。有回光信号仪器还会发出声响,用"STOP"键可以停止声响。无回光信号,仪器显示"—"。

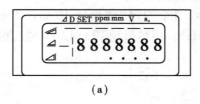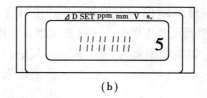

图 4-2-4　DI1000 显示屏

7)"UNIT":设置测量单位。按住 5 s,清除显示,释放后,显示一起内存储的单位设置。

8)"ppm":比例改正。改正范围为:-500ppm~500ppm。

9)"mm":设置仪器常数。按住此键不放可引起 10 mm 的步长变化,短按一次引起 1 mm 跳变。

"ppm"和"mm"的数值都可以用"OFF"键存储。

4.2.3　测距仪使用注意事项

①在阳光或雨天作业,一定要撑伞。

②测线两侧或镜站反面应避开发热物体和反射物体。

③若能见度低或大气湍流厉害时,为提高接收系统的信噪比,可增多反射镜块数,以增加

回光信号强度,提高测距精度。

④电池要注意及时充电,不用时,电池要充电后存放。

4.3　直线定向

4.3.1　直线定向的概念

确定某直线与标准方向线之间的关系称为直线定向。测量中常用的标准方向有真子午线方向、磁子午线方向和坐标纵轴方向。

(1)真子午线方向

通过地球表面某点的真子午线的切线方向,称为该点的真子午线方向;真子午线方向是用天文测量方法或用陀螺经纬仪测定。

(2)磁子午线

磁子午线方向是磁针在地球磁场的作用下,磁针自由静止时其轴线所指的方向。磁子午线方向可用罗盘仪测定。

(3)坐标纵轴方向

我国采用高斯平面直角坐标系,以每一分带的中央子午线作为坐标纵轴,因此,该带内的直线定向,就用该带的坐标纵轴方向作为标准方向。

4.3.2　直线定向的方法

测量中常用方位角表示直线的方向。从标准方向的北端起,顺时针方向量到某直线的水平夹角,称为该直线的方位角。角值范围为 $0° \sim 360°$。

(1)真方位角和磁方位角

若标准方向为真子午线方向,则称真方位角,用 A 表示。

若标准方向为磁子午线方向,则称磁方位角,用 Am 表示。

真方位角和磁方位角之间的关系为:

$$A = Am + \delta \qquad (4\text{-}3\text{-}1)$$

由于地磁两极与地球两极不重合,致使磁子午线与真子午线间形成夹角,该夹角称为磁偏角 δ(如图 4-3-1 所示)。磁针北端偏于真子午线以东称东偏,偏于真子午线以西称西偏。式中 δ 值,东偏取正值,西偏取负值。我国 δ 的变化范围大约在 $+6°$ 到 $-10°$ 之间。

(2)真方位角与坐标方位角

若以坐标纵轴作为标准方向,则称坐标方位角,用 α 表示。

中央子午线在高斯投影平面上是一条直线,并作为这个带的坐标纵轴,而其他子午线投影后为收敛于两极的曲线,如图 4-3-2所示。图中地面点 M、N 两点的真子午线方向与中央子午线之间的夹角,称为子午线收敛角,用 γ 表示。在中央子午线以东地区,各点的坐标纵轴方向偏在真子午线的东边,γ 为正

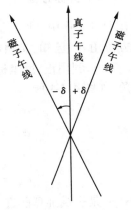

图 4-3-1　真、磁子午线关系

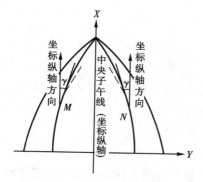

图 4-3-2 子午线收敛角示意图

值;在中央子午线以西地区,γ 为负值。真方位角与坐标方位角之间的关系,可用式(4-3-2)进行换算:

$$A = \alpha + \gamma \tag{4-3-2}$$

(3)坐标方位角与磁方位角的关系

若已知某点的磁偏角 δ 与子午线收敛角 γ,则坐标方位角与磁方位角之间的换算公式为:

$$\alpha = A_m + \delta - \gamma \tag{4-3-3}$$

4.3.3 正、反坐标方位角

测量工作中的直线都具有一定的方向。如图 4-3-3,直线 1-2 的点 1 是起点,点 2 是终点;通过起点的坐标纵轴方向与直线 1-2 所夹的坐标方位角 α 称为直线 1-2 的正坐标方位角。过终点 2 的坐标纵轴方向与直线 2-1 所夹的坐标方位角 α 为直线 1-2 的反坐标方位角(也是直线 2-1 的正坐标方位角)。正、反坐标方位角相差 180°,即:

$$\alpha_{12} = \alpha_{21} - 180° \tag{4-3-4}$$

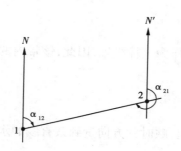

图 4-3-3 正、反坐标方位角

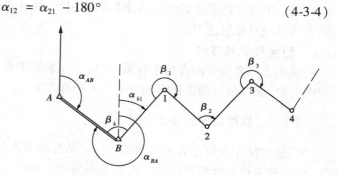

图 4-3-4 方位角计算

4.3.4 坐标方位角的推算

在测量工作中,常常需要进行坐标方位角的计算,下面对这个问题进行介绍。若 AB 边的坐标方位角 α_{AB} 已知,又测定了 AB 边和 B1 边所夹的水平角 β_b(也称连接角)和各点的转折角 β_1、β_2、……,利用正、反坐标方位角的关系和测定的转折角可以推算连续折线上各线段的坐标方位角,如图 4-3-4 所示。

$$\alpha_{B1} = \alpha_{AB} + \beta_b - 180°$$
$$\alpha_{12} = \alpha_{B1} + \beta_1 - 180° = \alpha_{AB} + \beta_b + \beta_1 - 2 \times 180°$$
$$\cdots\cdots$$
$$\alpha_{ij} = \alpha_{AB} + \sum \beta - n \times 180° \tag{4-3-5}$$

上式中 β_i 是折线推算前进方向的左角。若测定的是右角则用式(4-3-6)计算;

$$\alpha_{ij} = \alpha_{AB} - \sum \beta + n \times 180° \tag{4-3-6}$$

由以上推算可写出计算坐标方位角的一般公式:

$$\alpha_{前\text{-}边} = \alpha_{后\text{-}边} \pm \beta \mp 180° \tag{4-3-7}$$

上式中 β 为左角取" ＋ ",β 为右角取" － "。

4.3.5　象限角

象限角是从标准方向的南或北方向开始,顺时针或逆时针量到直线的锐角,以 R 表示。由于象限角值不超过 90°,所以在使用象限角时,不但要说明角值的大小,而且还要指出直线所在的象限。如图 4-3-5 所示,以 R ＝ 30° 为例说明。

直线 OA 的象限角记为:北偏东 30°;
直线 OB 的象限角记为:南偏东 30°;
直线 OC 的象限角记为:南偏西 30°;
直线 OD 的象限角记为:北偏西 30°。

由图 4-3-5 知,坐标方位角与象限角的关系见表 4-3-1。

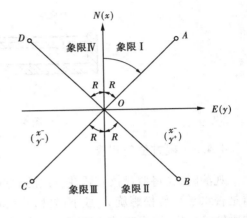

图 4-3-5　象限角

表 4-3-1　坐标方位角与象限角的关系

象限	由方位角换算象限角	由象限角换算方位角
象限角	$R = \alpha$	$\alpha = R$
象限角	$R = 180° - \alpha$	$\alpha = 180° - R$
象限角	$R = \alpha - 180°$	$\alpha = 180° + R$
象限角	$R = 360° - \alpha$	$\alpha = 360° - R$

4.4　罗盘仪及其使用

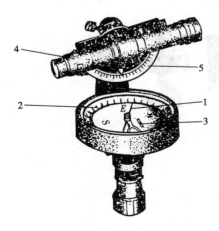

图 4-4-1　罗盘仪
1—磁针;2—刻度盘;3—水准器;
4—望远镜;5—竖直度盘

4.4.1　罗盘仪的构造

罗盘仪的种类很多,其构造大同小异,主要部件有磁针、刻度盘和瞄准设备等,如图 4-4-1 所示。

(1)磁针

图 4-4-2 为罗盘盒的剖面图。磁针用人造磁铁制成,其中心装镶着玛瑙的圆形球窝。在刻度盘的中心装有顶针,磁针球窝支在顶针上。为了减轻顶针尖的磨损,装置了杠杆和螺旋 P。磁针不用时,用杠杆将磁针升起,使它与顶针分离,把磁针压在玻璃盖下。

(2)刻度盘

刻度盘为铜或铝制的圆环,最小分划为 1° 或 30′,每隔 10° 有一注记,按逆时针方向从 0° 注记到 360°。

(3)瞄准设备

罗盘仪的瞄准设备,现在大都采用望远镜,老式仪器采用觇板。

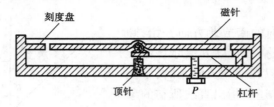

图 4-4-2　罗盘盒的剖面图

4.4.2　磁方位角测量

观测时,先将罗盘仪安置在直线的起点,对中,整平(罗盘盒内一般均设有水准器,指示仪器是否水平),旋松螺旋 P,放下磁针,然后转动仪器,通过瞄准设备去瞄准直线另一端的标杆。待磁针静止后,读出磁针北端所指的读数,即为该直线的磁方位角。

目前,有很多经纬仪配有罗针,用来测定磁方位角。罗针的构造与罗盘仪相似。观测时,先安置经纬仪于直线起点上,然后将罗针安置在经纬仪支架上。旋转经纬仪大致指向磁北,制动照准部。通过罗针观测孔观看测针两端的像,并旋转水平微动螺旋,使其像上下重合。图4-4-3(a)为两像未重合;图4-4-3(b)为重合时的情形。磁针的像上下重合说明望远镜的视准轴平行于磁北方向,已经指北,再拨动水平度盘位置变换轮,使水平度盘读数为零。放松水平制动螺旋,瞄准直线另一端的标杆,所得水平度盘读数即为该直线的磁方位角。

罗盘仪在使用时,不要使铁质物体接近罗盘,以免影响磁针位置的正确性。在铁路附近及高压线铁塔下观测时,磁针的读数会受很大影响,应该注意避免。

测量结束后,必须旋紧螺旋 P,将磁针升起,避免顶针磨损,以保护磁针的灵敏性。

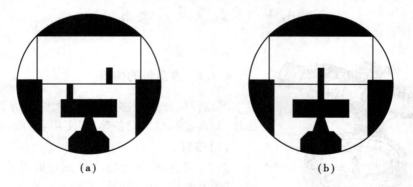

（a）　　　　　　　　　　　　　（b）

图 4-4-3　罗盘仪观测

思考题与习题

1　下列情况使丈量结果比实际距离增大还是减少?
①定线不直

②钢尺不平

③拉力偏大

2　用钢尺往返丈量了一段距离,往测结果为 150.26 米,返测结果为 150.32 米,则量距的相对误差为多少?

3　为什么要进行直线定向? 怎样进行直线定向?

4　若 A 点的磁偏角为西偏 $20'$,通过 A 点的真子午线与中央子午线之间的收敛角为 $+3'$,直线 AB 的坐标方位角为 $65°20'$,求 AB 直线的真方位角与磁方位角,并绘图说明。

5　如习题图 4-1 所示,五边形各内角分别是:$\beta_1 = 95°$,$\beta_2 = 130°$,$\beta_3 = 65°$,$\beta_4 = 128°$,$\beta_5 = 122°$。1-2 边的坐标方位角为 $45°$,计算其他各边的坐标方位角和象限角。

6　如习题图 4-2 所示,已知 $\alpha_{12} = 60°$,β_2 及 β_3 的角值均注于图上,试求 2-3 边的正坐标方位角及 3-4 边的反坐标方位角。

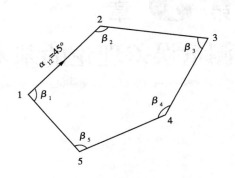

习题图 4-1

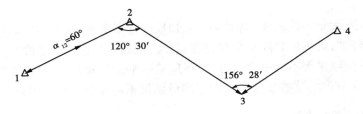

习题图 4-2

7　何谓坐标方位角? 何谓象限角? 并述其之间的关系。

8　简述电磁波测距的原理。

第5章
测量误差理论的基本知识

5.1 测量误差概述

在测量工作中,大量实践表明,当对某一未知量进行多次观测时,不论测量仪器多么精密,观测进行得多么仔细,观测值之间总是存在着差异。例如,往、返丈量某段距离若干次,或重复观测某一角度,观测结果都不会一致。再如,测量某一平面三角形的三个内角,其观测值之和常常不等于理论值180°。这些现象都说明了测量结果不可避免地存在误差。

5.1.1 测量误差的来源

测量是观测者使用某种仪器、工具,在一定的外界条件下进行的。观测误差来源于以下三个方面:观测者的视觉鉴别能力和技术水平;仪器、工具的精密程度;观测时外界条件的好坏。通常把这三个方面综合起来称为观测条件,观测条件将影响观测成果的精度。

观测误差主要由仪器误差、观测者的误差以及外界条件的影响组成。仪器误差是指测量仪器构造上的缺陷和仪器本身精密度的限制致使观测值含有的误差。观测者的误差是由于观测者技术水平和感官能力的局限致使观测值产生的误差。外界条件的影响是指观测过程中不断变化着的大气温度、湿度、风力、透明度、大气折光等因素给观测值带来的误差。

一般认为:在测量中人们总希望使每次观测所出现的测量误差越小越好,甚至趋近于零、但要真正做到这一点,就要使用极其精密的仪器,采用十分严密的观测方法,付出很高的代价。然而,在实际生产中,根据不同的测量目的,是允许在测量结果中含有一定程度的测量误差的。因此,我们的目标并不是简单地使测量误差越小越好,而是要设法将误差限制在与测量目的相适应的范围内。

5.1.2 测量误差的分类

观测误差按其对测量结果影响的性质,可分为:

（1）粗差

粗差是一种大级量的观测误差，例如超限的观测值中往往就含有粗差。粗差也包括测量过程中各种失误引起的误差。

粗差产生的原因较多。可能由作业人员疏忽大意、失职而引起，如大数读错、读数被记录员记错、瞄错了目标等；也可能是仪器自身或受外界干扰发生故障引起的；还有可能是容许误差取值过小造成的。

在观测中应尽量避免出现粗差，发现粗差的有效方法是进行必要的重复观测。通过多余观测条件，采用必要而又严密的检核、验算等。国家技术监督部门和测绘管理机构制定的各类测量规范一般也能起到防止粗差出现和发现粗差的作用。

含有粗差的观测值都不能使用。因此，一旦发现粗差，该观测值必须舍弃并重测。尽管我们十分认真、谨慎，粗差有时仍然难免。因此，如何在观测数据中发现和剔除粗差，或在数据处理中削弱粗差对观测成果的影响，乃是测绘界十分关注的课题之一。

（2）系统误差

在相同的观测条件下，对某量进行一系列观测，如误差出现的符号和大小均相同或按一定的规律变化，这种误差称为系统误差。例如，用名义长度为 30 m 的钢尺量距，而该钢尺的实际长度为 30.004 m，则每量一尺段就会产生 −0.004 m 的系统误差。又如，水准仪经检验校正后，视准轴与水准管轴之间仍然存在不平行的残余 i 角，观测时在水准尺上的读数就会产生 $D\dfrac{i''}{\rho''}$ 的误差，它与水准仪至水准尺之间的距离 D 成正比。

系统误差具有积累性，对测量结果的影响很大。但是，由于系统误差的符号和大小有一定的规律，可以用以下方法进行处理：

①用计算的方法加以改正。例如，尺长误差和温度对尺长的影响。

②用一定的观测方法加以消除。例如，在水准测量中用前、后视距相等的方法消除 i 角的影响。在经纬仪测角中，用盘左、盘右观测值取中数的方法可以消除视准轴误差、横轴误差和竖盘指标差等的影响。

③将系统误差限制在允许范围内。有的系统误差既不便于计算改正，又不能采用一定的观测方法加以消除，例如，经纬仪照准部管水准器轴不垂直于仪器竖轴的误差对水平角的影响。对于这类系统误差，则只能按规定的要求对仪器进行精确检校，并在观测中仔细整平将其影响减小到允许范围内。

（3）偶然误差

在相同的观测条件下，对某量进行一系列观测，若误差出现的符号和大小均呈偶然性，即从表面现象看，误差的大小和符号没有规律性，这样的误差称为偶然误差。例如，用经纬仪测角时的照准误差、水准仪在水准尺上读数时的估读误差等。

5.1.3　偶然误差的统计特性

对于单个偶然误差，观测前不能预知其出现的符号和大小，但就大量偶然误差总体来看，则具有一定的统计规律，而且随着观测次数的增加，偶然误差的统计规律愈明显。

例如，对一个三角形的三个内角进行观测，由于观测存在误差，三角形各内角的观测值之和 l 不等于其真值 180°。用 X 表示真值，则 l 与 X 的差值 Δ 为真误差，可由下式计算

$$\Delta = l - X = l - 180° \tag{5-1-1}$$

现观测了 96 个三角形,按式(5-1-1)计算可得 96 个内角和观测值的真误差。按其大小和一定的区间(本例为 0.5″),统计如表 5-1。

由表 5-1-1 可以看出:

①小误差出现的个数比大误差多;

②绝对值相等的正、负误差出现的个数大致相等;

③最大误差不超过 30″。

通过大量实验统计结果表明,特别是观测次数较多时,总结出偶然误差具有如下统计特性:

①在一定的观测条件下,偶然误差的绝对值有一定的限值,或者说,超出该限值的误差出现的概率为零。

②绝对值较小的误差比绝对值大的误差出现的概率大;

③绝对值相等的正、负误差出现的概率相同;

④同一量的等精度观测,其偶然误差的算术平均值,随着观测次数的无限增加而趋于零,即

表 5-1-1　误差统计表

误差所在区间	正误差个数	负误差个数	总　　数
0.0″—0.5″	19	20	39
0.5″—1.0″	13	12	25
1.0″—1.5″	8	9	17
1.5″—2.0″	5	4	9
2.0″—2.5″	2	2	4
2.5″—3.0″	1	1	2
3.0″以上	0	0	0
	48	48	96

$$\lim_{n \to \infty} \frac{[\Delta]}{n} = 0 \tag{5-1-2}$$

式中:$[\Delta] = \Delta_1 + \Delta_2 + \cdots + \Delta_n$。

在数理统计中称式(5-1-2)为偶然误差的数学期望(即理论平均值)等于零。

第一个特性说明偶然误差出现的范围;第二个特性是偶然误差绝对值大小的规律;第三个特性是误差符号出现的规律;第四个特性可由第三个特性导出,它说明偶然误差具有抵偿性。

表 5-1-1 的统计结果还可以用较直观的频率直方图来表示(图 5-1-1)。现以横坐标表示三角形内角和的偶然误差 Δ,在横坐标轴上自原点向左、右截取各误差区间,纵坐标表示各区间内误差出现的相对个数 n_i/n(亦称为频率)除以区间间隔(亦称组距),即频率/组距。作图时,以横坐标误差区间为底,向上作矩形,使每个矩形的面积等于该区间误差出现的频率 n_i/n。n 为总误差个数,n_i 是出现在该区间的误差个数。

显然,图 5-1-1 中矩形面积的总和等于 1,而每个矩形面积表示在该区间内偶然误差出现的频率。例如,图中有阴影的矩形的面积,即表示误差出现在 $+0.5″ \sim 1.0″$ 之间的频率,其值

为 $\dfrac{n_i}{n} = \dfrac{13}{96} = 0.136$。由于横坐标代表偶然误差值 Δ，所以各矩形上部的折线能比较形象地表示出偶然误差的分布规律。

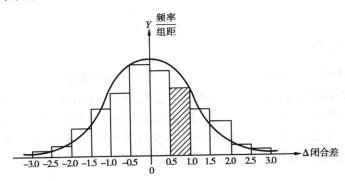

图 5-1-1　偶然误差统计直方图

在图 5-1-1 中，如果在观测条件相同的情况下，观测更多的三角形内角，可以预见：随着观测个数的不断增多，误差出现在各区间的频率就趋向一个稳定值。当 $n \to \infty$ 时，各区间的频率也就趋向一个完全确定的数值——概率。这就是说，在一定的观测条件下，对应着一个确定的误差分布。

当 $n \to \infty$ 时，如将误差区间无限缩小（$d\Delta \to 0$），则图 5-1-1 各矩形的上部折线，就趋向于一条以纵轴为对称轴的光滑曲线，此光滑曲线称为误差概率分布曲线。在数理统计中，称为正态分布密度曲线。高斯根据偶然误差的 4 个特性推导出该曲线的方程式为：

$$y = f(\Delta) = \frac{1}{\sigma\sqrt{2\pi}} e^{-\frac{\Delta^2}{2\sigma^2}} \tag{5-1-3}$$

式中：$\sigma(>0)$——与观测条件有关的参数。

当 $n \to \infty$ 时，在横坐标 Δ_k 处有

$$y_k d\Delta = f(\Delta_k) d\Delta = \frac{n_k}{n}$$

即

$$\frac{n_k}{n d\Delta} = f(\Delta_k) \tag{5-1-4}$$

式（5-1-4）表示在 Δ_k 处，在区间 $d\Delta$ 内误差出现的频率 $\dfrac{n_k}{n}$ 与误差分布曲线的关系。

实践证明，偶然误差不能用计算改正或用一定的观测方法简单地加以消除，只能根据偶然误差的特性来合理地处理观测数据，以减少偶然误差对测量成果的影响。

学习误差理论知识的目的，是为了使读者了解偶然误差的规律，正确地处理观测数据。即根据一组带有偶然误差的观测值，求出未知量的最可靠值，并衡量其精度。同时，根据偶然误差的理论指导实践，使测量成果能达到预期的要求。建筑类专业的同学学习误差方面的知识，不仅是学习测量学的需要，而且对于今后从事科学研究工作，处理观测资料和实验数据，也是不可缺少的基础知识。

5.2 衡量精度的指标

5.2.1 精度的概念

在一定的观测条件下进行的一组观测,它对应着一种确定的误差分布。不难理解,如果分布较为密集,即离散度较小时,则表示该组观测质量较好,也就是说,这一组观测精度较高;反之,如果分布较为离散,即离散度较大时,则表示该组观测质量较差,也就是说,这一组观测精度较低。因此,所谓精度,就是指误差分布的密集或离散的程度,也就是指离散度的大小。假如两组观测成果的误差分布相同,便是两组观测成果的精度相同;反之,若误差分布不同,则精度也就不同。

5.2.2 衡量精度的指标

在相同的观测条件下所进行的一组观测,由于它们对应着同一种误差分布,因此,对于这一组中的每一个观测值,都称为是同精度观测值。例如,表5-1-1 中所列的96 个观测结果是在相同观测条件下测得的,各个结果的真误差彼此并不相等,有的甚至相差很大(例如有的出现于 0.0″—0.5″区间,有的出现于 1.5″—2.0″区间),但是,由于它们所对应的误差分布相同,因此,这些结果彼此是同精度的。

为了衡量观测值的精度高低,当然可以按5.1 节的方法,把在一组相同条件下得到的误差,用组成误差分布表、绘制直方图或画出误差分布曲线的方法来比较。但在实际工作中,这样做比较麻烦,有时甚至很困难,而且人们还需要对精度有一个数字概念。这种具体的数字应该能够反映误差分布的密集或离散的程度,即应能够反映其离散度的大小,因此称为衡量精度的指标。衡量精度的指标有很多种,下面介绍几种常用的精度指标。

(1)方差和中误差

误差 Δ 的概率密度函数为

$$f(\Delta) = \frac{1}{\sqrt{2\pi}\sigma} e^{-\frac{\Delta^2}{2\sigma^2}}$$

式中 σ^2 是误差分布的方差。由方差的定义知

$$\sigma^2 = D(\Delta) = E(\Delta^2) = \int_{-\infty}^{+\infty} \Delta^2 f(\Delta) d\Delta \tag{5-2-1}$$

而 σ 就是中误差

$$\sigma = \sqrt{E(\Delta^2)} \tag{5-2-2}$$

不同的 σ 将对应着不同形状的分布曲线,σ 愈小,曲线愈为陡峭,σ 愈大,则曲线愈为平缓。正态分布曲线具有两个拐点,它们在横轴上的坐标为 $X_{拐} = \mu_x \pm \sigma$,μ_x 为变量 X 的数学期望。对于偶然误差而言,由于其数学期望 $E(\Delta) = 0$,所以拐点在横轴上的坐标应为

$$\Delta_{拐} = \pm \sigma \tag{5-2-3}$$

由此可见,σ 的大小可以反映精度的高低。故常用中误差 σ 作为衡量精度的指标。

如果在相同的条件下得到了一组独立的观测误差,可由(5-2-1)式,并根据定积分的定义

可以写出

$$\sigma^2 = D(\Delta) = E(\Delta^2) = \int_{-\infty}^{+\infty} \Delta^2 f(\Delta) \mathrm{d}\Delta$$

或

$$\sigma^2 = \lim_{n\to\infty} \sum_{k=1}^{n} \frac{\Delta_k^2}{n}$$

即

$$\left.\begin{array}{l} \sigma^2 = D(\Delta) = E(\Delta^2) = \displaystyle\lim_{n\to\infty} \frac{[\Delta\Delta]}{n} \\[3mm] \sigma = \displaystyle\lim_{n\to\infty} \sqrt{\frac{[\Delta\Delta]}{n}} \end{array}\right\} \tag{5-2-4}$$

根据(5-2-4)式的第一式或(5-2-1)式定义的方差,是真误差平方(Δ^2)的数学期望,也就是Δ^2的理论平均值。在分布律为已知的情况下,它是一个确定的常数。或者说,(5-2-4)式中的方差σ^2和中误差σ,分别是$\dfrac{[\Delta]}{n}$和$\sqrt{\dfrac{[\Delta\Delta]}{n}}$的极限值,它们都是理论上的数值。但是,实际上观测个数n总是有限的,由有限个观测值的真误差只能求得方差和中误差的估(计)值。方差σ^2和中误差σ的估值将用符号m^2和m表示,即

$$\left.\begin{array}{l} m^2 = \dfrac{[\Delta\Delta]}{n} \\[3mm] m = \pm\sqrt{\dfrac{[\Delta\Delta]}{n}} \end{array}\right\} \tag{5-2-5}$$

这就是根据一组等精度真误差计算方差和中误差估值的基本公式。

顺便指出,由于分别采用了不同的符号以区分方差和中误差的理论值和估值,因此在本书以后的文字叙述中,在不需要特别强调"估值"意义的情况下,也将"中误差的估值"简称为"中误差"。

(2) 极限误差

中误差不是代表个别误差的大小,而是代表误差分布的离散度的大小。由中误差的定义式(5-2-4)可知,它是代表一组同精度观测误差平方的平均值的平方根极限值,中误差愈小,即表示在该组观测中,绝对值较小的误差愈多。按正态分布表查得,在大量同精度观测的一组误差中,误差落在$(-\sigma, +\sigma)$,$(-2\sigma, +2\sigma)$和$(-3\sigma, +3\sigma)$的概率分别为

$$\left.\begin{array}{l} P(-\sigma < \Delta < +\sigma) \approx 68.3\% \\ P(-2\sigma < \Delta < +2\sigma) \approx 95.5\% \\ P(-3\sigma < \Delta < +3\sigma) \approx 99.7\% \end{array}\right\} \tag{5-2-6}$$

这就是说,绝对值大于中误差的偶然误差,其出现的概率为31.7%;而绝对值大于两倍中误差的偶然误差出现的概率为4.5%;特别是绝对值大于三倍中误差的偶然误差出现的概率仅有0.3%,这已经是概率接近于零的小概率事件,或者说这是实际上的不可能事件。因此,通常以三倍中误差作为偶然误差的极限值$\Delta_{限}$,并称为极限误差。即

$$\Delta_{限} = 3\sigma \tag{5-2-7}$$

实践中,也有采用2σ作为极限误差的。实际工作中常常用误差的估值m代替σ,即以$3m$或$2m$作为极限误差。同时,(5-2-6)式也反映了中误差与真误差间的概率关系。

在测量工作中,如果某误差超过了极限误差,那就可以认为它是错误的,相应的观测值应

舍去不用。

（3）相对误差

对于某些观测结果,有时单靠中误差还不能完全表达观测结果的好坏。例如,分别丈量了 1 000 m 及 80 m 的两段距离,观测值的中误差均为 ±2 cm,虽然两者的中误差相同,但就单位长度而言,两者精度并不相同。显然前者的相对精度比后者要高。此时,须采用另一种办法来衡量精度,通常采用相对中误差,它是中误差与观测值之比。如上述两段距离,前者的相对中误差为 1/50 000,而后者则为 1/4 000。

相对中误差是个无名数,在测量中一般将分子化为 1,即用 $1/N$ 表示。

对于真误差与极限误差,有时也用相对误差来表示。例如,经纬仪导线测量时,规范中所规定的相对闭合差不能超过 1/2 000,它就是相对极限误差;而在实测中所产生的相对闭合差,则是相对真误差。

在相同观测条件下,对某一量所进行的一组观测,对应着同一种误差分布,因此,这一组中的每一个观测值都具有同样的精度。为了衡量观测值的精度高低,显然可以用 5.1 节的方法,绘出频率直方图或误差分布表加以分析来衡量。但这样做实际应用十分不便,又缺乏一个简单的关于精度的数值概念。这个数值应该能反映误差分布的密集或离散程度,即应反映其离散度的大小,作为衡量精度的指标。

5.3   误差传播定律及其应用

5.3.1   误差传播定律

前面已经叙述了衡量一组等精度观测值的精度指标,并指出在测量中通常以中误差作为衡量精度的指标。但在实际工作中,某些未知量不可能或不便于直接进行观测,而需要由另一些直接观测量根据一定的函数关系计算出来。例如,要测量不在同一水平面上两点间的距离 D,可以用光电测距仪测量外距 S,并用经纬仪测量竖直角 α,以函数关系 $D = S\cos\alpha$ 来推算。显然,在此情况下,函数 D 的中误差与观测值 S 及 α 的中误差之间,必定有一定的关系。阐述这种函数关系的定律,称为误差传播定律。

下面以一般函数关系来推导误差传播定律。

设有一般函数

$$Z = F(x_1, x_2, \cdots, x_n) \tag{5-3-1}$$

式中:$(x_1, x_2, \cdots, x_n)$ 为可直接观测的未知量;

Z 为不便于直接观测的未知量。

设 X 的独立观测值为 l_i,其相应的真误差为 Δx_i。由于 Δx_i 的存在,使函数 Z 亦产生相应的真误差 ΔZ。将式(5-3-1)取全微分

$$dZ = \frac{\partial F}{\partial x_1}dx_1 + \frac{\partial F}{\partial x_2}dx_2 + \cdots + \frac{\partial F}{\partial x_n}dx_n$$

因误差 Δx_i 及 ΔZ 都很小,故在上式中,可近似用 Δx_i 及 ΔZ 代替 dx_i 及 dZ,于是有

$$\Delta Z = \frac{\partial F}{\partial x_1}\Delta x_1 + \frac{\partial F}{\partial x_2}\Delta x_2 + \cdots + \frac{\partial F}{\partial x_n}\Delta x_n \tag{5-3-2}$$

式中 $\dfrac{\partial F}{\partial x_i}$ 为函数 F 对各自变量的偏导数。将 $x_i = l_i$ 代入各偏导数中,即为确定的常数,设

$$\left(\frac{\partial F}{\partial x_i}\right)_{x_i = l_i} = f_i$$

则式(5-3-2)可写成

$$\Delta Z = f_1 \Delta x_1 + f_2 \Delta x_2 + \cdots + f_n \Delta x_n \tag{5-3-3}$$

为了求得函数和观测值之间的中误差关系式,设想对各 x_i 进行了 k 次观测,则可写出 k 个类似于式(5-3-3)的关系式

$$\begin{cases} \Delta Z^{(1)} = f_1 \Delta x_1^{(1)} + f_2 \Delta x_2^{(1)} + \cdots + f_n \Delta x_n^{(1)} \\ \Delta Z^{(2)} = f_1 \Delta x_1^{(2)} + f_2 \Delta x_2^{(2)} + \cdots + f_n \Delta x_n^{(2)} \\ \qquad\qquad\qquad \cdots\cdots \\ \Delta Z^{(k)} = f_1 \Delta x_1^{(k)} + f_2 \Delta x_2^{(k)} + \cdots + f_n \Delta x_n^{(k)} \end{cases}$$

将以上各式等号两边平方后,再相加得

$$\left[\Delta Z^2\right] = f_1^2 \left[\Delta x_1^2\right] + f_2^2 \left[\Delta x_2^2\right] + \cdots + f_n^2 \left[\Delta x_n^2\right] + \sum_{\substack{i,j=1 \\ i \neq j}}^{n} f_i f_j \left[\Delta x_i \Delta x_j\right]$$

上式两端各除以 k

$$\frac{\left[\Delta Z^2\right]}{k} = f_1^2 \frac{\left[\Delta x_1^2\right]}{k} + f_2^2 \frac{\left[\Delta x_2^2\right]}{k} + \cdots + f_n^2 \frac{\left[\Delta x_n^2\right]}{k} + \sum_{\substack{i,j=1 \\ i \neq j}}^{n} f_i f_j \frac{\left[\Delta x_i \Delta x_j\right]}{k} \tag{5-3-4}$$

设对各 x_i 的观测值 l_i 为彼此独立的观测,则 $\Delta x_i \Delta x_j$ 当 $i \neq j$ 时,亦为偶然误差。根据偶然误差的第 4 个特性可知,式(5-3-4)的末项当 $k \to \infty$ 时趋近于零,即

$$\lim_{n \to \infty} \frac{\left[\Delta x_i \Delta x_j\right]}{k} = 0$$

故式(5-3-4)可写成

$$\lim_{n \to \infty} \frac{\left[\Delta Z^2\right]}{k} = \lim_{n \to \infty} \left(f_1^2 \frac{\left[\Delta x_1^2\right]}{k} + f_2^2 \frac{\left[\Delta x_2^2\right]}{k} + \cdots + f_n^2 \frac{\left[\Delta x_n^2\right]}{k}\right)$$

根据中误差的定义,上式可写成

$$\sigma_z^2 = f_1^2 \sigma_1^2 + f_2^2 \sigma_2^2 + \cdots + f_n^2 \sigma_n^2$$

当 k 为有限值时,可写为

$$m_z^2 = f_1^2 m_1^2 + f_2^2 m_2^2 + \cdots + f_n^2 m_n^2 \tag{5-3-5}$$

即

$$m_z = \pm \sqrt{\left(\frac{\partial F}{\partial x_1}\right)^2 m_1^2 + \left(\frac{\partial F}{\partial x_2}\right)^2 m_2^2 + \cdots + \left(\frac{\partial F}{\partial x_n}\right)^2 m_n^2} \tag{5-3-6}$$

上式即为计算函数中误差的一般形式。应用上式时,必须注意:各观测值必须是相互独立的变量,而当 l_i 为未知量 x_i 的直接观测值时,可认为各 l_i 之间满足相互独立的条件。

式(5-3-6)就是一般函数的误差传播定律,利用它不难导出表 5-3-1 所列简单函数的误差传播定律。

表 5-3-1　简单函数的中误差传播公式

函数名称	函数式	中误差传播公式
倍数函数	$Z = AX$	$m_Z = \pm Am$
和差函数	$Z = X_1 \pm X_2$	$m_Z = \pm\sqrt{m_1^2 + m_2^2}$
	$Z = X_1 \pm X_2 \pm \cdots \pm X_n$	$m_Z = \pm\sqrt{m_1^2 + m_2^2 + \cdots + m_n^2}$
线性函数	$Z = A_1 X_1 \pm A_2 X_2 \pm \cdots \pm A_n X_n$	$m_Z = \pm\sqrt{A_1^2 m_1^2 + A_2^2 m_2^2 + \cdots + A_n^2 m_n^2}$

5.3.2　误差传播定律的应用

误差传播定律在测绘领域应用十分广泛,利用它不仅可以求得观测值函数的中误差,而且还可以研究确定容许误差值以及事先分析观测可能达到的精度等,下面举例说明应用方法。

例 1　在 1:5 000 地形图上量得 A、B 两点间的距离 $d = 234.5$ mm,中误差 $m_d = \pm 0.2$ mm。求 A、B 两点间的实地水平距离 D 即其中误差 m_D。

解: $D = Md = 5\,000 \times 234.5 / 1\,000 = 1\,172.5$ m

根据表 5-3-1 第 1 式

$m_D = Mm_d = 5\,000 \times 0.2 / 1\,000 = 1.0$ m

距离结果可以写成 $D = 1\,172.5$ m ± 1.0 m

例 2　设在三角形 ABC 中,直接观测 $\angle A$ 和 $\angle B$,其中误差分别为 $m_A = \pm 3''$ 和 $m_B = \pm 4''$,试求由 $\angle A$、$\angle B$ 计算 $\angle C$ 时的中误差 m_C。

解: 函数关系为

$$\angle C = 180 - \angle A - \angle B$$

根据表 5-3-1 第 2 式有:

$$m_C = \pm\sqrt{m_A^2 + m_B^2} = \pm\sqrt{(3'')^2 + (4'')^2} = \pm 5''$$

例 3　两次测定高差时的误差规定。

一次测定两点间高差得公式为:$h = a - b$,设前视或后视在水准尺上读数的中误差 $m = \pm 1$ mm,则一次测定高差的中误差

$$m_h = m\sqrt{2} = \pm 1.4 \text{ mm}$$

两次测定高差之差的计算公式为

$$\Delta h = h_1 - h_2 = (a_1 - b_1) - (a_2 - b_2)$$

则高差之差的中误差为

$$m_{\Delta h} = m\sqrt{2} = \pm 2.0 \text{ m}$$

如果以 2 倍中误差为极限误差,则极限误差为 ± 4 mm。另外考虑到还有水准管气泡置平误差的影响,所以一般规定:两次测定高差之差不得超过 ± 5 mm。

例 4　试用误差传播定律分析视线倾斜时视距测量的精度。

解: 测量水平距离的精度分析

根据视距测量原理,有视线倾斜时的视距公式 $D = kl\cos^2\alpha$,则

$$\frac{\partial D}{\partial l} = k\cos^2\alpha, \quad \frac{\partial D}{\partial \alpha} = -kl\sin 2\alpha$$

所以水平距离 D 的中误差为

$$m_D = \pm \sqrt{\left(\frac{\partial D}{\partial l}\right)^2 m_l^2 + \left(\frac{\partial D}{\partial \alpha}\right)^2 \left(\frac{m_\alpha}{\rho}\right)^2}$$

$$= \pm \sqrt{(kl\cos^2\alpha)^2 m_l^2 + (-kl\sin 2\alpha)^2 \left(\frac{m_\alpha}{\rho}\right)^2}$$

由于根式内第二项的值很小,为了方便讨论,可以将其略去。则有

$$m_D = \pm (kl\cos^2\alpha) m_l$$

式中:m_l 为视距间隔 l 的读数中误差,因 $l = $ 上丝读数 $-$ 下丝读数,故

$$m_l = \pm m_{读}\sqrt{2}$$

$m_{读}$ 为上、下丝读数的中误差。

由生理实验可知,人的肉眼在视角小于 $1'$ 时,分辨不出两个点。可见人眼的可分辨视角为 $60''$。当测量仪器的望远镜放大倍率为 24 倍,通过望远镜来观测时,可达到的分辨视角 $= 60''/24 = 2''.5$。因此,上、下丝读数的误差为 $\frac{2''.5}{206\ 265''}D \approx 1.21 \times 10^{-5}D$,以它作为读数的中误差 $m_{读}$ 代入上式后可得:

$$m_l = \pm 1.21 \times 10^{-5}D \sqrt{2} \approx \pm 1.71 \times 10^{-5}D$$

于是

$$m_D = \pm 100 \times 1.71 \times 10^{-5}D\cos^2\alpha$$

当 α 很小时,$\cos\alpha \approx 1$。上式可写为:

$$m_D = \pm 1.71 \times 10^{-3}D\cos^2\alpha$$

则相对中误差为:

$$\frac{m_D}{D} = 1.71 \times 10^{-3} \approx \frac{1}{580}$$

考虑到其他因素的影响,可以认为视距测量的距离精度可达 1/300。

测量高差的精度分析

根据视距测量的高差主值计算公式 $h = 0.5kl\sin 2\alpha$,有

$$\frac{\partial h}{\partial l} = \frac{1}{2}k\sin 2\alpha, \frac{\partial h}{\partial \alpha} = kl\cos 2\alpha$$

则高差主值的中误差为:

$$m_h = \sqrt{\left(\frac{1}{2}k\sin 2\alpha\right)^2 m_l^2 + (kl\cos 2\alpha)^2 \left(\frac{m_\alpha}{\rho}\right)^2}$$

根式中前一项,当 $D = 100$ m 时,$m_l^2 = \pm 2.74 \times 10^{-7}$ 很小,故略去。于是

$$m_h = \pm kl\cos 2\alpha \cdot \frac{m_\alpha}{\rho}$$

当角 α 不大时,$\cos 2\alpha \approx \cos^2\alpha$,可将上式改写为:

$$m_h = \pm kl\cos^2\alpha \cdot \frac{m_\alpha}{\rho} = \pm D\frac{m_\alpha}{\rho}$$

若 $m_\alpha = 1'$,$D = 100$ m,则 $m_h = \pm 0.03$ m。即视距测量每 100 m 距离对应的高差主值的中误差为 ± 3 cm,误差的最大值可达 ± 9 cm。

5.4 等精度直接观测平差

除了标准实体,自然界中任何单个未知量(如某一角度、某一长度等)的真值都是无法确知的。只有通过重复观测,才能对其真值做出可靠的估计。在测量实践中,重复测量的目的还在于提高观测成果的精度,同时也为了发现和消除粗差。

重复测量形成了多余观测,加之观测值必然含有误差,这就产生了观测值之间的矛盾。为了消除这种矛盾,就必须依据一定的数据处理准则,采用适当的计算方法,对有矛盾的观测值加以必要而又合理的调整,给以适当的改正从而求得观测量的最佳估值,同时对观测进行质量评估。人们把这一数据处理的过程称做"测量平差"。

在相同条件下进行的观测是等精度观测,所得到的观测值称为等精度观测值。如果观测所使用的仪器精度不同,或观测方法不同,或外界条件差别较大,不同观测条件下所获得的观测值称为不等精度观测值。

对一个未知量的直接观测值进行平差,称为直接观测平差。根据观测条件,有等精度直接观测平差和不等精度直接观测平差。平差结果是得到未知量最可靠的估值,最接近其真值,称为"最或是值"。

5.4.1 求最或是值

在等精度直接观测平差中,观测值的算术平均值是未知量的最或是值。

设对某量进行了 n 次等精度观测,其观测值为 l_1、l_2、$\cdots$、l_n,该量的真值为 X。各观测值的真误差为 Δ_1,Δ_2,$\cdots$,Δ_n。由于真值 X 无法确知,测量上取 n 次观测值的算术平均值为最或是值,以代替真值,即

$$x = \frac{l_1 + l_2 + \cdots + l_n}{n} = \frac{[l]}{n} \tag{5-4-1}$$

观测值与最或是值之差,称为"最或是误差",用符号 $v_i(i=1,2,\cdots,n)$ 来表示。

$$v_i = l_i - x \, (i = 1, 2, \cdots, n) \tag{5-4-2}$$

将 n 个最或是误差 v_i 相加,有:

$$[v] = [l] - nx = 0 \tag{5-4-3}$$

即最或是误差的总和为 0,式(5-4-3)可以用做计算中的检核,若 v_i 值计算无误,其总和必然为 0。显然,当观测次数 $n \to \infty$ 时,$v_i = \Delta_i$。

5.4.2 评定精度

(1)观测值中误差

由于独立观测中单个未知量的真值 X 是无法确知的,因此真误差 Δ_i 也是未知的,所以不能直接应用式(5-2-5)求得中误差。但可以用有限个等精度观测值 l_i 求出最或是值 x 后,再按公式(5-4-2)计算最或是误差,用最或是误差 v_i,计算观测值的中误差。其公式推导如下:

对未知量经 n 次等精度观测,得观测值 $l_1, l_2, \cdots, l_n$,则真误差

$$\Delta_i = l_i - X \quad (i = ,1, 2, \cdots, n) \tag{5-4-4}$$

最或是误差如式(5-4-4),式(5-4-4)减去式(5-4-2)得

$$\Delta_i - v_i = x - X \quad (i = 1, 2, \cdots, n) \tag{5-4-5}$$

令 $x - X = \delta$,则

$$\Delta_i = v_i + \delta \quad (i = 1, 2, \cdots, n) \tag{5-4-6}$$

对式(5-4-6)两端取平方和:

$$[\Delta^2] = [v^2] + n\delta^2 + 2\delta[v] \tag{5-4-7}$$

因 $[v] = 0$, $[\Delta^2] = [v^2] + n\delta^2$,又有

$$\begin{aligned}
\delta^2 &= (x - X)^2 \\
&= \left(\frac{[l]}{n} - X\right)^2 \\
&= \frac{1}{n^2}[(l_1 - X) + (l_2 - X) + \cdots + (l_n - X)]^2 \\
&= \frac{1}{n^2}(\Delta_1 + \Delta_2 + \cdots + \Delta_n)^2 \\
&= \frac{1}{n^2}(\Delta_1^2 + \Delta_2^2 + \cdots + \Delta_n^2 + 2\Delta_1\Delta_2 + 2\Delta_1\Delta_3 + \cdots) \\
&= \frac{[\Delta^2]}{n^2} + \frac{2(\Delta_1\Delta_2 + \Delta_1\Delta_3 + \cdots)}{n^2}
\end{aligned}$$

根据偶然误差特性 4,当 $n \to \infty$ 时,上式等号右边的第二项趋于零,所以

$$\delta^2 = \frac{[\Delta^2]}{n^2}$$

于是有:

$$\frac{[\Delta^2]}{n} = \frac{[v^2]}{n} + \frac{[\Delta^2]}{n^2}$$

即

$$m = \pm\sqrt{\frac{[v^2]}{n-1}} \tag{5-4-8}$$

式(5-4-8)是等精度观测中用最或是误差计算中误差的公式,此式又叫白塞尔公式。

例 5 对某角进行了 5 次等精度观测,观测结果列于表 5-4-1。试求其观测值的中误差。

表 5-4-1 等精度直接观测平差计算

观测值	最或是误差	v^2
$l_1 = 35°18'28''$	+3	9
$l_2 = 35°18'25''$	0	0
$l_3 = 35°18'26''$	+1	1
$l_4 = 35°18'22''$	−3	9
$l_5 = 35°18'24''$	−1	1
$x = \dfrac{[l]}{n} = 35°18'25''$	$[v] = 0$	$[v^2] = 20$

解:根据式(5-4-1)和式(5-4-2)计算最或是值 x、最或是误差 v_i,利用式(5-4-3)进行检核,计算结果列于表 5-4-1 中。观测值的中误差为:

$$m = \pm\sqrt{\frac{[v^2]}{n-1}} = \pm\sqrt{\frac{20}{5-1}} = \pm 2''.2$$

(2)算术平均值的中误差

设对某量进行 n 次等精度观测,观测值为 $l_1, l_2, \cdots, l_n$,中误差为 m。最或是值的中误差 M 的计算公式推导如下:

$$x = \frac{[l]}{n} = \frac{1}{n}l_1 + \frac{1}{n}l_2 + \cdots + \frac{1}{n}l_n \tag{5-4-9}$$

根据误差传播定律,有

$$M = \sqrt{\left(\frac{1}{n}\right)^2 m^2 + \left(\frac{1}{n}\right)^2 m^2 + \cdots + \left(\frac{1}{n}\right)^2 m^2} \tag{5-4-10}$$

所以:

$$M = \pm\frac{m}{\sqrt{n}} \tag{5-4-11}$$

顾及式(5-4-8),算术平均值的中误差也可表达如下:

$$m = \pm\sqrt{\frac{[v^2]}{n(n-1)}} \tag{5-4-12}$$

例6 计算例5的最或是值的中误差。

解:利用式(5-4-11)得:

$$M = \pm\frac{m}{\sqrt{n}} = \pm\frac{2''.2}{\sqrt{5}} = \pm 1''.0$$

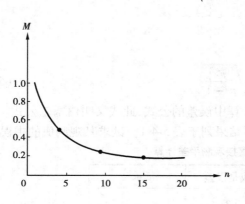

图 5-4-1 算术平均值的中误差与观测次数的关系

从公式(5-4-11)可以看出,算术平均值的中误差与观测次数的平方根成反比。因此,增加观测次数可以提高算术平均值的精度。当观测值的中误差 $m = 1$ 时,算术平均值的中误差 M 与观测次数 n 的关系如图 5-4-1 所示。由图可以看出,当 n 增加时,M 减小。当观测次数达到一定数值后(如 $n = 10$),再增加观测次数,工作量增加,但提高精度的效果就不太明显了。因此不能单纯以增加观测次数来提高测量成果的精度,应设法提高观测值本身的精度。例如适用精度较高的仪器、提高观测技能、在良好的外界条件下进行观测等。

5.5　不等精度观测的最或然值及其中误差

5.5.1　权与单位权

对于如何从 n 次等精度观测值中确定未知量的最或是值以及评定其精度问题,前面已叙述。但是在测量实践中除了等精度观测以外,还有不等精度观测。例如同一段距离分组进行丈量,但各组丈量的次数不等,因此各组观测的精度也不相等,如何来计算该距离的最或是值以及评定它的精度? 又例如某个新设立的水准点,离开几个已知高程的水准点距离不等,因此进行水准测量时水准路线长度不等。根据 5.4 节的分析,已知水准测量测定两点间高差精度与水准路线长度的平方根成正比,因此也是不等精度观测,此时又如何根据各条水准路线的观测结果计算新点的高程并评定其精度? 这就需要用“权”的概念来处理这个问题。

例如,设对于同一段距离 S 分两组进行丈量。第一组丈量了 2 次,得观测值 l_1、l_2,第二组丈量了 3 次,得观测值 l_3、l_4、l_5,每一次丈量的中误差是相同的,设为 m。两组观测值分别取算术平均值及计算其中误差:

$$L_1 = \frac{1}{2}(l_1 + l_2), \quad m_1 = \pm \frac{m}{\sqrt{2}}$$

$$L_2 = \frac{1}{2}(l_3 + l_4 + l_5), \quad m_2 = \pm \frac{m}{\sqrt{3}}$$

当 $m_1 > m_2$ 时,即同一段距离的两组观测 L_1 与 L_2 为不等精度观测。

“权”的原义为秤锤,此处用作权衡轻重之意。某一观测值或观测值的函数的精度越高(中误差越小),其权应越大。测量误差理论中,以 P 表示权,并定义权与中误差的平方成反比:

$$P_i = \frac{C}{m_i^2} \tag{5-5-1}$$

式中 C 为任意常数。对于以上例子,两组观测值的权为

$$P_1 = \frac{C}{m_1^2} = \frac{2C}{m^2}, P_2 = \frac{C}{m_2^2} = \frac{3C}{m^2}$$

由于 C 为任意常数,因此对于上式取 $C = m^2$,则

$$p_1 = 2, p_2 = 3$$

对于每一次丈量,设其权为 P_0,则

$$P_0 = \frac{m^2}{m^2} = 1$$

权等于 1 的中误差称为单位权中误差,一般用 m_0 表示。习惯上取一次观测、一测回、一公里线路、一米长的测量误差为单位权中误差。这样,式(5-5-1)的另一种表示方式为:

$$P_i = \frac{m_0^2}{m_i^2} \tag{5-5-2}$$

由上式得到观测值或观测值函数的中误差的另一种表示方式为

$$m_i = m_0 \sqrt{\frac{1}{P_i}} \qquad (5\text{-}5\text{-}3)$$

在不等精度观测中,引入"权"的概念是为了建立一种精度的比值,以便进行合理的成果处理。例如对于上例:取一次丈量的权为 1,则 2 次与 3 次丈量分别取平均值的权为 2 与 3。由此知道距离丈量的权与丈量的次数成正比。

5.5.2 非等精度观测值的最或是值

上例一段距离分两组观测,每组丈量的次数分别为 2 次和 3 次,每一次丈量均为等精度观测。因此该段距离的最或是值可以取 5 次观测值的算术平均值:

$$x = \frac{1}{5}(l_1 + l_2 + l_3 + l_4 + l_5)$$

在已经分别求得两组观测值的算术平均值及其权:

$$L_1 = \frac{1}{2}(l_1 + l_2), P_1 = 2$$

$$L_2 = \frac{1}{2}(l_3 + l_4 + l_5), P_2 = 3$$

的情况下,由于为不等精度观测,如果按下式计算仍可以得到其最或是值:

$$x = \frac{2L_1 + 3L_2}{2 + 3}$$

上式称为不等精度观测的加权平均值,其一般形式为:

$$x = \frac{P_1 L_1 + P_2 L_2 + \cdots + P_n L_n}{P_1 + P_2 + \cdots P_n} = \frac{[PL]}{[P]} \qquad (5\text{-}5\text{-}4)$$

式中 L_i 为观测值或观测值的函数,P_i 为其权。对于同一量的各个观测值都相近似,因此计算加权平均值的适用公式为:

$$L_i = L_0 + \Delta L_i \qquad (5\text{-}5\text{-}5)$$

$$x = L_0 + \frac{[P\Delta L]}{[P]} \qquad (5\text{-}5\text{-}6)$$

式中 L_0 为各观测值的共同部分,ΔL_i 为观测值与共同部分的差值。

例7 某水平角用同样的经纬仪分别进行 3 组观测,各组分别观测 2、4、6 个测回,各组观测的算术平均值列于表 5-5-1,并在表中计算其加权平均值。

表 5-5-1 加权平均值的计算

组号	测回数	各组平均值 L	ΔL	算法 1		算法 1	
				权 P	$P\Delta L$	权 P	$P\Delta L$
1	2	40°20′14″	4″	2	8″	1	4″
2	4	40°20′17″	7″	4	28″	2	14″
3	6	40°20′20″	10″	6	60″	3	30″
		$L_0 = 40°20′10″$		12	96″	6	48″
加权平均值	$x = 40°20′10″ + \dfrac{96″}{12} = 40°20′18″$						

第 1 种算法：设一测回角度观测的中误差为单位权中误差，则 2、4、6 测回分别取算术平均值得权分别为 2、4、6。但是权是精度的一种比值，$2:4:6=1:2:3$。因此，第 2 种算法：分别取各组观测值的权为 1、2、3 进行计算，两种算法的结果是相同的。

同一量的 n 次不等精度观测值 $L_1, L_2, \cdots, L_n$，根据其权 $P_1, P_2, \cdots, P_n$，用 (5-5-4) 计算其加权平均值作为最或是值后，用式 (5-5-7) 计算观测值的改正值：

$$
\left.
\begin{aligned}
v_1 &= x - L_1 \\
v_2 &= x - L_2 \\
&\cdots\cdots \\
v_n &= x - L_n
\end{aligned}
\right\} \tag{5-5-7}
$$

5.5.3　加权平均值的中误差

不等精度观测值的加权平均值的计算公式 (5-5-4) 式也可以写成线性函数形式：

$$
x = \frac{P_1}{[P]}L_1 + \frac{P_2}{[P]}L_2 + \cdots + \frac{P_n}{[P]}L_n
$$

根据线性函数误差传播公式得到

$$
m_x = \sqrt{\left(\frac{P_1}{[P]}\right)^2 m_1^2 + \left(\frac{P_2}{[P]}\right)^2 m_2^2 + \cdots + \left(\frac{P_n}{[P]}\right)^2 m_n^2}
$$

上式中以

$$
m_x = m_0\sqrt{\frac{P_1}{[P]^2} + \frac{P_2}{[P]^2} + \cdots + \frac{P_n}{[P]^2}}
$$

即

$$
m_x = \frac{m_0}{\sqrt{[P]}}
$$

由此可见：加权平均值的中误差为单位权中误差除以观测值的权之和的平方根；对照 (5-5-3) 式，加权平均值的权即为

$$
P_n = [P]
$$

5.5.4　单位权中误差的计算

单位权中误差一般取某一类观测值的一种基本精度，例如角度观测的一测回、水准测量的一公里线路的中误差等，在处理不等精度观测值时，要根据单位权中误差来计算观测值得权和加权平均值的中误差等。因此对某一类观测值必须对其基本精度（单位权中误差）有一个正确的估计。

根据一组不等精度观测值可以计算本类观测值的单位权中误差。由 (5-5-2) 式得到

$$
m_0^2 = P_i m_i^2
$$

设对同一量由 n 个不等精度观测值，则

$$
m_0^2 = P_1 m_1^2
$$

$$
m_0^2 = P_2 m_2^2
$$

$$
\cdots\cdots
$$

$$m_0^2 = P_n m_n^2$$

取其总和:

$$nm_0^2 = [Pm^2]$$

得到

$$m_0^2 = \frac{[Pm^2]}{n} = \frac{[Pmm]}{n}$$

上式中 $[Pmm]$ 可以近似地用 $[P\Delta\Delta]$ 代替:

$$m_0^2 = \sqrt{\frac{[P\Delta\Delta]}{n}}$$

式中:Δ 为真误差,$\Delta_i = X - L_i$。

此式为观测值的真值已知的情况下,用真误差求中误差的公式。

在观测量的真值未知的情况下,用观测值的加权平均值(最或是值)代替真值,则按(5-5-7)式得到改正值。

仿照式(5-4-8)的推导,得到不按等精度观测值的改正值计算单位权中误差的公式:

$$m_0 = \sqrt{\frac{[Pvv]}{n-1}}$$

例:在表 5-5-2 中按表 5-5-1 的数例计算不等精度的角度观测值的加权平均值、改正值、单位权中误差即加权平均值的中误差。由于本例以一测回观测测得权为单位权,所以求得的单位权中误差为角度一测回观测中误差。

表 5-5-2　加权平均值及其中误差的计算

组号	测回数	各组平均值	ΔL	权 P	$P\Delta L$	v	Pv
1	2	40°20′14″	4	2	8″	+4″	+8″
2	4	40°20′17″	7	4	28″	−1″	+4″
3	6	40°20′20″	10	6	60″	−2″	−12″
		$L_0 = 40°20′10″$		12	96″		0″
加权平均值及其中误差		$x = 40°20′10″ + \dfrac{96″}{12} = 40°20′18″$ $[Pvv] = 60, m_0 = \pm\sqrt{\dfrac{60}{3-1}} = \pm5″.5$ $p_x = 12, m_x = \dfrac{5.5}{\sqrt{12}} = \pm1.6″$					

习题与思考题

1　为什么观测结果中一定存在误差?误差如何分类?

2　系统误差有何特点?它对测量结果产生什么影响?

3　偶然误差能否消除？它有何特性？

4　容许误差是如何定义的？它有什么作用？

5　何谓等精度观测？何谓不等精度观测？权的定义和作用是什么？

6　用检定过的钢尺多次丈量长度为 29.994 0 m 的标准距离,结果为 29.990 m、29.995 m、29.991 m、29.998 m、29.996 m、29.994 m、29.993 m、29.995 m、29.999 m、29.991 m。试求一次丈量的中误差。

7　测量距离 A、B 和 C、D。往测结果分别为 258.598 m 和 138.745 m,返测结果分别为 258.547 m 和 138.778 m。分别计算往返较差、相对误差,并比较精度。

8　测得一正方形的边长 $a = 86.25$ m ± 0.04 m。试求正方形的面积及其相对误差。

9　在 1:25 000 地形图上量得一圆形地物的直径为 $d = 31.3$ mm ± 0.3 mm。试求该地物占地面积及其中误差。

10　一个三角形,测得边长 $a = 150.50$ m ± 0.05 m,测得 $\angle A = 64° \pm 1'$,$\angle B = 35°10' \pm 2'$。计算边长 b 和 c 及其中误差、相对误差。

11　设有 n 个内角的闭合导线,等精度观测各内角,测角中误差 $m = \pm 9''$试求闭合导线角度闭合差 f_β 的容许误差 $f_{\beta容}$。

12　在 A、B 两点之间安置水准仪测量高差,要求高差中误差不大于 3 mm,试问在水准尺上读数的中误差为多少？

13　用经纬仪观测水平角,测角中误差为 $\pm 9''$。欲使角度结果的精度达到 $\pm 5''$,问需要观测几个测回？

14　在水准测量中,设一个测站的高差中误差为 ± 3 mm,1 公里线路有 9 站。求 1 公里线路高差的中误差和 K 公里线路高差的中误差。

15　对一段距离测量了 6 次,观测结果为 246.535 m、246.548 m、246.520 m、246.529 m、246.550 m、246.537 m。试计算距离的最或是值、最或是值的中误差和相对中误差、测量一次的中误差。

16　用 DJ6 型经纬仪观测某水平角 4 测回,观测值为 248°32′18″、248°31′54″、248°31′42″、248°32′06″。试求一测回观测值的中误差、该角最或是值及其中误差。

17　用同一台经纬仪以不同的测回数观测某角,观测值为 $\beta_1 = 23°13'36''$（4 测回）,$\beta_2 = 23°13'30''$（6 测回）,$\beta_3 = 23°13'26''$（8 测回）,试求单位权中误差、加权平均值及其中误差、一测回观测值的中误差。

18　从 A、B、C、D 四个已知高程点分别向待定点 E 进行水准测量,得到观测高程分别为 1 107.258 m（4 站）、1 107.247 m（8 站）、1 107.232 m（8 站）、1 107.240 m（12 站）。试求单位权中误差、E 点高程的最或是值及其中误差、一测站高差观测值的中误差。

第6章

电子全站仪与全球定位系统

6.1 电子全站仪

6.1.1 电子全站仪的基本概念

全站仪,即全站型电子速测仪(Electronic Total Station)。它是集自动测角、测距、测高于一体,实现对测量数据进行自动获取、显示、存储、传输、识别、处理计算的三维坐标测量系统。电子全站仪现已广泛应用于控制测量、工程放样、安装测量、形变监测、地形测绘和地籍测量等领域,成为实现测量工程内外业一体化、自动化、智能化的关键硬件系统。

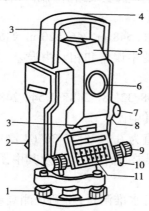

图 6-1-1 TC1000 全站仪

1—脚螺旋;2—键盘;3—光学瞄准器;4—手柄;
5—带有集成电路的光电测距仪望远镜;
6—角度和距离测量的共轭光轴;
7—竖直微动装置;8—竖直制动;
9—水平微动装置;10—水平制动装置;
11—键盘或在位置 2 的卡盘

电子全站仪由电子经纬仪、电磁波测距仪、微处理器、电源装置和反射棱镜等组成。按仪器结构,分为整体式和组合式两种。整体式全站仪是由电子经纬仪和电磁波测距仪安装在一起,共用一个望远镜的全站型仪器;组合式全站仪是在电子经纬仪的结合器上安装电磁波测距仪,再通过标准接口与电子手簿连接的全站型仪器。

图 6-1-1 是瑞士威特厂生产的 TC1000 电子速测仪,属整体式。其特点是电子经纬仪和测距仪共用一个望远镜并安装在同一外壳内,用于同时测角和测距。在望远镜盘左或盘右两个位置上都备有一个键盘和两个液晶显示器,或者在位置 1 备用键盘和显示器,在位置 2 有插入式数据记录模块 REC。

键盘上有 14 个双重功能键。经纬仪、测距仪和数据记录器,包括附加的数字数据的输入,如点号、编码块等均由经纬仪键盘控制。仪器的测角精度为 ±3″,在一般气象条件下,测程为 4 km,在良好条件下,可达 5.5 km 测距精度为 3 mm + 2 ppm。

6.1.2　电子全站仪的使用

现将 TC1000 不带记录的操作方法简述于下:

1)安置仪器;

2)瞄准反射镜中心;

3)角度和距离测量;

$\boxed{ON}$ 开机,屏幕上简短地显示软件的类型,然后测量水平角和竖直角。

$\boxed{OFF}$ 关机,按最后一个键或者指令 3 min,仪器自动关闭。

$\boxed{D\leftarrow}$ 打开或者关闭显示器和十字丝照明。按 REP 可改变十字丝的亮度,其等级从 0 ~ 3,按 RUN 储存新的亮度。

$\boxed{TEST}$ 　0　显示电池电压,强度从 1 ~ 9。

$\boxed{CE}$ 退出 $\boxed{TEST}$ 功能。按 RUN 消除错误的输入,按一次消除一个数字,消除信息。

$\boxed{DSP}$ $\boxed{HZ}$ 显示水平读盘读数。储存自动施加的水平视准差。

$\boxed{DSP}$ $\boxed{V}$ 显示竖直读盘读数。储存自动施加的竖直指标差。

$\boxed{SET}$ $\boxed{5}$ 40 $\boxed{RUN}$ $\boxed{REP}$ $\boxed{RUN}$ 安置角度测量单位。按 REP 按下列顺序变更单位:

　　　　400 gon;

　　　　360°十进制;

　　　　360°六十进制;

　　　　6 400 密位。

$\boxed{SET}$ $\boxed{HZ_0}$ $\boxed{RUN}$ 安置水平度盘读数为 0。

$\boxed{SET}$ $\boxed{HZ_0}$ 245.5730 RUN 安置水平度盘读数为 245°57′30″。

$\boxed{SET}$ $\boxed{5}$ 41 $\boxed{RUN}$ $\boxed{REP}$ $\boxed{RUN}$ 安置距离测量单位(米或者英尺),按 $\boxed{REP}$ 可交替变更。

$\boxed{SET}$ $\boxed{ppm/mm}$ ppm $\boxed{RUN}$ $\boxed{RUN}$ 输入比例改正 ±399 ppm

$\boxed{SET}$ $\boxed{ppm/mm}$ ppm $\boxed{RUN}$ mm $\boxed{RUN}$ 输入比例改正和棱镜常数 ±999 ppm

$\boxed{DIST}$ 测量距离,在测量距离期间,在右边的显示器上显示短的水平线。

$\boxed{DSP}$ $\boxed{HZ}$ 显示水平度盘读数和水平距离。

$\boxed{REP}$ $\boxed{DIST}$ 开始跟踪。

$\boxed{STOP}$ 停止距离测量。

$\boxed{SET}$ $\boxed{5}$ 69 $\boxed{RUN}$ $\boxed{REP}$ $\boxed{RUN}$ 给 $\boxed{DIST}$ 键赋予测量程序:

DIST 正常距离测量。

DI 快速测量。

DIL 连续距离测量。可显示全部测量的算术平均值、测量的次数 n 和单次测量的标准偏差 s（单位：mm），在测距期间或者其后用 $\boxed{\text{TEST}}$ 8 显示 s 和 n。

关机后，正常距离测量总是赋予 $\boxed{\text{DIST}}$ 键。

4）觇点的高程和坐标

$\boxed{\text{SET}}$ $\boxed{E_0/N_0/H_0}$ $\boxed{E_0}$ $\boxed{\text{RUN}}$ $\boxed{N_0}$ $\boxed{\text{RUN}}$ $\boxed{\text{RUN}}$ 输入测站坐标，安置到 0.000 m，输入不带数字的小数点。

$\boxed{\text{SET}}$ $\boxed{E_0/N_0/H_0}$ $\boxed{E_0}$ $\boxed{\text{RUN}}$ $\boxed{N_0}$ $\boxed{\text{RUN}}$ $\boxed{H_0}$ $\boxed{\text{RUN}}$ 输入测站坐标和高程。

DIST 开始距离测量。

DSP H 显示觇点的高程和高差。

DSP EN 显示觇点的坐标。

若需数据记录时，先要选择记录设备并安置到经纬仪上。如可用 REC 模块插入在望远镜位置 2 的卡盘上，或者用数据传输电缆把 GRE3（或者 GRE4）数据终端和经纬仪连接起来。经安置标准参数、标准记录格式及觇点的编号、编码后，即可进行下一步的测量、记录、计算、传输等各项操作。

组合式全站型电子速测仪的特点是，电子经纬仪和光电测距仪即可组合在一起又可以分开使用。其典型的仪器是威特厂和克恩厂的产品，如威特厂的 T1000/T2000 电子经纬仪配以测距仪 DI1000、DI2000、DI_4、DI_5 和克恩厂的 E_1、E_2 电子经纬仪配以测距仪 DM502、DM503 等。

图 6-1-2 为 TC-1000 电子速测仪进行碎部测量的示意图。观测程序如下：

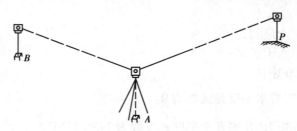

图 6-1-2　全站仪测量工作图

1）安置仪器于测站 A 上，量仪器高 i，输入测站点的坐标和高程：

$\boxed{\text{SET}}$ $\boxed{E_0/N_0/H_0}$ $\boxed{E_0}$ $\boxed{\text{RUN}}$ $\boxed{N_0}$ $\boxed{\text{RUN}}$ $\boxed{H_0}$ $\boxed{\text{RUN}}$

E_0、N_0——测站点的 y，x 坐标；

H_0——测站点的高程和仪器高之和；

2）后视另一控制点 B，属于 AB 边的方位角 Z_0；

$\boxed{\text{SET}}$ Z_0 $\boxed{\text{RUN}}$

3）瞄准任意碎部点 P，此时观测值为 D（斜距）、β（水平角）、α（竖直角，即 90°减去天顶距）和 V（反射棱镜的高度），仪器即能自动计算及显示碎部点的三维坐标 x_0，y_0 和 H_p。

6.2　电子全站仪测量

6.2.1　实时交会测量

使用电子全站仪按极坐标法测定目标点的三维坐标,需要在目标点上安放反射棱镜,但是有时的环境条件不允许在观测目标上安置反射棱镜,这种情况下可利用电子全站仪进行实时交会测定。

把两台全站仪与电子计算机连接,把观测的水平方向和竖直方向直接输入计算机。为测得两测站的距离,先在待测点附近放置一把长度已知的尺子(如因瓦水准尺),交会这把尺子的两个端点,即可反求出两测站间的距离。在目标点上可以利用细小的特征点(如螺帽中心)作为照准目标,也可以粘贴标志,或用激光器投点在物体上确定照准目标。

若经常使用这套系统,测站可以固定不变时,应建造观测墩;若测站不允许固定,应事先在北测方设置一些固定标志,并精确测量标志的三维坐标。使用时按自由设站法测量测站点坐标,在对目标物进行交会测量。由于观测系统直接与计算机连接,目标点坐标可随时读取。这种方法可应用于大型部件组装、精密工程测量、高速加速器、大坝等重要工程进行自动化观测。

6.2.2　自由设站定位

如图 6-2-1 所示,在有两个以上已知点 $A,B,\cdots,I,\cdots,N$ 的范围内,任选一点 P 架设全站仪,先以 P 为假定坐标原点,仪器视线高为零,即 $X'_P=0$,$Y'_P=0$,$H'_P=0$,水平度盘零读数方向为 X' 轴方向;在假定坐标系下,测出 P 至各已知点的斜距、水平方向及高度角,然后利用实测值计算各已知点的假定坐标 $(X'_i,Y'_i,H'_i)(I=1,2,3,\cdots,n)$;再把这些已知点的假定坐标与已知点的坐标进行最小二乘拟合,求得假定坐标系与已知坐标系的换算参数;假定坐标系原点 P 在已知坐标系中的坐标 X_P,Y_P;假定坐标系 X' 轴在已知坐标系中的方位角 α_0 以及仪器的视线高 H_P。根据两坐标系的换算参数,采用坐标法观测目标点 M,就可以计算出 M 点在已知坐标系中的三维坐标。

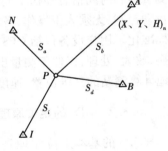

图 6-2-1　自由设站

6.3　全球定位系统(GPS)

6.3.1　GPS 的基本概念

全球定位系统(Global Positioning System,以下简称 GPS)是美国 1973 年开始研制的全球性卫星定位和导航系统,历经 20 年,于 1993 年全部建成。它具有全球性、全天性、连续实时性的三维定位、测速、导航和授时功能,具有良好的抗干扰和保密能力。由于这个系统定位的高度自动化和精确化,已广泛应用于大地测量、工程测量、控制测量、地藉测量、精密工程测量以及车辆、船舶及飞机的导航等方面。这项技术的应用预示着测量专业一场意义深远的变革。

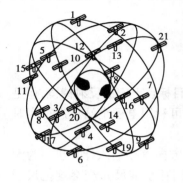

图 6-3-1　卫星星座和轨道

GPS 系统包括卫星星座、地面控制系统和用户设备三部分构成。卫星星座由 21 颗工作卫星和 3 颗备用卫星组成(如图 6-3-1 所示),它们平均配置在 6 个倾角为 55°的近似圆形轨道上,每两个轨道面之间的经度上相隔 60°,轨道高度为 202 000 km,周期为 11 小时 58 分。卫星通过天顶时,卫星的可见时间为 5 小时,在地球上任何位置的任何时刻,在高度角 15°以上,平均可观测到 6 颗卫星,最少时为 4 颗,最多时为 11 颗。GPS 的地面测控系统由分布在全球的 5 个地面站组成,按功能分为主控站、注入站和监控站 3 种。其中主控站一个,设在美国的科罗拉多的斯普林斯(Colorado Springs)。主控站的具体任务有:根据所有地面监测站的观测资料推算编制各卫星的星历、卫星钟差和大气层修正参数等,并把这些数据及导航电文传送到注入站;提供全球定位系统的时间基准;调整卫星状态和启用备用卫星等注入站又称地面天线站,现有 3 个,分布设在印度洋的迭哥加西亚(Diego Garcia)、南太平洋的卡瓦加兰(Kwajalein)和南大西洋的阿松森群岛(Ascencion)。其主要任务是通过一台直径为 3.6 m 的天线,把由主控站传送来的卫星星历、钟差、导航电文和其他控制指令注入到相应卫星的存储系统,并监测注入信息的正确性。检测站共有 5 个,除上述 1 个主控站和 3 个注入站具有监测功能外,还在夏威夷(Hawaii)设有一个监测站。监测站的主要任务是连续观测和接收所有 GPS 卫星发出的信号并监测卫星的工作状况,将采集到的数据连同当地气象观测资料和时间信息经初步处理后传输到主控站。GPS 的地面控制系统除主控站外均由计算机自动控制,无须人工操作,各地面测控站之间由现代化通讯系统联系,实现了高度的自动化和标准化。用户设备包括 GPS 接收机、数据处理软件及相应的终端设备。GPS 的信号并进行变换、放大、处理,以便于测量出 GPS 信号从卫星道接收机天线的传播时间;解译导航电文,实时地计算测站的三维位置、速度和时间。

6.3.2　GPS 的定位原理

GPS 的基本定位原理是:卫星不间断地发送自身的星历参数和时间信息,用户接收到这些信息后,可求出卫星至用户接收机的距离经过计算求出接收机的三维位置、三维方向以及运动速度和时间信息。如图 6-3-2 所示,设已知的卫星瞬时坐标为 $(x_i、y_i、z)$ $(i = 1,2,3,\cdots)$,ρ_i $(i = 1,2,3\cdots)$ 为 GPS 卫星和用户接收机天线之间的观测距离,而用户接收机天线坐标 $(x、y、z)$ 是未知的,如有三颗 GPS 卫星即可建立三个距离方程,求出待定点的坐标 $(x、y、z)$。

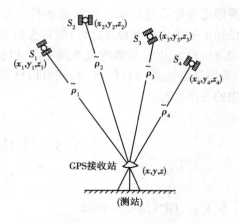

图 6-3-2　GPS 定位原理

$$\rho_i = \left[(x - x_i)^2 + (y - y_i)^2 + (z - z_i)^2 \right]^{\frac{1}{2}} \tag{6-3-1}$$

其中 $i = 1, 2, 3$。

由于 GPS 卫星发射电磁波在空中经过电离层、对流层才到达接收机天线,这会产生时间延迟。因此接收机测距离受到大气延迟和接收机时钟与卫星时钟不同步的误差,它不是真正星站间的几何距离,这个距离称为"伪距",常用 $\tilde{\rho}$ 表示,则

$$\rho = \tilde{\rho} + c(\delta_{ti} + \delta_t) + \sigma_\rho \qquad (6\text{-}3\text{-}2)$$

其中　δ_{ti}——第 i 颗卫星的信号发射瞬间的卫星钟误差改正数,由卫星导航电文中给出,可施改正;

δ_t——信号接收时刻的接收机误差改正,不易准确求得,一般为未知数;

δ_ρ——大气传播延迟改正数,可采用数学模型计算后加以改正。对精度要求不高的定位,还可以忽略不计。

经过 δ_{ti},δ_ρ 的改正,式(6-3-2)可写为

$$\rho = \tilde{\rho} + c\delta_t \qquad (6\text{-}3\text{-}3)$$

即几何距离为测定的伪距加上接收机钟误差改正数乘以大气中的电磁波速。顾及(6-3-1)式,则可得

$$\tilde{\rho}_i = \left[(X - x_i)^2 + (Y - y_i)^2 + (Z - z_i)^2 \right]^{\frac{1}{2}} - c\delta_t \qquad (6\text{-}3\text{-}4)$$

式中 $\tilde{\rho}$:由接收机测得,所以,式(6-3-4)中包括了 (x, y, z) 和接收机钟误差改正数 δ_t 四个未知数。因此,用式(6-3-1)中所述测量三颗 GPS 卫星是不能求出 (x, y, z),用户需要同时观测 4 颗卫星,测得 4 个伪距,求解 4 个未知数,才可求出待测点坐标 (x, y, z)。

6.4　GPS 坐标测量

6.4.1　GPS 接收机

GPS 接收机可以根据用途、工作原理、接收频率等进行不同的分类:

(1)按接收机的用途分类

1)导航型接收机

此类型接收机主要用于运动载体的导航,它可以实时给出载体的位置和速度。这类接收机一般采用 C/A 码伪距测量,单点实时定位精度较低,一般为 ± 25 mm,有 SA 影响时为 ± 100 mm。这类接收机价格便宜,应用广泛。根据应用领域的不同,此类接收机还可以进一步分为:

车载型——用于车辆导航定位;

航海型——用于船舶导航定位;

航空型——用于飞机导航定位。由于飞机运行速度快,因此,在航空上用的接收机要求能适应高速运动。

星载型——用于卫星的导航定位。由于卫星的速度高达 7 km/s 以上,因此对接收机的要求更高。

2)测地型接收机

测地型接收机主要用于精密大地测量和精密工程测量。这类仪器主要采用载波相位观测

值进行相对定位,定位精度高。仪器结构复杂,价格较贵。

3)授时型接收机

这类接收机主要利用 GPS 卫星提供的高精度时间标准进行授时,常用于天文台及无线电通讯中时间同步。

(2)按接收机的载波频率分类

1)单频接收机

单频接收机只能接收 L_1 载波信号,测定载波相位观测值进行定位。由于不能有效消除电离层延迟影响,单频接收机只适用于短基线(<15 km)的精密定位。

2)双频接收机

双频接收机可以同时接收 L_1,L_2 载波信号。利用双频对电离层延迟的不一样,可以消除电离层对电磁波信号的延迟的影响,因此双频接收机可用于长达几千公里的精密定位。

(3)按接收机通道数分类

GPS 接收机能同时接收多颗 GPS 卫星的信号,为了分离接收到的不同卫星的信号,以实现对卫星信号的跟踪、处理和量测,具有这样功能的器件称为天线信号通道。根据接收机所具有的通道种类可分为:

1)多通道接收机

2)序贯通道接收机

3)多路多用通道接收机

(4)按接收机工作原理分类

1)码相关型接收机

码相关型接收机是利用码相关技术得到伪距观测值。

2)平方型接收机

平方型接收机是利用载波信号的平方技术去掉调制信号,恢复完整的载波信号,通过相位计测定接收机内产生的载波信号与接收到的载波信号之间的相位差,测定伪距观测值。

3)混合型接收机

这种仪器是综合上述两种接收机的优点,既可以得到码相位伪距,也可以得到载波相位观测值。

4)干涉型接收机

这种接收机是将 GPS 卫星作为射电源,采用干涉测量方法,测定两个测站间距离。

静态定位中,GPS 接收机在捕获和跟踪 GPS 卫星的过程中固定不变,接收机高精度地测量 GPS 信号的传播时间,利用 GPS 卫星在轨道的已知位置,解算出接收机天线所在位置的三维坐标。而动态定位则是用 GPS 接收机测定一个运动物体的运行轨迹。GPS 信号接收机所位于的运动物体叫做载体(如航行中的船舰、空中的飞机、行走的车辆等)。载体上的 GPS 接收机天线在跟踪 GPS 卫星的过程中相对地球而运动,接收机用 GPS 信号实时地测得运动载体的状态参数(瞬间三维位置和三维速度)。

接收机硬件和机内软件以及 GPS 数据的后处理软件包,构成完整的 GPS 用户设备。GPS 接收机的结构分为天线单元和接收单元两大部分。对于测地型接收机来说,两个单元一般分成两个独立的部件,观测时将天线单元安置在测站上,接收单元置于测站附近的适当地方,用电缆线将两者连接成一个整机。也有的将天线单元和接收单元制作成一个整体,观测时将其安置在测站点上。

GPS 接收机一般用蓄电池做电源,同时采用机内机外两种直流电源。设置机内电池的目的在于更换外电池时不中断连续观测。在用机外电池的过程中,机内电池自动充电。关机后,机内电池为 RAM 存储器供电,以防止丢失数据。

近几年,国内引进了许多种类型的 GPS 测地型接收机。各种类型的 GPS 测地型接收机用于精密相对定位时,其双频接收机精度可达 5 mm + 1 ppm. D,单频接收机在一定距离内精度可达 10 mm + 2 ppm. D。用于差分定位其精度可达亚米级至厘米级。

目前,各种类型的 GPS 接收机体积越来越小,重量越来越轻,便于野外观测。GPS 和 GLONASS 兼容的全球导航定位系统接收机已经问世。

6.4.2　绝对定位与相对定位

绝对定位也叫单点定位,通常是指在协议地球坐标系中,直接确定观测站,相对于坐标系原点(地球质心)绝对坐标的一种定位方法。"绝对"一词,主要是为了区别以后将要介绍的相对定位方法。绝对定位与相对定位,在观测方式、数据处理、定位精度以及应用范围等方面均有原则区别。

利用 GPS 进行绝对定位的基本原理,是以 GPS 卫星和用户接收机天线之间的距离(或距离差)观测量为基础,并根据已知的卫星瞬时坐标,来确定用户接收机天线所对应的点位,即观测站的位置。GPS 绝对定位方法的实质,即是测量学中的空间距离后方交会。为此,在 1 个观测站上,原则上有 3 个独立的距离观测量便够了,这时测站应位于以 3 个卫星为球心,相应距离为半径的球与观测站所在平面交线的交点。

但是,由于 GPS 采用了单程测距原理,同时卫星钟与用户接收机钟又难以保持严格同步,所以,实际观测的测站至卫星之间的距离,均含有卫星钟差和接收机钟差同步差的影响(故习惯上称之为伪距)。关于卫星钟差,可以应用导航电文中给出的有关钟差参数加以修正,与观测站的坐标在数据处理中一并求解。因此,在 1 个观测站上,为了实时求解 4 个未知数(3 个点位坐标分量和 1 个钟差参数),便至少要 4 个同步伪距观测值。也就是说,至少必须同时观测 4 颗卫星(图 6-4-1)。

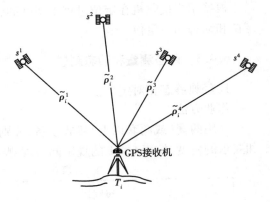

图 6-4-1　GPS 绝对定位(或单点定位)

应用 GPS 进行绝对定位,根据用户接收机天线所处的状态不同,又可以分为动态绝对定位静态绝对定位。

当用户接收设备安置在运动的载体上,并处于动态的情况下,确定载体瞬间绝对位置的定位方法,称为动态绝对定位。动态绝对定位,一般只能得到没有(或很少)多余观测量的实时解。这种定位方法,被广泛地应用于飞机、船舶以及陆地车辆等运动载体的导航。另外,在航空物探和卫星遥感等领域也有着广泛的应用。

当接收机天线处于静态的情况下,用以确定观测站绝对坐标的方法,称为静态绝对定位。这时,由于可以连续地测定卫星至观测站的伪距,所以可以获得充分的多余观测量,以便在测后,通过数据处理提高定位的精度。静态绝对定位方法,主要用于大地测量,以精确测定观测站协议地球坐标系中的绝对坐标。

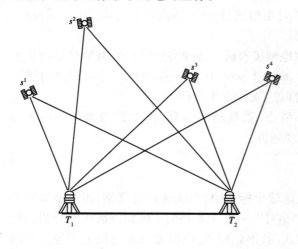

图 6-4-2　GPS 相对定位

目前,无论是动态绝对定位或静态绝对定位,所依据的观测量都是所测卫星至测站的伪距,所以,相应的定位方法,通常也称为伪距法。

因为,根据观测量的性质不同,伪距有测码伪距和测相伪距之分,所以,绝对定位又可分为测码伪距绝对定位和测相伪距绝对定位。

相对定位的最基本情况是用两台 GPS 接收机,分别安置在基线的两端,并同步观测相同的 GPS 卫星,以确定基线端点,在协议地球坐标系中的相对位置或基线向量(图 6-4-2)。这种方法,一般可推广到多台接收机安置在若干条基线的端点,通过同步观测 GPS 卫星,以确定多条基线向量的情况。

因为在两个观测站或多个观测站,同步观测相同卫星的情况下,卫星的轨道误差、卫星钟差、接收机钟差以及电离层和对流层的折射误差等,对观测量的影响具有一定的相关性。所以利用这些观测量的不同组合,进行相对定位,便可以有效地消除或减弱上述误差的影响,从而提高相对定位的精度。

根据用户接收机在定位过程中所处的状态不同,相对定位有静态和动态之分,即静态相对定位和动态相对定位。

6.4.3　静态测量和动态测量

1)经典静态相对定位模式

作业方法:

采用两套(或两套以上)接收设备,分别安置在一条(或数条)基线的端点,根据基线长度和要求的精度,按表 6-4-1 的规定同步观测 4 颗以上卫星数时段,每一时段长 1～3 小时。

表 6-4-1　GPS 测量的基本技术规定

项目 ＼ 级别	A	B	C	D	E
卫星高度角/°	≥10	≥15	≥15	≥15	≥15
观测时段数/°	≥8	≥6	≥2	≥2	≥2
时段长度/min	≥180	≥120	≥90	≥60	≥60
数据采样间隔/s	15～60	15～60	15～60	15～60	15～60
卫星观测值象限分布/%	25±5	25±10	25±20	25±250 ±25	25±20 ±25

定位精度:基线测量的精度可达 5 mm + 1 ppm × D,D 为基线长度,以公里计。

特点:

这种作业模式所观测的独立基线边,应构成某种闭合图形(如图 6-4-3),以利于观测成果的检核、增强网的强度、提高成果的可靠性和精确性。基线长度可由数公里至上千公里。

适应范围:

建立地壳运动或工程变形监测;

建立全球性或国家级大地控制网;

建立长距离检校基线;

进行岛屿与大陆联测;

建立精密工程测量控制网。

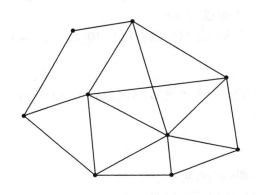

图 6-4-3 经典静态相对定位

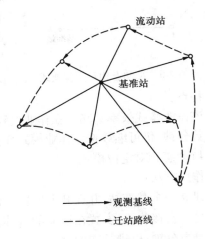

图 6-4-4 快速静态相对定位模式

2)快速静态相对定位模式

作业方法:

在测区的中部选择一个基准站(或参考站),并安置一台接收机,连续跟踪所有可见卫星;

另一台接收机,依次到各点流动设站,并且每个流动站上,静止观测数分钟,以便于快速解算整周未知数的方法解算整周未知数,如图 6-4-4 所示。

该作业模式要求,在观测中必须至少跟踪 4 颗卫星,同时流动站与基准站相距,目前一般不超过 15 km。

定位精度:流动站相对基准站的基线中误差,可达 5 ~ 10 mm + 1 ppm × D。

特点:

接收机在流动站之间移动时,不必保持对所测卫星的连续跟踪,因而可关闭电源以降低能耗。该模式作业速度快、精度高。缺点是在采用两台接收机作业的情况下,直接观测边不够成闭合图形,可靠性较差。

适用范围:

小范围的控制测量及其加密;

工程测量、边界测量;

地籍测量及碎部测量等。

3）准动态相对定位模式

作业方法：

在测区选择一基准站，并在其上安置一台接收机，连续跟踪所有可见卫星；

置另一台流动的接收机于起点（如图 6-4-5 中 1 号点）观测数分钟，以便于快速确定整周未知数；

在保持对所测卫星连续跟踪的情况下，流动的接收机依次迁到 2,3,… 号流动站各观测数秒钟；

该作业模式要求，作业时必须至少有 4 颗以上分布良好的卫星可供观测，在观测过程中，流动接收机对所测卫星信号不能失锁。一旦发生失锁现象，应在失锁后的流动点上，将观测时间延长至数分钟，流动点与基准点相距目前一般不超过 15 km。

定位精度：基线测量的中误差可达 $10 \sim 20$ mm $+ 1$ ppm $\times D$。

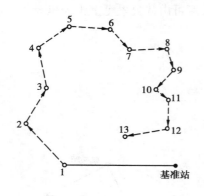

图 6-4-5　准动态相对定位模式

特点：

该作业模式效率甚高。在作业过程中，即使偶然发生失锁，只要在失锁的流动点上，延长观测数分钟，仍可继续按该作业模式作业。

4）动态相对定位模式

作用方法：

建立一个基准站，并在其上安置一台接收机，连续跟踪所有可见卫星；

另一台接收机，安置在运动的载体上（见图 6-4-6），在出发点按快速静态相对定位法，静止观测数分钟，以进行初始化；

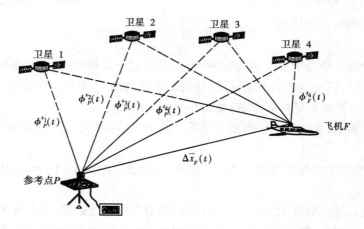

图 6-4-6　动态相对定位模式

运动的接收机从出发点开始，在运动过程中，按预定的采样间隔自动观测。

该作业模式要求，至少同步观测 4 颗以上的分布良好的卫星，并在运动过程中保持连续跟踪；同时，运动点与基准站的距离，目前不超过 15 km。

定位精度：

运动点相对基准站之间的基线测量精度,可达 $1 \sim 2 \text{ cm} + 1 \text{ ppm} \times D$。

特点:

速度快、精度高,可实现载体的连续实时定位。

应用范围:

精密测量载体的运动轨迹;

道路中心测量;

航道测量;

开阔地区的剖面测量和水文测量等。

6.4.4　GPS 测量误差分析

在 GPS 定位中,影响观测量精度的主要误差来源,可分为三类:

①与 GPS 卫星有关的误差;

②与信号传播有关的误差;

③与接收设备有关的误差。

这些误差细节及其影响参见表 6-4-2。为了便于理解,通常均把各种误差的影响,投影到观测站至卫星的距离上,以相应的距离误差表示,并称之为距离偏差。表 6-4-2 所列对观测距离的影响,即为与相应误差等效的距离偏差。

表 6-4-2　测码伪距的测量误差

误差来源	对伪距测量的影响/m	
	P 码	C/A 码
卫星部分		
星历误差与模型误差	4.2	4.2
钟差与稳定性	3.0	3.0
卫星摄动	1.0	1.0
相位不确定性	0.5	0.5
其他	0.9	0.9
合计	5.4	5.4
信号传播		
电离层折射	2.3	5.0—10.0
对流层折射	2.0	2.0
多路径效应	1.2	1.2
其他	0.5	0.5
合计	3.3	5.5—10.3
信号接收		
接收机噪声	1.0	7.5
其他	0.5	0.5
合计	1.1	7.5
总计	6.4	10.8—13.8

如果根据误差的性质,上述误差尚可分为系统误差和偶然误差两类。

（1）系统误差

系统性的误差,主要包括卫星的轨道误差、卫星钟差、接收机钟差以及大气折射的误差等。为了减弱和修正系统误差对观测量的影响,一般根据系统误差产生的原因而采取不同的措施,其中包括:

①引入相应的未知参数,在数据处理中连同其他参数一并解算;

②建立系统误差模型,对观测量加以修正;

③将不同观测站,对相同卫星的同步观测值求差,以减弱或者消除系统误差的影响;

④简单地忽略某些系统误差的影响。

（2）偶然误差

偶然误差,主要包括信号的多路径效应引起的误差和观测误差等。

GPS 测量中,与卫星有关的误差主要包括卫星的轨道误差和卫星钟的误差。与卫星信号传播有关的误差,主要包括大气折射误差和多路径效应,而大气折射误差由主要包括电离层的折射影响和对流层折射影响。与接收设备有关的误差主要包括观测误差、接收机钟差、天线相位中心误差和载波相位观测的整周不定性影响。

另外除上述几类误差外,还有其他一些可能的误差来源,如地球自转以及相对论效应对GPS 定位的影响。

思考题与习题

1　电子全站仪主要由哪几个部分组成?

2　简述 GPS 的定位原理及定位的优点。

3　简述绝对定位与相对定位的不同点。

4　GPS 测量的误差来源有哪些?

5　GPS 全球定位系统由哪些部分组成? 各部分的作用是什么?

6　GPS 接收机基本类型有哪些?

第**7**章

小地区控制测量

7.1 控制测量概述

测绘的基本工作是确定地面上地物和地貌特征点的位置,即确定空间点的三维坐标。这样的工作若从一个原点开始,逐步依据前一个点的位置测定后一个点的位置,必然会将前一个点的误差带到后一个点上。这样的测量误差逐步积累,将会达到惊人的程度。所以,为了保证所测点位的精度,减少误差积累,测量工作必须遵循"从整体到局部"、"先控制后碎部"的组织原则。控制测量就是用精密的仪器、工具和按严密的测量方法,准确地测定少量起控制作用的点的精确位置。

一般说来,控制测量分为平面控制测量和高程控制测量两种。

7.1.1 平面控制测量

平面控制测量是确定控制点的平面位置。平面控制网的经典布网形式有三角网(锁)、三边网、边角网和导线网。在图7-1-1(a)中,观测所有三角形的内角,并至少测量其中一条边作

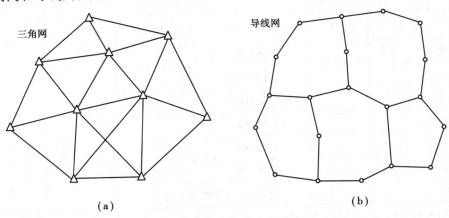

三角网   导线网

(a)   (b)

图7-1-1   三角网与导线网示意图

为起算边,通过计算就可以获得它们之间的相对位置。这种三角形的顶点称为三角点,构成的网形称为三角网,进行这种控制测量称为三角测量。又如图 7-1-1(b)中控制点用折线连接起来,测量各边的长度和各转折角,通过计算同样可以获得它们之间的相对位置。这种控制点称为导线点,构成的网形称为导线网,进行这种控制测量称为导线测量。

平面控制网除了上述布网形式外,目前常用的是 GPS 网。它比用常规测量方法建立的控制网有速度快、成本低、全天候作业、操作方便等优点,因此被广泛应用。

国家平面控制网,是在全国范围内建立的控制网。逐级控制,分为一、二、三、四等三角测量和一、二等精密导线测量及 A、B、C、D、E 级 GPS 控制测量。它是全国各种比例尺测图和工程建设的基本控制,也是为空间科学技术和军事提供精确的点位坐标、距离、方位资料,并为研究地球大小和形状、地震预报等提供重要资料。

工程控制测量是为大比例尺地形测量或为工程建筑物的施工放样及变形观测等专门用途而建立控制网。工程平面控制网一般可以分为:二、三、四等及一、二级 GPS 网;二、三、四等三角网及一、二级小三角网;三、四等导线及一、二、三级导线;二、三、四等三边网及一、二级小三边网。然后再布设图根小三角网或图根导线。按 1993 年工程测量规范及 1997 年全球定位系统城市测量技术规程,其技术要求列于表 7-1-1、表 7-1-2、表 7-1-3 和表 7-1-4。

表 7-1-1　GPS 网的主要技术指标

等级	平均距离/km	a/mm	$b(1 \times 10^{-6})$	最弱边相对中误差	闭合环或附合路线的边数(条)
二等	9	≤10	≤2	1/120 000	≤6
三等	5	≤10	≤5	1/80 000	≤8
四等	2	≤10	≤10	1/45 000	≤10
一级	1	≤10	≤10	1/20 000	≤10
二级	<1	≤15	≤20	1/10 000	≤10

表 7-1-2　工程三角网及图根三角网的主要技术指标

等级		平均边长/km	测角中误差(″)	起始边边长相对中误差	最弱边边长相对中误差	测回数			三角形最大闭合差(″)
						DJ$_1$	DJ$_2$	DJ$_6$	
二等		9	±1	≤1/250 000	≤1/120 000	12	—	—	±3.5
三等	首级	4.5	±1.8	≤1/150 000	≤1/70 000	6	9	—	±7
	加密			≤1/120 000					
四等	首级	2	±2.5	≤1/100 000	≤1/40 000	4	6	—	±9
	加密			≤1/70 000					
一级小三角		1	±5	≤1/40 000	≤1/20 000	—	2	4	±15
二级小三角		0.5	±10	≤1/20 000	≤1/10 000	—	1	2	±30
图根三角			±20	边长≤1.7 测图最大视距				1	±60

注:当测区测图的最大比例尺为 1:1 000 时,一、二级小三角的边长可适当放长,但最大长度不应大于表中规定的 2 倍

表 7-1-3　工程导线及图根导线的主要技术指标

等级		导线长度/km	平均边长/km	测角中误差(″)	测距中误差/mm	测距相对误差	测回数			方位角闭合差(″)	相对闭合差
							DJ₁	DJ₂	DJ₆		
三等		14	3	±1.8	±20	≤1/50 000	6	10	—	±3.6$\sqrt{n}$	≤1/55 000
四等		9	1.5	±2.5	±18	≤1/80 000	4	6	—	±5$\sqrt{n}$	≤1/35 000
一级		4	0.5	±5	±15	≤1/30 000	—	2	4	±10$\sqrt{n}$	≤1/15 000
二级		2.4	0.25	±8	±15	≤1/14 000	—	1	3	±16$\sqrt{n}$	≤1/10 000
三级		1.2	0.1	±12	±15	≤1/7 000	—	1	2	±24$\sqrt{n}$	≤1/5 000
图根	首级	≤1.0M		±20		≤1/4 000	—	—	1	±40$\sqrt{n}$	1/20 000
	一般			±30						±60$\sqrt{n}$	

注：当测区测图的最大比例尺为 1:1 000 时，一、二、三级导线的平均边长及总长可适当放长，但最大长度不应大于表中规定的 2 倍

表 7-1-4　三边测量的主要技术要求

等级	平均边长/km	测距中误差/mm	测距相对中误差
二等	9	±36	≤1/250 000
三等	4.5	±30	≤1/150 000
四等	2	±20	≤1/100 000
一级小三边	1	±25	≤1/40 000
二级小三边	0.5	±25	≤1/20 000

7.1.2　高程控制网

建立高程控制网的主要方法是水准测量。国家水准测量分为一、二、三、四等，逐级布设。一、二等水准测量是用高精度水准仪和精密水准测量方法进行施测，其成果作为全国范围的高程控制之用，称为精密水准测量。三、四等水准测量除用于国家高程控制网的加密外，在小地区用作建立首级高程控制网。在山区也可以采用三角高程测量测量的方法来建立高程控制网，这种方法不受地形起伏的影响，工作速度快，但其精度较精密水准测量低。

为了工程建设的需要所建立的高程控制测量，采用二、三、四、五等水准测量及直接为测地形图用的图根水准测量，其技术要求列于表 7-1-5。电磁波测距三角高程测量的主要技术指标见表 7-1-6 及表 7-1-7。

表 7-1-5　水准测量的主要技术要求

等级	每千米高差全中误差/mm	路线长度/km	水准仪的型号	水准尺	与已知点联测	附合或环线	平地/mm	山地/mm
二等	2	—	DS$_1$	因瓦	往返各一次	往返各一次	$4\sqrt{L}$	—
三等	6	≤50	DS$_1$	因瓦	往返各一次	往一次	$12\sqrt{L}$	$4\sqrt{n}$
			DS$_3$	双面		往返各一次		
四等	10	≤16	DS$_3$	双面	往返各一次	往一次	$20\sqrt{L}$	$6\sqrt{n}$
五等	15	—	DS$_3$	单面	往返各一次	往一次	$30\sqrt{L}$	—
图根	20	≤5	DS$_{10}$	单面	往返各一次	往一次	$40\sqrt{L}$	$12\sqrt{n}$

注:L 为往返测段、附合或环线的水准路线长度/km;n 为测站数。

表 7-1-6　电磁波测距三角高程测量的主要技术要求

等级	仪器	测回数		指标差较差（″）	垂直角较差（″）	对向观测高差较差（mm）	附合或环形闭合差（mm）
		三丝法	中丝法				
四等	DJ$_2$	—	3	≤7	≤7	$40\sqrt{D}$	$20\sqrt{\sum D}$
五等	DJ$_2$	1	2	≤10	≤10	$60\sqrt{D}$	$30\sqrt{\sum D}$
图根	DJ6	1		—	—	≤400D	0.1Hd$\sqrt{n}$

注:D 为电磁波测距边长度/km;Hd 为等高距/m

水准点间的距离,一般地区为 2 ~ 3 km,工业区小于 1 km。一个测区至少设立三个水准点。

表 7-1-7　测距的主要技术要求

平面控制网等级	测距仪精度等级	观测次数		总测回数	一测回读数较差/mm	单程各测回较差/mm	往返较差
		往	返				
二、三等	Ⅰ	1	1	6	≤5	≤7	$≤2(a+b\cdot D)$
	Ⅱ			8	≤10	≤15	
四等	Ⅰ	1	1	4—6	≤5	≤7	
	Ⅱ			4—8	≤10	≤15	
一级	Ⅱ	1		2	≤10	≤15	
	Ⅲ			4	≤20	≤30	
二、三级	Ⅱ	1		1—2	≤10	≤15	
	Ⅲ			2	≤20	≤30	

7.1.3　小地区控制测量

小地区控制网,一般是指面积在 15 km² 以下区域所建立的控制网。尽量与国家(或城市)控制网联测,以使测区的坐标系和高程系与国家(城市)控制系统统一起来。若测区内或附近无国家(或城市)控制点,或者附近有高级控制点,但不便于联测时,则可建立测区独立控制网。另外,为工程建设而建立的专用控制网,或重点工程为保密需要而建立的控制网,均可采用独立控制网系统。

根据测区面积大小,按精度要求逐级建立控制网。在全测区范围内建立统一的精度最高的控制网,称为首级控制网。直接为测图而建立的控制网,称为图根控制网,网中各点称为图根点。当测区面积小于 0.5 km² 时,图根控制网亦可作为首级控制网使用。图根点的密度应根据测区比例尺和地形条件而定,一般不低于表 7-1-8 的规定。

表 7-1-8　图根点的密度要求

测图比例尺	1:2 000	1:1 000	1:500
每平方公里点数	15	50	150

7.2　平面控制测量

7.2.1　导线测量概述

导线测量布设灵活,要求通视方向少,边长可直接测定,适宜布设在任何地区,如城市、厂区、矿山建筑区、森林、铁路、隧道、渠道等。随着全站仪的普及,一个测站可同时完成测距、测角,导线测量方法广泛地用于控制网的建立。

导线测量布设的基本形式有以下几种:

(1)闭合导线

起止于同一已知点的导线,称为闭合导线,也称环形导线。如图 7-2-1(a)所示,导线从已知点 B 出发,经过待定点 P_1、P_2、P_3、P_4、…,最后仍回到出发点 B,形成一闭合多边形。由于它本身具有严密的几何条件,因此能起检核作用。故闭合导线不但适用于平面控制网的加密,也适用于独立测区的首级平面控制。

(2)附合导线

敷设在两个已知点和两个已知方向之间的导线称为附和导线。如图 7-2-1(b)所示,它由已知点 B 和已知方向 α_{AB} 出发,经过待定点 P_1、P_2、P_3、…而附合到已知点 C 和已知方向 α_{CD}。这种布设形式,具有检核观测成果的作用,常用于平面控制网的加密。

(3)支导线

支导线也称自由导线,它从一个已知点和一个已知方向出发不回到原点,也不附和到另外已知点,如图 7-2-1(c)。由于支导线没有几何条件,也没有成果检核条件,故布设时应十分仔细,一般仅适用于图根控制网的布设,工程测量规范规定 1:500、1:1 000 地形图支导线不得超过两条边。

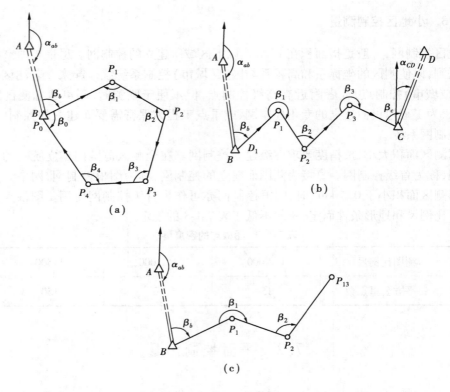

图 7-2-1 导线的基本形式

导线按测距方法又可分为电磁波测距导线、钢尺导线和视距导线等。

7.2.2 导线测量外业工作

导线测量的外业工作包括:踏勘选点及建立标志、量边、测角和联测,现分述如下。

(1)踏勘选点及建立标志

选点前,应调查收集测区已有的地形图和高一级的控制点的成果资料,把控制点展绘在地形图上,然后在地形图上拟定导线的布设方案,最后到野外去踏勘,实地获得、修改、落实点位和建立标志。如果测区没有地形图资料,则须详细踏勘现场,根据已知控制点的分布、测区地形条件及测图和施工需要等具体情况,合理的选定导线点的位置。

实地选点时,应注意以下几点:

①相邻点间通视良好,地势较平坦,便于测角和量距;

②点位应选在土质坚实处,便于保存标志和安置仪器;

③视野开阔,便于施测碎部;

④导线各边的长度应大致相等,避免过长、过短,相邻边长之比不应超过三倍;

⑤导线点应有足够的密度,分布较均匀,便于控制整个测区。

导线点选定后,应在地面上建立标志,并沿导线走向顺序编号,绘制导线略图。对等级导线点应按规范埋设混凝土桩,见图 7-2-2(a),并在导线点附近的明显地物(房角、电杆)上用油漆注明导线点编号和距离,并绘制草图,注明尺寸,称为点之记,见图 7-2-2(b)所示。对图根导线点,可在每一点位上打一个大木桩,其周围浇灌一圈混凝土,桩顶钉一小钉,作为标志。

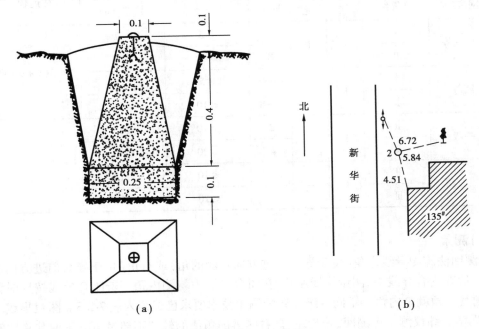

图 7-2-2 混凝土桩及点之记

(2)量边

导线边长可用光电测距仪测定,测量时要同时观测竖直角,供倾斜改正之用。若用钢尺丈量,钢尺必须经过检定。对于一、二、三级导线,应按钢尺量距的精密方法进行丈量。对于图根导线,用一般的方法往返丈量或同一方向丈量两次;当尺长改正数大于 1/10 000,应加尺长改正;量距时平均尺温与检定温度相差 ±10 ℃时,应进行温度改正;倾斜大于 1.5% 时,应进行倾斜改正;取其往返丈量的平均值作为成果,并要求其相对误差不大于 1/3 000。普通钢尺测距的主要技术要求见表 7-2-1,电磁波测距的主要技术指标见表 7-2-2。

表 7-2-1 普通钢尺测距的主要技术要求

边长丈量较差相对误差	作业尺数	丈量总次数	定线最大偏差/mm	尺段高差较差/mm	读定次数	估读值至/mm	温度读数值至/℃	同尺各次或同段尺的较差/mm
1/30 000	2	4	50	≤5	3	0.5	0.5	≤2
1/20 000	1~2	2	50	≤10	3	0.5	0.5	≤2
1/10 000	1~2	2	70	≤10	2	0.5	0.5	≤3

表 7-2-2　电磁波测距的主要技术要求

平面控制网等级	测距仪精度等级	观测次数		总测回数	一测回读数较差/mm	单程各测回较差/mm	往返较差
		往	返				
二、三等	I	1	1	6	≤5	≤7	$\leq 2(a+b\cdot D)$
	II			8	≤10	≤15	
四等	I	1	1	4—6	≤5	≤7	
	II			4—8	≤10	≤15	
一级	II	1	—	2	≤10	≤15	
	III			4	≤20	≤30	
二、三级	II	1	—	1—2	≤10	≤15	
	III			2	≤20	≤30	

(3)测角

用测回法施测导线左角(位于导线前进方向左侧的角)或右角(位于导线前进方向右侧的角)。一般在附合导线中,测量导线左角,在闭合导线中均测内角。若闭合导线按反时针方向编号,则其左角就是内角。不同等级导线的测角技术要求已经列入表7-2-3。图根导线一般用DJ6级光学经纬仪测一个测回,若盘左、盘右测得的角值的较差不超过40″,则取其平均值。

表 7-2-3　水平角方向观测的技术要求

等级	仪器型号	光学测微器两次重合读数之差/″	半测回归零差/″	一测回中2倍照准差变动范围/″	同一方向质量各测回较差/″
四等及以上	DJ$_1$	1	6	9	6
	DJ$_2$	3	8	13	9
一级及以下	DJ$_2$	—	12	18	12
	DJ$_6$	—	18	—	24

图 7-2-3　三根竹竿吊垂球示意图

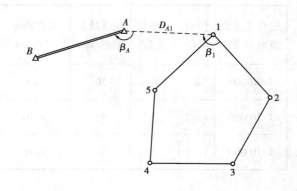

图 7-2-4　联测示意图

测角时为了便于瞄准,钢尺导线可在已埋设的标志上用三根竹竿吊一个大垂球(图7-2-3),或用测钎、觇牌作为照准标志,电磁波测距导线则架设反光棱镜。

(4)联测

如图 7-2-4,导线与高级控制点连接,必须观测连接角 β_A、β_1、连接边 D_{A1},作为传递坐标方位角和坐标之用。如果附近无高级控制点,则应用罗盘仪施测导线起始边的磁方位角,并假定起始点的坐标作为起算数据。

参见第 3 章、第 4 章角度和距离测量的记录格式,做好导线测量的外业记录,并要妥善保存。

7.2.3　导线测量内业计算

导线坐标计算就是根据起始边的坐标方位角和起始点坐标,以及测量的转折角和边长,计算各导线点的坐标。

计算之前应全面检查导线测量外业记录,数据是否齐全,有无记错、算错,成果是否符合精度要求,起算数据是否准确。然后绘制导线略图,把各项数据注于图上相应位置,如图 7-2-5 所示。

内业计算中数字的取位,对于四等以下的小三角级导线角值取至秒,边长、坐标增量及坐标取至毫米,对于图根三角锁及图根导线,角值取至秒,边长坐标增量及坐标取至厘米。等级导线内业计算中数字取值精度的要求见表 7-2-4。

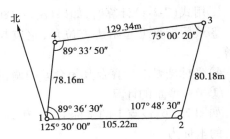

图 7-2-5　导线计算用略图

表 7-2-4　内业计算中数字取值精度的要求

等级	观测方向值及各项修正数/″	边长观测值及各项修正数/m	函数位数	边长与坐标	方位角/″
二等	0.01	0.000 1	8	0.001	0.01
三、四等	0.1	0.001	7	0.001	0.1
一级及以下	1	0.001	7	0.001	1

(1)闭合导线坐标计算

现以图 7-2-5 中的实测数据为例,说明闭合导线坐标计算的步骤。

1)填写计算数据

将导线计算略图(图 7-2-5)中的点号、观测角值、边长及起始坐标方位角和起始点的坐标依次填入导线计算表(表 7-2-5)中相应栏内,起始数据用双线注明。

2)角度闭合差的计算和调整

根据几何原理得知,n 边形的内角和的理论值为:

$$\sum \beta_{理} = (n - 2) \times 180° \qquad (7\text{-}2\text{-}1)$$

由于观测角不可避免的含有误差,致使实测的内角之和 $\sum \beta_{测}$ 不等于理论值,而产生角度

闭合差 f_β，

$$f_\beta = \sum \beta_测 - \sum \beta_理 = \sum \beta_测 - (n-2) \times 180° \qquad (7\text{-}2\text{-}2)$$

各级导线角度闭合差的容许值为 $f_{\beta容}$，见表 7-1-3。若 $f_\beta > f_{\beta容}$，则说明所测角不符合要求，应重新检测角度。若 $f_\beta \leqslant f_{\beta容}$，可将闭合差反符号平均分配到各观测角度。

改正后的内角和应为 $(n-2)\cdot 180°$，本例应为 360°，以作计算校核。

3）用改正后的导线左角或右角推算各边的坐标方位角

根据起始边的已知坐标方位角及改正角按下列公式推算其他各导线边的坐标方位角。

$$\alpha_前 = \alpha_后 + 180° + \beta_左（适用于测左角） \qquad (7\text{-}2\text{-}3)$$
$$\alpha_前 = \alpha_后 + 180° - \beta_右（适用于测右角） \qquad (7\text{-}2\text{-}4)$$

本例观测左角，按式（7-2-3）推算出导线各边的坐标方位角，列入表 7-2-5 的第 5 栏。

在推算过程中必须注意：

①如果算出的 $\alpha_前 > 360°$，则应减去 360°。

②用式（7-2-4）计算时，如果 $(\alpha_后 + 180°) < \beta_右$，则应加 360° 再减 $\beta_右$。

③最后推算出起始边方位角，它应与原有的已知坐标方位角值相等，否则应重新检查计算。

4）坐标增量的计算及其闭合差的调整

①坐标增量的计算

如图 7-2-6，设点 1 的坐标 x_1、y_1 和 1—2 边的坐标方位角 α_{12} 均已知，边长 D_{12} 也已测得，则点 2 的坐标为

$$\left.\begin{array}{l} x_2 = x_1 + \Delta x_{12} \\ y_2 = y_1 + \Delta y_{12} \end{array}\right\} \qquad (7\text{-}2\text{-}5)$$

式中 Δx_{12}、Δy_{12} 称为坐标增量，也就是直线两端点的坐标值之差。

上式说明，欲求的待定点的坐标，必须先求出坐标的增量。根据图 7-2-6 中的几何关系，可写出坐标增量的计算公式

$$\left.\begin{array}{l} \Delta x_{12} = D_{12} \cdot \cos\alpha_{12} \\ \Delta y_{12} = D_{12} \cdot \sin\alpha_{12} \end{array}\right\} \qquad (7\text{-}2\text{-}6)$$

上式中的 Δx、Δy 的正负号，由 $\cos\alpha$ 及 $\sin\alpha$ 正负号决定。

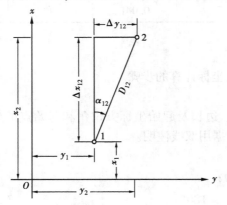

图 7-2-6　坐标增量计算

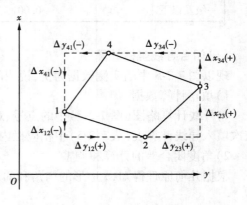

图 7-2-7　闭合导线坐标增量

本例按式(7-2-6)所算得的坐标增量,填入表7-2-5的第7、8两栏中。

②坐标增量闭合差的计算与调整

从图7-2-7中可以看出,闭合导线纵、横坐标增量代数和的理论值为零,即

$$\left.\begin{array}{l} \sum \Delta x_{理} = 0 \\ \sum \Delta y_{理} = 0 \end{array}\right\} \tag{7-2-7}$$

实际上由于量边的误差和角度闭合差调整后的残余误差,往往使 $\sum \Delta x_{测} \neq 0$, $\sum \Delta y_{测} \neq 0$, 而产生纵、横坐标增量闭合差,即:

$$\left.\begin{array}{l} f_x = \sum \Delta x_{测} \\ f_y = \sum \Delta y_{测} \end{array}\right\} \tag{7-2-8}$$

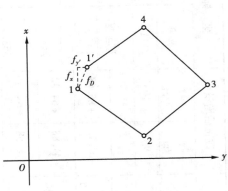

图 7-2-8　全长导线闭合差

从图7-2-8中明显看出,由于 f_x、f_y 的存在,使导线不能闭合,1—1′之长度 f_D 称为导线全长闭合差,并用式(7-2-9)计算:

$$f_D = \sqrt{f_x^2 + f_y^2} \tag{7-2-9}$$

仅从 f_D 值的大小还不能显示导线测量的精度,应当将 f_D 与导线全长 $\sum D$ 相比以分子为1的分数来表示导线全长相对闭合差,即

$$K = \frac{f_D}{\sum D} = \frac{1}{\dfrac{\sum D}{f_D}} \tag{7-2-10}$$

以导线全长相对闭合差 K 来衡量导线测量的精度,K 的分母越大,精度越高。不同等级的导线全长相对闭合差的容许值 $K_{容}$ 已列入表7-1-3。若 $K \leqslant K_{容}$,则说明符合精度要求,可以进行调整,即将 f_x、f_y 反其符号按边长成正比分配到各边的纵横坐标增量中去。以 V_{xi}、V_{yi} 分别表示第 i 边纵、横坐标增量改正数,即

$$\left.\begin{array}{l} V_{xi} = -\dfrac{f_x}{\sum D} \cdot D_i \\ V_{yi} = -\dfrac{f_y}{\sum D} \cdot D_i \end{array}\right\} \tag{7-2-11}$$

纵横坐标增量改正数之和应满足下式

$$\left.\begin{array}{l} \sum V_x = -f_x \\ \sum V_y = -f_y \end{array}\right\} \tag{7-2-12}$$

算出的各增量、改正数(取位到cm)填入表7-2-5中的7、8两栏增量计算值的右上方(如 −2、+2 等)。

各边增量值加改正数,即得各边的改正后的增量填入表7-2-5中的9、10两栏。

改正后纵、横坐标增量的代数和应分别为零,以做计算校核。

表 7-2-5

点号	观测角(左角) ° ′ ″	改正数 ／″	改正角 ／° ′ ″	坐标方位角 α ／° ′ ″	距离 D ／m	增量计算值 Δx ／m	增量计算值 Δy ／m	改正后增量 Δx ／m	改正后增量 Δy ／m	坐标值 x ／m	坐标值 y ／m	点号
1	2	3	4 = 2 + 3	5	6	7	8	9	10	11	12	13
1										500.00	500.00	1
				125 30 00	105.22	$^{-2}$ −61.10	$^{+2}$ +85.66	−61.12	+85.68			
2	107 48 30	+13	107 48 43							438.88	585.68	2
				53 18 43	80.18	$^{-2}$ +47.90	$^{+2}$ +64.30	+47.88	+64.32			
3	73 00 20	+12	73 00 32							486.76	650.00	3
				306 19 15	129.34	$^{-3}$ +76.61	$^{+2}$ −104.21	+76.58	−104.19			
4	89 33 50	+12	89 34 02							563.34	545.81	4
				215 53 17	78.16	$^{-2}$ −63.32	$^{+1}$ −45.82	−63.34	−45.81			
1	89 36 30	+13	89 36 43							500.00	500.00	1
2				125 30 00		+0.09	−0.07					
总和	359 59 10	+50	360 00 00		392.90			0.00	0.00			

辅助计算

$\sum \beta_测 = 359°59'10''$

$-\sum \beta_理 = 360°00'00''$

$f_\beta = -50''$

$f_{\beta容} = \pm 60''\sqrt{4} = \pm 120''$

$f_x = \sum \Delta x_测 = +0.09 \text{ m}, \quad f_y = \sum \Delta y_测 = -0.07 \text{ m}$

导线全长闭合差 $f_D = \sqrt{f_x^2 + f_y^2} = \pm 0.11 \text{ m}$

导线全长相对闭合差 $K = \dfrac{0.11}{392.90} \approx \dfrac{1}{3\,500}$

容许的相对闭合差 $K_容 = \dfrac{1}{2\,000}$

注：本例为图根导线，故边长和坐标取至厘米；$f_{\beta容} = \pm 60''\sqrt{n}$；$K_容 = \dfrac{1}{2\,000}$。

5）计算各导线点的坐标

根据起点 1 的已知坐标（本例为假定值：$x_1 = 500.00$ m，$y_1 = 500.00$ m）及改正后增量用式 7-2-13 依次推出 2、3、4 各点的坐标

$$\left.\begin{array}{l} x_前 = x_后 + \Delta x_改 \\ y_前 = y_后 + \Delta y_改 \end{array}\right\} \tag{7-2-13}$$

算得的坐标值填入表 7-2-5 中 11、12 两栏。最后还应推算起点 1 的坐标，其值应于原有的数值相等，以作校核。

这里顺便指出，上面所介绍的根据已知点的坐标、已知边长和已知坐标方位角计算待定点坐标的方法，称为坐标正算。如果已知两点的平面直角坐标反算其坐标方位角和边长，则称为坐标反算。例如，已知 1、2 两点的坐标 x_1、y_1 和 x_2、y_2，用式（7-2-14）计算 1—2 边的坐标方位角 α_{12} 和边长 D_{12}

$$\left.\begin{array}{l} \alpha_{12} = \arctan\dfrac{y_2 - y_1}{x_2 - x_1} = \arctan\dfrac{\Delta y_{12}}{\Delta x_{12}} \\[4mm] D_{12} = \dfrac{\Delta y_{12}}{\sin\alpha_{12}} = \dfrac{\Delta x_{12}}{\cos\alpha_{12}} = \sqrt{\Delta x_{12}^2 + \Delta y_{12}^2} \end{array}\right\} \tag{7-2-14}$$

按式（7-2-14）计算出来的 α_{12} 是有正负号的，根据象限角 R 及 Δx、Δy 的正负号来确定 1—2 边的坐标方位角值，则

$$\alpha_{12} = R，当 \Delta x > 0，\Delta y > 0 时$$

$$\alpha_{12} = 180° - R，当 \Delta x < 0，\Delta y > 0 时$$

$$\alpha_{12} = R + 180°，当 \Delta x < 0，\Delta y < 0 时$$

$$\alpha_{12} = 360° - R，当 \Delta x > 0，\Delta y < 0 时$$

(3) 附合导线坐标计算

附合导线坐标计算步骤与闭合导线相同。仅由于两者形式不同，致使角度闭合差与坐标增量闭合差的计算稍有差别。下面着重介绍其不同点。

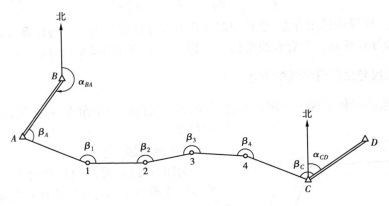

图 7-2-9　附合导线坐标计算

1）角度闭合差的计算

设有附合导线如图 7-2-9 所示，用式（7-2-3）根据起始边已知坐标方位角 α_{BA} 及观测的左角（包括连接角 β_A、β_C）可以算出 CD 的坐标方位角 α'_{CD}。

$$\alpha_{A1} = \alpha_{BA} + 180° + \beta_A$$
$$\alpha_{12} = \alpha_{A1} + 180° + \beta_1$$
$$\alpha_{23} = \alpha_{12} + 180° + \beta_2$$
$$\alpha_{34} = \alpha_{23} + 180° + \beta_3$$
$$\alpha_{4C} = \alpha_{34} + 180° + \beta_4$$
$$\underline{+)\ \alpha'_{CD} = \alpha_{4C} + 180° + \beta_C}$$
$$\alpha'_{CD} = \alpha_{AB} + 6 \times 180° + \sum \beta_{测}$$

写成一般公式,为

$$\alpha'_{终} = \alpha_{始} + n \times 180° + \sum \beta_{测} \qquad (7\text{-}2\text{-}15)$$

若观测右角,则按式(7-2-16)计算 $\alpha'_{终}$

$$\alpha'_{终} = \alpha_{始} + n \times 180° - \sum \beta_{测} \qquad (7\text{-}2\text{-}16)$$

角度闭合差 f_β 用式(7-2-17)计算

$$f_\beta = \alpha'_{终} - \alpha_{终} \qquad (7\text{-}2\text{-}17)$$

关于角度闭合差 f_β 的调整,当用左角计算 $\alpha'_{终}$ 时,改正数与 f_β 反号;当用右角计算 $\alpha'_{终}$ 时,改正数与 f_β 同号。

2)坐标增量闭合差的计算

按附合导线的要求,各边坐标增量代数和的理论值应等于终、始两点的已知坐标值之差,即

$$\left. \begin{array}{l} \sum \Delta x_{测} = (x_{终} - x_{始}) \\ \sum \Delta y_{测} = (y_{终} - y_{始}) \end{array} \right\} \qquad (7\text{-}2\text{-}18)$$

按式(7-2-6)计算 $\Delta x_{测}$、$\Delta y_{测}$,则纵横坐标增量闭合差按式(7-2-19)计算

$$\left. \begin{array}{l} f_x = \sum \Delta x_{测} - (x_{终} - x_{始}) \\ f_y = \sum \Delta y_{测} - (y_{终} - y_{始}) \end{array} \right\} \qquad (7\text{-}2\text{-}19)$$

附合导线的导线全长闭合差,全长相对闭合差和容许相对闭合差的计算,以及增量闭合差的调整,与闭合导线相同。附合导线坐标计算的全过程,见表7-2-6的算例。

7.2.4　查找导线测量错误的方法

在外业结束的时候发现角度闭合差超限,如果仅仅测错一个角度,可采用以下方法查找测错的角度。

(1)闭合导线

若为闭合导线,可按边长和角度,用一定的比例尺绘出导线图,如图7-2-10,并在闭合差1—1'的中点做垂线。如果垂线通过或接近通过某导线点(如点2),则该点发生错误的可能性最大。

(2)附合导线

若为附合导线,先将两个端点展绘在图上,则分

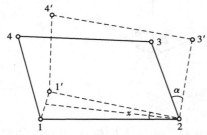

图 7-2-10　闭合导线角度超限

表 7-2-6　附合导线坐标计算表

点号	观测角(左角) /(° ′ ″)	改正数 /″	改正角 /(° ′ ″) 4=2+3	坐标方位角 α /(° ′ ″)	距离 D /m	增量计算值 Δx /m	增量计算值 Δy /m	改正后增量 Δx /m	改正后增量 Δy /m	坐标值 x /m	坐标值 y /m	点号
	2	3	4=2+3	5	6	7	8	9	10	11	12	13
B	99 01 00	+6	99 01 06	237 59 30								
A	167 45 36	+6	167 45 42	157 00 36	225.85	+5; −207.94	−4; +88.21	−207.86	+88.17	2 507.69	1 215.63	A
1	123 11 24	+6	123 11 30	144 46 18	139.03	+3; −113.57	−3; +80.20	−113.54	+80.17	2 299.83	1 303.80	1
2	189 20 36	+6	189 20 42	87 57 48	172.57	+3; +6.13	−3; +172.46	+6.16	+172.43	2 186.29	1 383.97	2
3	179 59 18	+6	179 59 24	97 18 30	100.07	+2; −12.73	−2; +99.26	−12.71	+99.24	2 192.45	1 556.40	3
4	129 27 24	+6	129 27 30	97 17 54	102.48	+2; −13.02	−2; +101.65	−13.00	+101.63	2 179.74	1 655.64	4
C				46 45 24						2 166.74	1 757.27	C
D												
总和	888 45 18	+36	888 45 54		740.00	−341.10	+541.78	−340.95	+541.64			

辅助计算

$$\alpha_{BA} = 237°59′30″$$
$$+\sum\beta_测 = 888\ 45\ 18$$
$$= 1126\ 44\ 48$$
$$-6\times180° = 1080$$
$$\alpha'_{CD} = 46\ 44\ 48$$
$$-\ \alpha_{CD} = 46\ 45\ 24$$
$$f_\beta = -\ 36$$
$$f_\beta = \pm40″\sqrt{6} = \pm97″$$

$$\sum\Delta x_测 = -341.10$$
$$-)\ x_C - x_A = -340.95$$
$$f_x = -0.15$$

$$\sum\Delta y_测 = +541.78$$
$$-)\ y_C - y_A = +541.64$$
$$f_y = +0.14$$

导线全长闭合差 $f_D = \sqrt{f_x^2 + f_y^2} \approx 0.20$ m

导线全长相对闭合差 $K = \dfrac{0.20}{740.00} = \dfrac{1}{3\ 700}$

导线全长容许相对闭合差 $K_容 = \dfrac{1}{2\ 000}$

注:本例为图根导线,故边长和坐标取至厘米;$f_{\beta容} = \pm40″\sqrt{n}$;$K_容 = \dfrac{1}{2\ 000}$

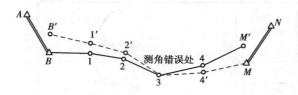

图 7-2-11　附合导线角度查错

别自导线的两个端点 B、M 按边长和角度绘出两条导线，如图 7-2-11 所示，在两条导线的交点（如点 3）处发生测角错误的可能性最大。如果误差较小，用图解法难以显示角度观错的点位，则可从导线的两端开始，分别计算各点的坐标，若某点两个坐标值相近，则该点就是测错角度的导线点。

内业计算过程中，在角度闭合差符合要求的条件下，发现导线相对闭合差大大的超前，则可能是边长测错，可先按边长和角度绘出导线图，如图 7-2-12。然后找出与闭合差 1—1′ 平行或大致平行的导线边（如 2—3 导线边），则该边发生错误的可能性最大。

也可用式（7-2-20）计算闭合差 1 − 1′ 的坐标方位角

$$\alpha_f = \arctan\frac{f_y}{f_x} \qquad (7\text{-}2\text{-}20)$$

如果某一导线边的坐标方位角与 α_f 很接近，则该导线边发生错误的可能性最大，如图 7-2-12 中的 2—3 边。

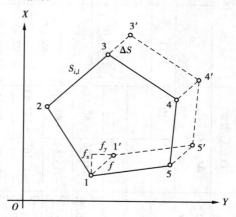

图 7-2-12　闭合导线边长检核

上述查找测错的边长的方法仅仅对只有一条边长的测错，其他边、角均没测错方为有效。

7.2.5　前方交会

如图 7-2-13（a），在已知点 A、B 分别对 P 点观测了水平角 α 和 β，求 P 点坐标，称为前方交会。为了检核，通常需从三个已知点 A、B、C 分别向 P 点观测水平角，如图 7-2-13（b），分别由两个三角形计算 P 点坐标。P 点精度除了与 α、β 角观测精度有关，还与 γ 角的大小有关。γ 角接近 90° 精度最高，在不利条件下，γ 角也不应小于 30° 或大于 120°。现以一个三角形为例

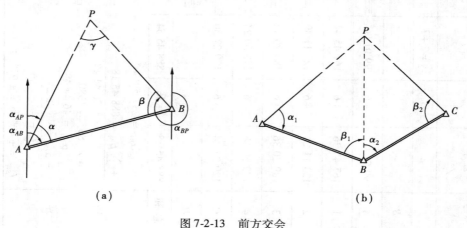

（a）　　　　　　　　　　　　　　（b）

图 7-2-13　前方交会

说明前方交会的定点方法。

1）根据已知坐标计算已知边 AB 的方位角和边长

$$\left.\begin{aligned} \alpha_{AB} &= \arctan\frac{y_B - y_A}{x_B - x_A} \\ D_{AB} &= \sqrt{(x_B - x_A)^2 + (y_B - y_A)^2} \end{aligned}\right\} \tag{7-2-21}$$

2）推算 AP 和 BP 边的坐标方位角和边长

由图 7-2-13 得：

$$\left.\begin{aligned} \alpha_{AP} &= \alpha_{AB} - \alpha \\ \alpha_{BP} &= \alpha_{BA} + \beta \end{aligned}\right\} \tag{7-2-22}$$

按正弦定理有：

$$\left.\begin{aligned} D_{AP} &= \frac{D_{AB}\sin\beta}{\sin\gamma} \\ D_{BP} &= \frac{D_{AB}\sin\alpha}{\sin\gamma} \end{aligned}\right\} \tag{7-2-23}$$

式中：

$$\gamma = 180° - (\alpha + \beta) \tag{7-2-24}$$

3）计算 P 点坐标

分别由 A 点和 B 点按下式推算 P 点坐标，并校核。

$$\left.\begin{aligned} x_P &= x_A + D_{AP}\cos\alpha_{AP} \\ y_P &= y_A + D_{AP}\sin\alpha_{AP} \end{aligned}\right\} \tag{7-2-25}$$

$$\left.\begin{aligned} x_P &= x_B + D_{BP}\cos\alpha_{BP} \\ y_P &= y_B + D_{BP}\sin\alpha_{BP} \end{aligned}\right\} \tag{7-2-26}$$

下面介绍一种直接计算 P 点坐标的公式，公式推导从略。

$$\left.\begin{aligned} x_P &= \frac{x_A\cot\beta + x_B\cot\alpha + (y_B - y_A)}{\cos\alpha + \cot\beta} \\ y_P &= \frac{y_A\cot\beta + y_B\cot\alpha + (x_A - x_B)}{\cos\alpha + \cot\beta} \end{aligned}\right\} \tag{7-2-27}$$

应用式（7-2-26）时，要注意 A、B、P 的点号必须按反时针次序排列（见图 7-2-13）。

7.3　高 程 控 制 测 量

7.3.1　三、四等水准测量

三、四等水准测量，除用于国家高程控制网的加密外，还常用做小地区的首级高程控制网，以及工程建设地区内工程测量和变形观测的基本控制。三、四等水准网应从附近的国家一、二等水准点引测高程。

工程建设地区的三、四等水准点的间距可根据实际需要决定，一般为 1～2 km，应埋设普通水准标石或临时水准点标志，亦可利用埋石的平面控制点作为水准点。在厂区内则注意不要选在地下管线上方,距离厂房或高大建筑物不小于 25 m,距振动影响 5 m 以外,距回填土边不少于 5 m。

三、四等水准测量的要求和施测方法是:

①三、四等水准测量使用的水准尺,通常是双面水准尺。两根标尺黑面的尺底均为 0,红面的尺底一根为 4.687 m,一根为 4.787 m。

②视线长度和读数误差的限差见表 7-3-1,高差闭合差的规定见表 7-3-1。

表 7-3-1 三、四等水准测量限差表

等级	视线长度 /m	前后视距差 /m	前后视距累计差 /m	红黑面读数差 /mm	红黑面高差之差 /mm
三	75	3.0	5.0	2.0	3.0
四	100	5.0	10.0	3.0	5.0

三、四等水准测量的观测与计算方法如下:

1)一个测站上的观测顺序(参见表 7-3-2)

照准后视尺黑面,读取下、上、中丝读数(1)、(2)、(3);

照准前视尺黑面,读取下、上、中丝读数(4)、(5)、(6);

照准前视尺红面,读取中丝读数(7);

照准后视尺红面,读取中丝读数(8);

这种"后、前、前、后"的观测顺序,主要是为抵消水准仪与水准尺下沉产生的误差。四等水准测量每站的观测顺序也可以为"后、后、前、前",即"黑、红、黑、红"。

表中各次中丝读数(3)、(6)、(7)、(8)是用来计算高差的。因此,在每次读取中丝读数前,都要注意使符合气泡的两个半像严密重合。

2)测站的计算、检核与限差

①视距计算

后视距离:(9) = (1) - (2)。

前视距离:(10) = (4) - (5)。

前、后视距差:(11) = (9) - (10),三等水准测量,不得超过 ±3 m,四等水准测量不得超过 ±5 m。

前、后视距累积差:本站(12) = 前站(12) + 本站(11)。三等水准测量不得超过 ±5 m,四等水准测量不得超过 ±10 m。

②同一水准尺黑、红面读数差

前尺:(13) = (6) + K_1 - (7)

后尺:(14) = (3) + K_2 - (8)

三等水准测量不得超过 ±2 mm,四等水准测量不得超过 ±3 mm。K_1、K_2 分别为前尺、后尺的红、黑面常数差。

③高差计算

黑面高差:(15) = (3) - (6)

红面高差:(16) = (8) - (7)

表7-3-2 三、四等是准测量观测手簿

测段：A ~ B 日期：1993年5月10日 仪器：上光60252

开始：7时05分 天气：晴、微风 观测者：李 明

结束：8时07分 成像：清晰稳定 记录者：肖 钢

测站编号	点号	后尺 下丝 上丝	前尺 下丝 上丝	方向及尺号	中丝水准尺读数		K+黑-红	平均高差	备注
		后视距离 前视距离 前后视距差 累积差			黑色面	红色面			
		(1) (2) (9) (11)	(4) (5) (10) (12)	后 前 后—前	(3) (6) (15)	(8) (7) (16)	(14) (13) (17)	(18)	
1	A ~ 转1	1.587 1.213 37.4 -0.2	0.755 0.379 37.6 -0.2	后01 前02 后—前	1.400 0.567 +0.833	6.187 5.255 +0.932	0 -1 +1	+0.832 5	
2	转1 ~ 转2	2.111 1.737 37.4 -0.1	2.186 1.811 37.5 -0.3	后02 前01 后—前	1.924 1.998 -0.074	6.611 6.786 -0.175	0 -1 +1	-0.074 5	
3	转2 ~ 转3	1.916 1.541 37.5 -0.2	2.057 1.680 37.7 -0.5	后01 前02 后—前	1.728 1.868 -0.140	6.515 6.556 -0.041	0 -1 +1	-0.140 5	
4	转3 ~ 转4	1.945 1.680 26.5 -0.2	2.121 1.854 26.7 -0.7	后02 前01 后—前	1.812 1.987 -0.175	6.499 6.773 -0.274	0 +1 -1	-0.174 5	
5	转4 ~ B	0.675 0.237 43.8 +0.2	2.902 2.466 43.6 -0.5	后01 前02 后—前	0.466 2.684 -2.218	5.254 7.371 -2.117	-1 0 -1	-2.217 5	

检核计算：(17) = (14) - (13) = (15) - (16) ±0.100。三等水准测量不得超过3 mm,四等水准测量不得超过5 mm。

高差中数：(18) = $\frac{1}{2}${(15) + [(16)±0.100]}。

上述各项记录、计算见表7-3-2。观测时,若发现本测站某项限差超限,应立即重测,只有各项限差均检查无误后,方可移站。

3）每页计算的总检核

校核计算：

$$\sum (9) - \sum (10) = 182.6 - 183.1 = -0.5 = 末站(12)$$

$$\frac{1}{2}[\sum(15) + \sum(16) \pm 0.100] = \frac{1}{2}[(-1.774) + (-1.675) - 0.100]$$

$$= -1.774\,5 = \sum(18)$$

在每测站检核的基础上，应进行每页计算的检核。

$$\sum(15) = \sum(3) - \sum(6)$$

$$\sum(16) = \sum(8) - \sum(7)$$

$$\sum(9) - \sum(10) = 本页末站(12) - 前页末站(12)$$

测站数为偶数时：

$$\sum(18) = \frac{1}{2}[\sum(15) + \sum(16)]$$

测站数为奇数时：

$$\sum(18) = \frac{1}{2}[\sum(15) + \sum(16) \pm 0.100]$$

4）水准路线测量成果的计算、检核

三、四等附和或闭合水准路线高差闭合差的计算、调整方法与普通水准测量相同（见第2章）。

当测区范围较大时，要布设多条水准路线。为了使各水准点高程精度均匀，必须把各线段连在一起，构成统一的水准网，采用最小二乘法原理进行平差，从而求解出各水准点的高程。

7.3.2　三角高程测量

当地面两点间地形起伏较大而不便于施测水准时，可应用三角高程测量的方法测定两点间的高差而求得高程。该法较水准测量精度低，常用于山区各种比例尺测图的高程控制。

（1）三角高程测量原理

三角高程测量是根据测站与待测点两点间的水平距离和测站向目标点所观测的竖直角来计算两点间的高差。

如图7-3-1，已知 A 点高程 H_A，欲求 B 点高程 H_B。将仪器安置在 A 点，照准 B 目标顶端 M，测得竖直角 α，量取仪器高 i 和目标高 v。若 AB 间水平距离为 D，则 AB 间高差 h 为：

$$h = D\tan\alpha + i - v$$

B 点的高程为：

$$H_B = H_A + h = H_A + D\tan\alpha + i - v$$

（2）地球曲率和大气折光对高差的影响

上述是在假定地球表面为水平面（即把水准面当作水平面），认为观测视线是直线的条件下导出的。当地面上两点间的距离大于300 m时就要顾及地球曲率，加以曲率改正，称为球差改正。同时，观测视线受大气垂直折光的影响而成为一条向上凸起的弧线，必须加以大气垂直折光差改正，称为气差改正。以上两项改正合称为球气差改正，简称两差改正。

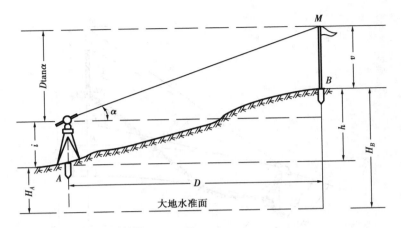

图 7-3-1　三角高程测量示意图

如图 7-3-2，O 为地球中心，R 为地球曲率半径（$R = 6\ 371$ km），A、B 为地面上两点，D 为 A、B 两点间的水平距离，R' 为过仪器高 P 点的水准面曲率半径，PE 和 AF 分别为过 P 点和 A 点的水准面。实际观测竖直角 α 时，水平线交于 G 点，GE 就是由于地球曲率而产生的高程误差，即球差，用符号 c 表示。由于大气折光的影响，来自目标 N 的光沿弧线 PN 进入仪器望远镜，而望远镜却位于弧线 PN 的切线 PM 上，MN 即为大气垂直折光带来的高程误差，即气差，用符号 γ 表示。由于 A、B 两点间的水平距离 D 与曲率半径 R' 之比值很小，例如当 $D = 3$ km 时，其所对圆心角约为 $2'$，故可认为 PG 近似垂直于 OM，则

$$MG = D\tan\alpha$$

于是，A、B 两点高差为：

$$h = D\tan\alpha + i - s + c - \gamma$$

令 $f = c - \gamma$，则公式为：

$$h = D\tan\alpha + i - s + f$$

从图 7-3-2 可知，

$$(R' + c)^2 = R'^2 + D^2$$

即

$$c = \frac{D^2}{2R' + c}$$

c 与 R' 相比很小，可略去，并考虑到 R' 与 R 相差很小，故以 R 代替 R'，则上式为：

$$c = \frac{D^2}{2R}$$

根据研究，因大气垂直折光而产生的视线变曲的曲率半径约为地球曲率半径的 7 倍，则

$$\gamma = \frac{D^2}{14R}$$

两差改正为：

$$f = c - \gamma = \frac{D^2}{2R} - \frac{D^2}{14R} \approx 0.43\frac{D^2}{R} = 6.7D^2$$

水平距离 D 以公里为单位。

表 7-3-3 给出了 1 km 内不同距离的两差改正数。

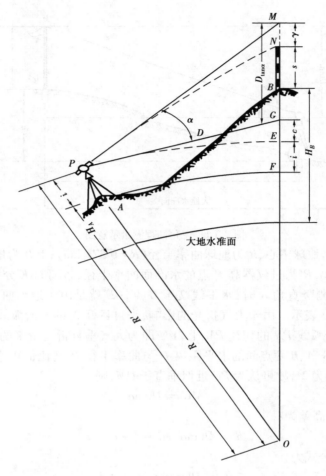

图 7-3-2　三角高程的球气差

表 7-3-3　两差改正数

D/km	0.1	0.2	0.3	0.4	0.5	0.6	0.7	0.8	0.9	1.0
$f=6.7D^2/cm$	0	0	1	1	2	2	3	4	6	7

三角高程测量一般都采用对向观测,即由 A 点观测 B 点,再由 B 点观测 A 点,取对向观测所得高差绝对值的平均数可抵消两差的影响。

（3）三角高程测量的观测和计算

①三角高程测量的观测

a. 安置经纬仪于测站上,量取仪器高 i 和目标高 s。

b. 当中丝瞄准目标时,将竖盘水准管气泡居中,读取竖盘读数。必须以盘左、盘右进行观测。

c. 竖直观测测回数与限差应符合表 7-1-7 的规定。

d. 用电磁波测距仪测量两点间的倾斜距离 D',或用三角测量方法计算得两点间的水平距离 D。

②三角高程测量计算

三角高程测量往返测所得的高差之差(经两差改正后)不应大于 0.1Dm(D 为边长,以公里为单位)。

三角高程测量路线应组成闭合或附合路线。如图 7-3-3,三角高程测量可沿 A-B-C-D-A 闭合路线进行,每边均取对向观测。观测结果列于图上,其路线高差闭合差 f_h 的容许值按下式计算:

$$f_{h容} = \pm 0.05 \sqrt{\sum D^2} \qquad (D \text{以公里为单位})$$

若 $f_h < f_{h容}$,则将闭合差按与边长成正比分配给各高差,再按调整后的高差推算各点的高程。图 7-3-3 计算见表 7-3-4。

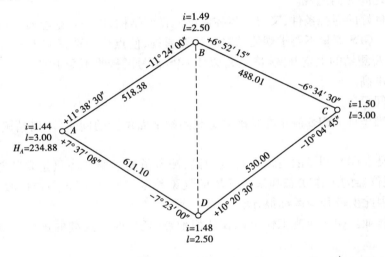

图 7-3-3　三角高程测量计算略图

表 7-3-4　三角高程测量的高差计算

起 算 点	A		B		…
欲 求 点	B		C		…
	往	返	往	返	
水平距离 D/m	581.38	581.38	488.01	488.01	…
竖直角 α	+11°38′30″	−11°24′00″	+6°52′15″	−6°34′30″	…
仪器高 i/m	1.44	1.49	1.49	1.50	…
目标高 s/m	−2.50	−3.00	−3.00	−2.50	…
两差改正 f/m	+0.02	+0.02	+0.02	+0.02	…
高差/m	+118.74	−118.72	+57.31	−57.23	…
平均高差/m	+118.73		+57.27		…

7.4 GPS 控制网测量

7.4.1 GPS 控制测量概述

GPS 定位技术自问世以来,以其高精度、全天候、高效率、多功能、操作简便等特点而著称。使用 GPS 技术进行控制测量导致了两项根本性变革:一是传统布网概念的变革;二是操作方法的变革。这一新兴技术具有以下诸多优点:

1)观测站之间无需通视。

既要保持良好的通视条件,又要保障控制网的良好结构,这一直是经典测量技术在实践方面的难题之一。GPS 测量不要求观测站之间相互通视,使点位的选择变得甚为灵活。但必须保持 GPS 测量观测站的上空开阔(净空),以使 GPS 信号的接收不受干扰。

2)定位精度高。

3)观测时间短。

4)提供三维坐标。GPS 测量在精确测定观测站平面位置的同时,可以精确测定观测站的大地高程。

5)操作简便。GPS 测量的自动化程度很高,测量员的主要任务只是安装并开关仪器、量取仪器高、监视仪器的工作状态和采集环境的气象数据。另外,GPS 用户接收机一般重量较轻、体积较小,因此携带和搬运都很方便。

6)全天候作业。GPS 观测工作可以在任何地点、任何时间连续的进行,一般不受天气状况的影响。

GPS 测量工作与经典测量工作相类似,按其性质可分为外业和内业两大部分。其中,外业工作主要包括,选点与建立标志、野外观测作业以及成果的质量检核等;内业工作主要包括技术设计、测后数据处理以及技术总结等。如果按照 GPS 测量实施的工作程序,则大体上可分为这样几个阶段:网的优化设计、选点与建立标志、外业观测、成果检核与处理。

GPS 测量作业,应遵守统一的规范和细则。

(1)GPS 网形设计的一般原则

1)GPS 网一般应采用独立观测边构成的闭合图形。例如,三角形、多边形或附合线路,以增加几何强度和检核条件,提高网的可靠性。在设计观测图形时,必须充分考虑加强异步环的检查。实践表明,设计异步环可以检查诸多观测误差(仪器对中整平误差、不同时段的观测误差、大气变化的影响等)对观测成果的影响,同时可避免粗差的存在。

2)GPS 网作为测量控制网,其相邻点间基线向量的精度应分布均匀。

3)GPS 网点应尽量与原有地面控制点相重合。重合点一般不应少于 3 个(不足时应联测),且在网中应分布均匀。同时 GPS 网点应考虑与水准点相重合,而非重合点应根据要求用水准测量方法(或相当精度的其他方法)进行联测,或在网中布设一定密度的水准联测点,以利于可靠地确定 GPS 网与地面网的转换系数。

4)为了便于 GPS 测量的观测和水准联测,GPS 网点一般应设在视野开阔和交通便利的地方。为了便于用经典方法联测或扩展,可在 GPS 点附近布设一通视良好的方位点,以建立联测方向。方位点与观测站的距离不应超过 300 m。

根据 GPS 网的不同用途,GPS 网的独立观测边应构成一定的几何图形。GPS 控制网应构成尽可能多的闭合图形,为此,要把网中处于边缘的观测点用独立基线连接起来,以构成全封闭图形,如三角形,有时根据实际需要,也可布成环形图。GPS 网应由一个或若干独立观测环构成,也可采用附合线路形式构成。各等级 GPS 网中每个闭合环或附合线路中的边数应符合表 7-4-1 的规定。非同步观测的 GPS 基线向量边,应按设计的网图选定,也可按软件功能自动挑选独立基线构成环路。

表 7-4-1　闭合环或附合线路边数的规定

等级	二等	三等	四等	一级	二级
闭合环或附合路线的边数(条)	≤6	≤8	≤10	≤10	≤10

(2) GPS 一般网形

1)三角形网

如图 7-4-1 所示,GPS 网中的三角形由独立基线边组成。根据经典测量的经验可知,这种网形结构强,具有良好的自检能力,能够有效地发现观测成果的粗差,以保障网的可靠性。同时,经平差后网中的相邻点间基线向量的精度分布均匀。

这种网形的主要缺点是观测工作量较大,尤其当接收机的数量较少时,将使观测工作的总时间大为延长。因此,通常只有当网的精度和可靠性要求较高时,才采用这种图形。

2)环形网

如图 7-4-2 所示,由若干个含有多条观测边的闭合环所组成的网,称为环形网。这种网形与经典测量中的导线网相似,其图形的结构强度比三角网要差。不难理解,由于这种网的自检能力和可靠性与闭合环中所包含的基线边的数量有关,所以,根据网的不同精度要求,一般都规定闭合环中包含的基线边不应超过一定的数量。

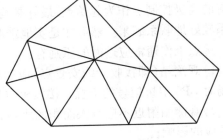

图 7-4-1　三角形网

环形网的优点是观测工作量较小,且具有较好的自检能力和可靠性,其缺点主要是,非直接观测的基线边(或间接边)精度较低,相邻点间的基线精度分布不均匀。

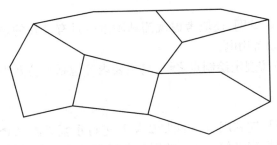

图 7-4-2　环形网

作为环形网的特例,在实际工作中还可以按照网的用途和实际情况采用所谓的附合线路。这种附合线路与经典测量中的附合导线相类似。采用这种网形的条件是,附合线路的两端之间的已知基线向量必须具有较高的精度,另外,附合线路中所包含的基线边数也不能超过一定的限制。

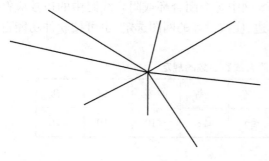

图 7-4-3 星形网

3)星形网

三角形网和环形网,是大地测量和精密工程控制测量中普遍采用的两种基本图形。通常,根据情况往往采用上述两种图形的混合图形。

GPS 网还有一种网形是星形网,它的几何图形如图 7-4-3 所示。

星形网的几何图形简单,但其直接观测边之间一般不构成闭合图形,所以其自检和发现粗差的能力差。但这种网形在观测时通常只需要两台 GPS 接收机,作业简单,因而被广泛应用于工程放样、边界测量、地籍测量和碎步测量等。

(3)选点

GPS 网点位的选择,对于保证观测工作的顺利进行和可靠地保持测量成果,具有重要的意义。在选点工作开始之前,应充分收集和了解有关测区的地理情况以及原有控制点的分布和保存情况。接着是根据城市或工程建设与发展的需要,以及已经确定的精度指标和网形设计,在选点图上(一般为中小比例尺地形图)上概略地描绘出 GPS 网的点位,同时考虑到以测区内已有的高级控制点作为起始点,最好是均匀分布在测区内的,以便将 GPS 测量成果与用户坐标系较好地联系起来。然后才是实地踏勘和标定点位。

选点工作通常应遵循的原则有:

1)观测站(即接收天线安置点)应远离大功率的无线电发射台和高压输电线,以避免周围磁场对 GPS 卫星信号的干扰。接收机与其距离,一般不得少于 200 m;

2)观测站附近不应有大面积的水域,或对电磁波反射(或吸收)强烈的物体,以减弱多路径效应的影响;

3)观测站应设在易于安置仪器的地方,且视场开阔。在视场内周围障碍物的高度角,根据情况一般不应高于 $10° \sim 15°$;

4)观测站应选在交通便利的地方,并且至少应有两个方向的通视,以便用其他测量手段联测和扩展;

5)对于基线较长的 GPS 网,还应考虑观测站附近应具有良好的通信设施和电力供应,以供观测站之间的联络和设备用电;

6)点位选定后,均应按规定绘制点之记,其主要内容包括点位及点位略图、点位的交通情况及选点情况。

(4)建造点位标志

为了保持点位,以便长期利用 GPS 测量成果和进行重复观测,GPS 网点一般应埋设具有中心标志的标石,以精确标定点位。点位的标石和标志必须稳定、坚固,以利于长期保存和利用。GPS 网点的标石类型及其适用范围和各种标石可参考有关文献。

各等级 GPS 点均应埋设永久性的标石,埋设时坑底填以砂石,捣固夯实或浇灌混凝土底层,二、三等点宜埋设盘石和柱石,两层标志中心偏离值应小于或等于 2 mm。

GPS 点标石埋设所占土地,应经土地使用者或管理部门同意,依法办理征地手续,并办理测量标志委托保管书。

选点埋石后应提交的资料:

①GPS 点的点之记。

②GPS 网的选点网图。

③土地占用批准文件与测量标志委托保管书。

④选点与埋石工作技术总结。

7.4.2　GPS 外业观测

(1)观测计划

作业组在进入测区观测前,应事先编制 GPS 卫星可见性预报表。预报表包括可见卫星号、卫星高度角和方位角、最佳观测卫星组最佳观测时间、点位图形几何图形强度因子等内容。

编制预报表所用概略位置坐标应采用测区中心位置的经、纬度。预报时间应选用作业期的中间时间。当测区较大、作业时间较长时,应按不同时间和地区分段编制预报表,编制预报表所用概略星历龄期不应超过 20d,否则应重新采集一组新的概略星历。

作业组在观测前应根据作业的接收机台数,GPS 网形设计及卫星预报表编制作业调度表,其内容应包括观测时间、测站号、测站名称及接收机号等项并应符合规程附录 F 的要求。

(2)观测准备

每天出发前应检查电池容量是否充足,仪器及其附件应携带齐全。作业前检查接收机内存或磁盘容量是否充足。

天线安置符合下列要求:

1)作业员到测站后应先安置好接收机使其处于静置状态,然后再安置天线;

2)天线可用脚架直接安置在测量标志中心的垂线方向上,对中误差应≤3 mm,天线应整平,天线基座上的圆气泡应居中;

3)需在觇标基板上安置天线时,应先卸去觇标顶部,将标志中心按现行作业标准《城市测量规范》CJJ8—85 中有关规定投影至基板上,然后依投影点安置天线;

4)天线定向标志应指向正北,定向误差不宜超过 ±5°,对于定向标志不明显的接收天线,可预先设置标记,每次应按此标志安置仪器。

(3)观测作业要求

观测组应严格按调度表规定的时间进行作业,保证同步观测同一卫星组。当情况有变化需修改调度计划时,应经作业队负责人同意,观测组不得擅自更改计划。

接收机电源和天线应联接无误,接收机预置状态应正确,然后方可启动接收机进行观测。

每时段开机前,作业员应量取天线高,并及时输入测站台名、年月日、时段名、天线高等信息。关机后再量取一次天线高作校核,两次量天线高互差不得大于 3 mm,取平均值作为最后结果,记录在手簿。若互差超限,应查明原因,提出处理意见记入测量手簿备注栏中。

天线高的量取方法应符合规程的要求,量取的部位应在观测手簿上绘制略图。

接收机开始记录数据后,作业员可使用专用功能键选择菜单,查看测站信息、接收卫星数、卫星号、各通道信噪比、实时定位结果及存储介质记录情况等。

仪器工作正常后,作业员应及时逐项填写测量手簿中各项内容。当时段观测时间超过 60 min 以上,应每隔 30 min 记录一次,记录手簿应符合规程的规定。

一个时段观测过程中不得进行以下操作:关闭接收机又重新启动,进行自测试(发现故障除外),改变卫星高度角,改变数据采样间隔;改变天线位置;按动关闭文件和删除文件等功能键。

观测员在作业期间不得擅自离开测站,并应防止仪器受震动和被移动,防止人和其他物体靠近天线,遮挡卫星信号。

接收机在观测过程中不应在接收机近旁使用对讲机,雷雨过境时应关机停测,并卸下天线以防雷击。

观测中应保证接收机工作正常,数据记录正确,每日观测结束后,应及时将数据转存到计算机硬、软盘上,确保观测数据不丢失。

(4)外业观测记录

1)记录项目应包括下列内容:

①测站名、测站号;

②观测月、日/年积日、天气状况、时段号;

③观测时间应包括开始与结束记录时间,宜采用协调世界时 UTC,填写至时、分;

④接收设备应包括接收机类型及号码,天线号码;

⑤近似位置应包括测站的近似纬度、近似经度与近似高程,纬度与经度应取至 $1'$,高程应取至 0.1 m;

⑥天线高应包括测前、测后量得的高度及其平均值,均取至 0.001 m;

⑦观测状况应包括电池电压、接收卫星、信噪比(SNR)、故障情况等。

2)记录应符合下列要求:

①原始观测值和记事项目,应按规格现场记录,字迹要清楚、整齐、美观,不得涂改、转抄;

②外业观测记录各时段观测结束后,应及时将每天外业观测记录结果录入计算机硬盘或软盘;

③接收内存数据文件在卸到外存介质上时,不得进行任何剔除或删除,不得调用任何对数据实施重新加工组合的操作指令。

7.4.3　数据处理

预处理是对原始观测数据进行编辑、加工与整理,分流出各种专用的信息文件,为下一步的各种计算做准备。

预处理工作的主要内容有:数据传输、数据分流、数据的平滑和滤波、统一数据文件格式、卫星轨道的标准化、探测周跳和修复载波相位观测值以及对观测值进行各项必要的改正。

观测数据的预处理,一般均由后处理软件完成。

(1)基线解算的质量检验

1)同一时段观测值基线处理中,二、三等数据采用率都不宜低于 80%。

2)采用单基线处理模式时,对于采用同一种数学模型的基线解,其同步时段任一三边同步环的坐标分量相对闭合差和全长相对闭合差不宜超过表 7-4-2 的规定:

表 7-4-2　同步环坐标分量及环线全长相对闭合差的规定（1×10^{-6}）

等级 限差类型	二等	三等	四等	一级	二级
坐标分量相对闭合差	2.0	3.0	6.0	9.0	9.0
环线全长相对闭合差	3.0	5.0	10.0	15.0	15.0

对于采用不同数学模型的基线解，其同步时段中任一三边同步的坐标分量闭合差和全长相对闭合差要求检核。同步时段中的多边形同步环，可不重复检核。

3）无论采用单基线模式或多基线模式解算基线，都应在整个 GPS 网中选取一组完全的独立基线构成独立环，各独立环的坐标分量闭合差和全长闭合差应符合下式的规定：

$$w_x \leqslant 2\sqrt{n}\sigma$$
$$w_y \leqslant 2\sqrt{n}\sigma$$
$$w_z \leqslant 2\sqrt{n}\sigma$$
$$w \leqslant 2\sqrt{3n}\sigma$$

式中 w——环闭合差，n——独立环中的边数。

4）复测基线的长度较差，不宜超过下式的规定：

$$d_x \leqslant 2\sqrt{n}\sigma$$

（2）GPS 网平差处理

1）当各项质量检验符合要求时，应以所有独立基线组成闭合图形，以三维基线向量及其相应方差协方差阵作为观测信息，以一个点的 WGS—84 系三维坐标作为起算依据，进行 GPS 网的无约束平差。无约束平差应提供各控制点在 WGS—84 系下的三维坐标，各基线向量三个坐标差观测值的总改正数，基线边长以及点位和边长的精度信息。

2）在无约束平差确定的有效观测量基础上，在国家坐标系或城市独立点坐标系下应进行三维约束平差或二维约束平差。约束点的已知点坐标、已知距离或已知方位，或作为强制约束的固定值，也可作为加权观测值。平差结果应输出在国家或城市独立坐标系中的三维或二维坐标，基线向量改正数，基线边长、方位以及坐标、基线边长、方位的精度信息；转换参数及其精度信息。

3）无约束平差中，基线向量的改正数（$V_{\Delta x}$、$V_{\Delta y}$、$V_{\Delta z}$）绝对值应满足下式要求：

$$V_{\Delta x} \leqslant 3\sigma$$
$$V_{\Delta y} \leqslant 3\sigma$$
$$V_{\Delta z} \leqslant 3\sigma$$

当超限时，可认为该基线或其附近存在粗差基线，应采用软件提供的方法或人工方法剔除粗差基线，直至符合上式要求。

4）约束平差中，基线向量的改正数与剔除粗差后的无约束平差结果的同名基线相应改正数的较差（$dV_{\Delta x}$、$dV_{\Delta y}$、$dV_{\Delta z}$）应符合下式要求：

$$dV_{\Delta x} \leqslant 2\sigma$$
$$dV_{\Delta y} \leqslant 2\sigma$$
$$dV_{\Delta z} \leqslant 2\sigma$$

当超限时,可认为作为约束的已知坐标、距离,已知方位与 GPS 网不兼容,应采用软件提供的或人为的方法剔除某些误差较大的约束值,直至符合上式要求。

GPS 测量数据处理的关键工作是 GPS 网的平差,它将直接影响到 GPS 网的精度和稳定性。目前广泛采用的平差方法,主要有经典自由网平差和非经典自由网平差。经典自由网平差,广泛应用于城市与矿山等区域性控制网的平差,而非经典自由网平差,主要应用于工程变形和地壳运动等监测网的数据处理。

为了简化计算和充分利用原有成果,卫星网与地面网的联合平差,通常应在地面网与卫星网单独平差的基础上进行,这时可将两网单独平差的结果,作为联合平差的相关观测量。

7.4.4 技术总结与成果资料提交

1)GPS 测量全部工作结束后,应编写技术总结报告,内容应包括:

①测区概况,自然地理条件等;

②任务来源,测区已有测量情况,施测目的和基本精度要求;

③施测单位,施测起止时间,技术依据,作业人员情况,接受设备类型与数量以及检验情况,观测方法,重测、补测情况,作业环境,重合点情况,工作量与工日情况;

④野外数据检核,起算数据情况,数据后处理内容、方法与软件情况;

⑤外业观测数据质量分析与野外检核计算情况;

⑥方案实施与规范执行情况;

⑦提交成果中尚存问题和需说明的其他问题;

⑧各种附表与附图。

2)GPS 测量任务完成后,各项技术资料均应仔细地加以整理,并经验收后上交,以提供用户使用。上交资料的一般内容一般应包括:

①技术设计书;

②卫星可见性预报表和观测计划;

③外业观测记录(含软盘)、测量手簿及其他记录;

④数据加工处理中生成的文件、资料和成果表;

⑤GPS 网示意图;

⑥技术总结和成果验收报告;

⑦造点埋石的资料应符合规程第 5.3 节的规定。

思考题与习题

1 控制网有几种?各在什么情况下采用?

2 何谓平面控制测量和高程控制测量?

3 建立平面控制网的方法有哪些?

4　导线的形式有哪几种？选点时应注意什么问题？导线测量的外业工作有哪些？

5　连测的目的是什么？在什么情况下观测连接角、连接边？

6　导线坐标计算的目的是什么？要计算和调整哪些闭合差？

7　根据下列附合导线略图（习题图 7-1）和习题表 7-1 中数据，试计算 1、2 两点的坐标。

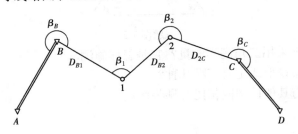

习题图 7-1

习题表 7-1

点号	坐标方位角 /(° ′ ″)	坐 标 值		观测数据		/(° ′ ″)	D_{B1} /(m)	125.37
		x/(m)	y/(m)		β_B	253 34 54		
A	50 00 00				β_1	114 52 36	D_{12}(m)	109.84
B		1 000.00	1 000.00		β_2	240 18 48	D_{2C}(m)	106.26
C		936.97	1 291.22		β_c	227 16 12		
D	166 02 54							

8　设有闭合导线 123451，其数据列入列于习题表 7-2，试计算各导线点的坐标。

习题表 7-2

点　号	观测角（右） /(° ′ ″)	坐标方位角 /(° ′ ″)	边　长 /(m)	坐 标 值	
				x/(m)	y/(m)
1				500.00	500.00
		143 07 15	155.55		
2	156 00 45				
			25.77		
3	88 58 00				
			123.68		
4	95 23 30				
			76.57		
5	139 05 00				
			111.09		
1	60 33 15			500.00	500.00

9　前方交会（习题图 7-2），已知 A、B 两点的坐标为：

$x_A = 400.000$ m　　　$x_B = 425.826$ m

$y_A = 400.000$ m　　　$y_B = 333.160$ m

观测角 $\alpha = 91°03′24″$　　　$\beta = 50°35′23″$

计算 P 点的坐标。

10　四等水准测量如何观测、记录、计算？

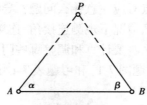

习题图 7-2

11　在何种情况下采用三角高程测量？它是怎样施测的？

12　GPS 控制网布设形式主要有哪几种？

13　GPS 控制网与其他控制网相比有哪些优点？

第 **8** 章
地形图的基本知识与测绘

8.1 地形图的基本知识

8.1.1 地形图的分幅与编号

为了便于管理和使用地形图,需要将各种比例尺的地形图进行统一的分幅和编号。地形图的分幅方法分为两类,一类是按经纬线分幅的梯形分幅法(又称国际分幅法),另一类是按坐标格网分幅的矩形分幅法。

(1)地形图的梯形分幅与编号

1)1∶1 000 000 比例尺图的分幅与编号

按国际上的规定,1∶1 000 000 的世界地图实行统一的分幅和编号。即自赤道向北或向南分别按纬差 4°分成横列,各列依次用 A,B,…,V 表示。自经度 180°开始起算,自西向东按经差 6°分成纵列,各行依次用 1,2,…,60 表示。每一幅图的编号由其所在地"横列-纵列"的代号组成。例如北京某地的经度为东经 116°24′20″,纬度为 39°56′30″,则所在地 1∶100 000 比例尺图的图号为 J—50(见图 8-1-1)。

2)1∶100 000 比例尺图的分幅和编号

将一幅 1∶1 000 000 的图,按经差 30′,纬差 20′分为 144 幅 1∶100 000 的图。如图 8-1-2 所示,北京某地的 1∶100 000 图的编号为 J—50—5。

3)1∶50 000、1∶25 000、1∶10 000 图的分幅和编号

这 3 种比例尺图的分幅编号都是以 1∶100 000 比例尺图为基础的。每幅 1∶100 000 的图,划分成 4 幅 1∶50 000 的图,分别在 1∶1 00 000 地图号后写上各自的代号 A,B,C,D。每幅分为 64 幅 1∶10 000 的图,分别以(1),(2),…,(64)表示。北京某地上述 3 种比例尺图的图幅编号见表8-1-1。

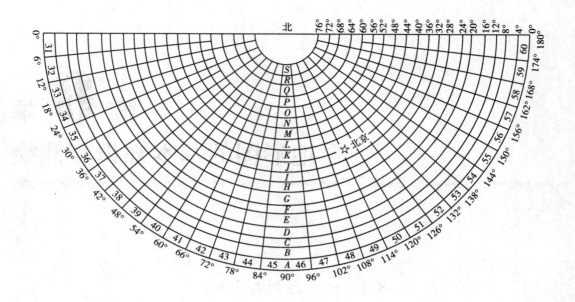

图 8-1-1　1∶1 000 000 地图分幅编号

表 8-1-1　1∶2 000—1∶100 000 地图的编号

比例尺	图 幅 大 小		在上一列比例尺图中所包含的幅数	北京某地的图幅编号
	纬度差	经度差		
1∶100 000	20′	30′	在 1∶1 000 000 图幅有 144 幅	J—50—5
1∶50 000	10′	15′	4 幅	J—50—5—B
1∶2.500 00	5′	7′30″	4 幅	J—50—5—B—2
1∶10 000	2′30″	3′45″	在 1∶100 000 图幅有 64 幅	J—50—5—(15)
1∶5 000	1′15″	1′52.5″	4 幅	J—50—5—(15)—a
1∶2 000	25″	37.5″	4 幅	J—50—5—(15)—a—9

4)1∶5 000 和 1∶2 000 比例尺图的分幅和编号

1∶5 000 和 1∶2 000 比例尺图的分幅编号是在 1∶10 000 图的基础上进行的。每幅 1∶10 000 的图分成 4 幅 1∶5 000 的图,分别在 1∶10 000 地图号的后面写上各自的代号 a,b,c,d。每幅 1∶5 000 的图又分成 9 幅 1∶2 000 的图,分别以 1,2,…,9 表示,每幅的大小及编号见表 8-1-1。

(2)地形图的矩形分幅与编号

大比例尺地形图大多采用矩形分幅法,它是按统一的直角坐标格网划分的。图幅大小如表 8-1-2 所示。

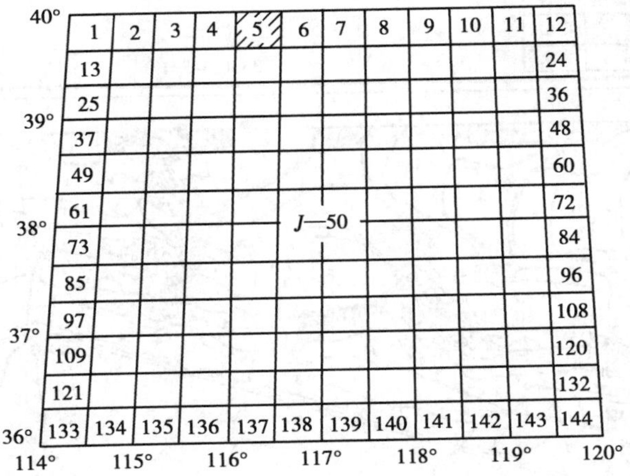

图 8-1-2　1：100 000 比例尺图的分幅和编号

表 8-1-2　大比例尺地形图标准图幅参数表

比例尺	图幅大小 /cm	实地面积 /km²	1：5 000 图幅内的分幅数
1：5 000	40 × 40	4	1
1：2 000	50 × 50	1	4
1：1 000	50 × 50	0.25	16
1：500	50 × 50	0.0625	64

　　采用矩形分幅时，大比例尺地形图的编号，一般采用图幅西南角坐标公里数编号法。如图 8-1-3，其西南角的坐标 $x = 3\,530.0$ km，$y = 531.0$ km，所以其编号为"3 530.0 ~ 531.0"。编号时，比例尺为 1：500 的地形图，坐标值取至 0.01 km，而 1：1 000、1：2 000 地形图取至 0.1 km。

　　某些工矿企业和城镇，面积较大，而且测绘有几种不同比例尺的地形图，编号时是以 1：5 000 比例尺图为基础，并作为包括在本图幅中的较大比例尺图幅的基本图号。例如，某 1：5 000 图幅西南角的坐标值 $x = 20$ km，$y = 10$ km，则其图幅编号为"20—10"（图 8-1-4）。这个图号将作为该图幅中的较大比例尺所有图幅的基本图号。也就是在 1：5 000 图号的末尾分别加上罗马字 Ⅰ、Ⅱ、Ⅲ、Ⅳ，就是 1：2 000 比例尺图幅编号，如图 8-1-4 中的甲图幅，其编号为"20—10—Ⅰ"。同样，在 1：2 000 图幅编号末尾分别再加上 Ⅰ、Ⅱ、Ⅲ、Ⅳ，就是 1：1 000 图幅的编号，如图 8-1-4 中的乙图幅，其编号为"20—10—Ⅳ—Ⅱ"。而图 8-1-4 中的丙图幅，其编号为"20—10—Ⅳ—Ⅱ—Ⅱ"，它是在 1：1 000 比例尺的图号末尾再加上 Ⅰ、Ⅱ、Ⅲ、Ⅳ就是 1：500 图幅的编号。

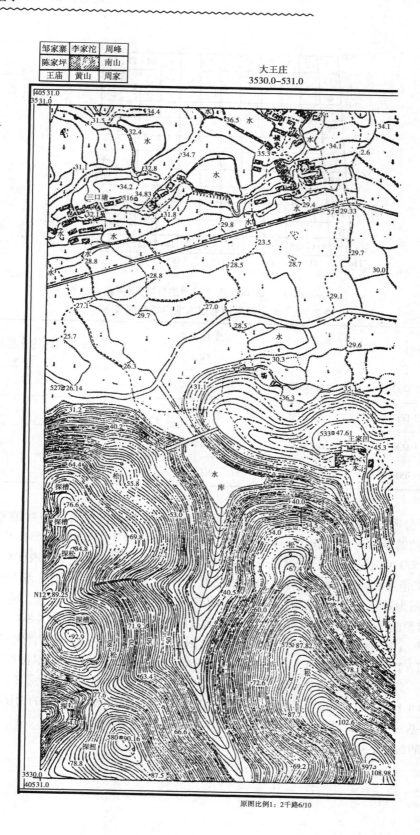

邹家寨	李家沱	周峰
陈家坪		南山
王庙	黄山	周家

大王庄
3530.0–531.0

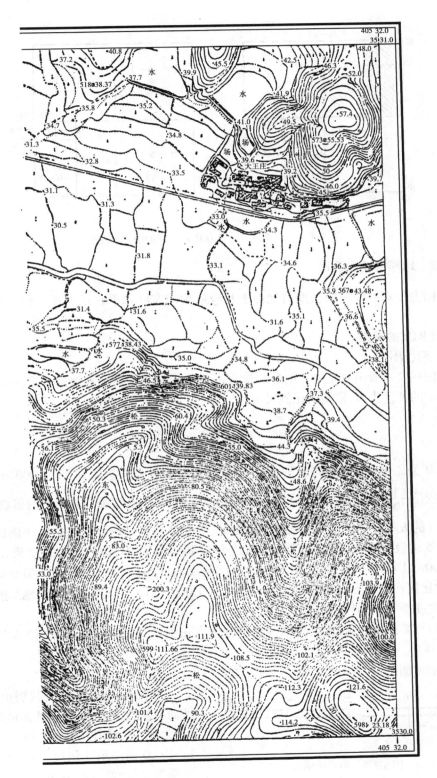

图 8-1-3　矩形分幅编号

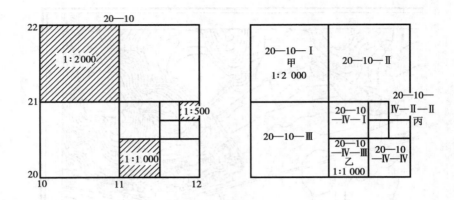

图 8-1-4　1：500—1：5 000 地形图的分幅和编号

8.1.2　地形图的比例尺

地形图上任意一线段的长度与地面上相应线段的实际水平长度之比。称为地形图的比例尺。

（1）比例尺的种类

1）数字比例尺

数字比例尺一般用分子为 1 的分数形式来表示。设图上某一直线的长度为 d，地面上相应线段水平的长度为 D，则图的比例尺为：

$$\frac{d}{D} = \frac{1}{\dfrac{D}{d}} = \frac{1}{M} \tag{8-1-1}$$

式中 M 为比例尺分母。当地图上 1 cm 代表地面上水平长度 10 m（即 1 000 cm）时，该图的比例尺就是 $\dfrac{1}{1\,000}$。由此可见，分母 1 000 就是将实地水平长度缩绘在图上的倍数。

比例尺的大小是以比例尺的比值来衡量的，分数值越大（分母 M 越小），比例尺越大。为了满足经济建设和国防建设的需要，测绘和编制了各种不同比例尺的地形图。通常称 1：1 000 000 、1：500 000、1：200 000 为小比例尺地形图；1：100 000、1：50 000 和 1：25 000。为中比例尺地形图；1：5 000、1：2 000、1：1 000 和 1：500 为大比例尺地形图。建筑类各专业通常使用大比例尺地形图。

按照地形图图式规定，比例尺书写在图幅下方正中处，如图 8-1-3 所示，该地形图的比例尺为 1：2 000。

2）图示比例尺

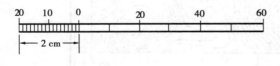

图 8-1-5　图示比例尺

为了用图方便，以及减弱由于图纸伸缩而引起的误差，在绘制地形图时，常在图上绘制图示比例尺。图 8-1-5 是一 1：1 000 的图示比例尺，绘制时先在图上绘两条平行线，再把它分成若干相等地线段，成为比例尺的基本单位，一般为 2 cm；将左边的一段基本单位又分成 10 等分，每等分的长度相当于实地 2 m。而每一基本单位所代表的实地长度为 2 cm×1 000＝20 m。

（2）比例尺的精度

一般认为，人的肉眼能分辨的图上最小距离是 0.1 mm，因此通常把图上 0.1 mm 所表示的实地水平长度，称为比例尺的精度。根据比例尺的精度，可以确定在测图时量距应准确到什么程度，例如，测绘 1∶1 000 比例尺地形图时，其比例尺的精度为 0.1 m，故量距精度只需 0.1 m。另外，当设计规定需要在图上能量出的实地最短长度时，根据比例尺的精度，可以确定测图比例尺。例如，欲使图上能量出的实地最短线段长度为 0.5 m，则采用的比例尺不得小于 $\dfrac{0.1\ mm}{0.5\ m}=\dfrac{1}{5\ 000}$。

表 8-1-3 为不同比例尺的比例尺精度，可见比例尺越大，表示地物和地貌的情况越详细，精度越高。但是必须指出，同一测区，采用较大比例尺测图往往比采用较小比例尺测图的工作量和投资将增加倍数，因此采用哪一种比例尺测图，应从工程规划、施工实际需要的精度出发，不应该盲目追求更大比例尺的地形图。

表 8-1-3　比例尺精度与比例尺的关系表

比例尺	1∶500	1∶1 000	1∶2 000	1∶5 000
比例尺精度/m	0.05	0.10	0.20	0.50

8.1.3　地形图的图外注记

（1）图名和图号

图名即本幅图的名称，是以所在图幅内最著名的地名、厂矿企业和村庄的名称来命名的。如图 8-1-3，图名为大王庄。

为了区别各幅地形图所在地位置关系，每幅地形图上都编有图号。图号是根据地形图分幅和编号方法编定的，并把它标注在北图廓上方的中央。

（2）接图表

说明本图幅与相邻图幅的关系，供索取相邻图幅时用。通常是中间一格画有斜线的代表本图幅，四邻分别注明相应的图号（或图名），并绘注在图廓的左上方（见图 8-1-3）。在中比例尺各种图上，除了接图表以外，还把相邻图幅的图号分别注在东、西、南、北图廓线中间，进一步表明与四邻图幅的相互关系。

（3）图廓

图廓是地形图的边界，矩形图幅只有内、外图廓之分。内图廓就是坐标格网线，也是图幅的边界线。在内图廓外四角处注明有坐标值，并在内廓线内侧，每隔 10 cm 绘有 5 mm 的短线，表示坐标格网线的位置。在图幅内绘有每隔 10 cm 的坐标格网交叉点。外图廓是最外边的粗线。

在城市规划以及给排水线路等设计工作中，有时需用 1∶10 000 或 1∶25 000 的地形图。这种图的图廓如图 8-1-6 所示，有内图廓、分图廓和外图廓之分。内图廓是经线和纬线，也是该图幅的边界线。图 8-1-6 中西图廓经线是东经 122°15′，南图廓线是北纬 39°50′。内、外图廓之间为分图廓，它绘成为若干段黑白相间的线条，每段黑线或白线的长度，表示实地经差或纬差 1′。分图廓与内图廓之间，注记了以公里为单位的平面直角坐标值，如图 8-1-6 中的 4412

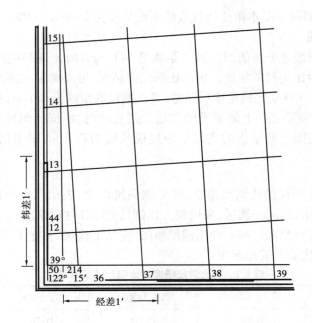

图 8-1-6　梯形分幅地图的图廓

表示纵坐标为 4 412 km(从赤道算起),其余的 13、14 等,其公里的千、百位都是 44,故从略。横坐标为 21 436,21 为该图廓所在地 6°带投影号,436 表示该纵线的纵坐标公里数。

(4)三北方向关系图

在中、小比例尺图的南图廓线的右下方,还绘有真子午线、磁子午线和坐标纵轴(中央子午线)方向这三者之间的角度关系,称为三北方向图。利用该关系图,可对图上任一方向的真方位角、磁方位角和坐标方位角三者间相互换算。此外,在南、北图廓线上,还绘有标志点 P 和 P',该两点的连线即为该图廓的磁子午线方向,利用罗盘可将地形图进行实地定向。

8.1.4　地物和地貌在地形图上的表示方法

(1)地物符号

地形是地物和地貌的总称。地物是地面上天然或人工形成的物体,如湖泊、河流、房屋、道路等。地面上的地物和地貌,应按国家测绘总局颁发的《地形图图式》中规定的符号表示于图上。其中地物符号有下列几种。

1)比例符号

有些地物的轮廓较大,如房屋、稻田和湖泊等,它们形状和大小可以按测图比例尺缩小,并用规定的符号绘在图纸上,这种符号称为比例符号。如表 8-1-4,从 1 号到 12 号都是比例符号。

2)非比例符号

有些地物,如三角点、水准点、独立树和里程碑等,轮廓较小,无法将其现状和大小按比例绘到图上,则不考虑其实际大小,而采用规定的符号表示之,这种符号称为非比例尺符号。如表 8-1-4,从 27 号到 40 号都为非比例符号。

非比例尺符号不仅其形状和大小不按比例绘出,而且符号的中心位置与该地物实地的中

心位置关系,也随着各种不同的地物而异,在测图和用图时应注意下列几点:

①规则的几何图形符号(如圆形、正方形、三角形等),以图形几何中心点为实地地物的中心位置。

②底部为直角形的符号(如独立树、路标等),以符号的直角顶点为实地地物的中心位置。

③宽底符号(如烟囱、岗亭等),以符号底部中心为实地地物的中心位置。

④几种图形组合符号(如路灯、消火栓等),以符号下方图形的几何中心为实地地物的中心位置。

⑤下方无底线的符号(如山洞、窑洞等),以符号下方两端点连线的中心为实地地物的中心位置。

各种符号均按直立方向描绘,即与南图廓垂直。

3)半比例符号(线性符号)

对于一些带状延伸地物(如道路、通讯线、管道、垣栅等),其长度可按比例尺缩绘,而宽度无法按比例尺表示的符号称为半比例尺符号。如表8-1-4,从13～26号都是半比例尺符号,这种符号的中心线,一般表示其实地地物的中心位置,但是城墙和垣栅等,地物中心位置在其符号的底线上。

表 8-1-4　地物符号

编号	符号名称	图 例	编号	符号名称	图 例
1	坚固房屋 4、房屋层数	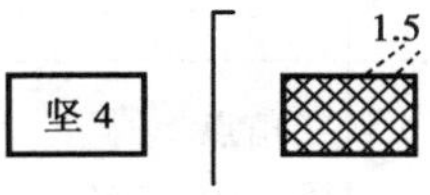 坚4　　1.5	7	经济作物地	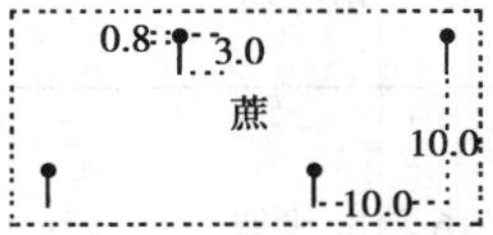 0.8 3.0 蔗 10.0 -10.0
2	普通房屋 2、房屋层数	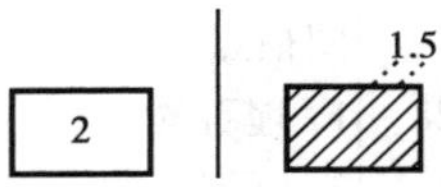 2　　1.5	8	水生经济作物地	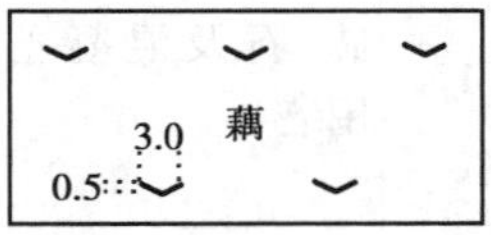 3.0 藕 0.5
3	窑　洞 1. 住人的 2. 不住人的 3. 地面下的	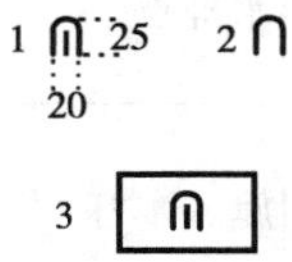 1 1.25　2 20 3	9	水稻田	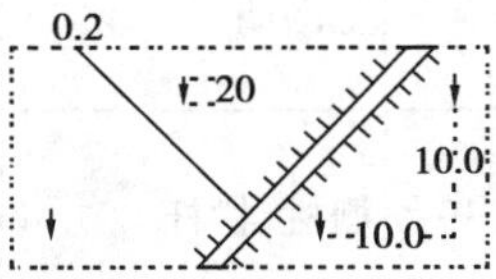 0.2 1.20 10.0 -10.0
4	台　阶	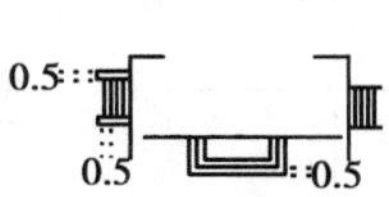 0.5 0.5　0.5	10	旱　地	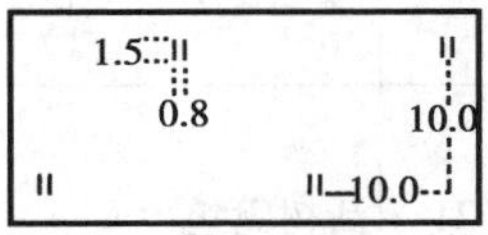 1.5 0.8　10.0 -10.0

续表

编号	符号名称	图 例	编号	符号名称	图 例
5	花　圃		11	灌木林	
6	草　地		12	菜地	
13	高压线		24	简易公路	
14	低压线		25	大车路	
15	电　杆		26	小　路	
16	电线架		27	三角点 凤凰山-点名 394.486-高程	
17	砖、石及混凝土围墙		28	图根点 1. 埋石的 2. 不埋石的	
18	土围墙		29	水准点	
19	栅栏、栏杆		30	旗　杆	
20	篱　笆		31	水　塔	
21	活树篱笆		32	烟　囱	

续表

编号	符号名称	图 例	编号	符号名称	图 例
22	沟 渠 1. 有堤岸的 2. 一般的 3. 有沟堑的		33	气象站(台)	
			34	消火栓	
32	公 路		35	阀 门	
			36	水龙头	
37	钻 孔	3.0 ⊙ 1.0	42	示坡线	
38	路 灯		43	高程点及其注记	0.5 .163.2 ▲ 75.4
39	独立树 1. 阔 叶 2. 针 叶		44	滑 坡	
40	岗亭、岗楼		45	陡 崖 1. 土质的 2. 石质的	
41	等高线 1. 首曲线 2. 计曲线 3. 间曲线		46	冲 沟	

4）地物注记

用文字、数字或特有符号对地物加以说明者，称为地物注记。诸如城镇、工厂、河流、道路的名称；桥梁的长宽及其载重量；江河的流向、流速及其深度；道路的去向及森林、果树的类别等，都以文字或特定符号加以说明。

（2）地貌符号——等高线

地貌是指地表的高低起伏状态，它包括山地、丘陵和平原等。在图上表示地貌的方法很多，而测量工作中通常用等高线表示，因为用等高线表示地貌，不仅能表示地面的起伏形态，并且还能表示出地面的坡度和地面点的高程。本小节讨论等高线表示地貌的方法。

1）等高线的概念

等高线是地面上高程相同的相邻点所连接而成的闭合曲线。如图 8-1-7 所示，设有一座位于平静湖水中的小山头，山顶被湖水恰好淹没时的水面高程为 100 m。然后水位下降 5 m，露出山头，此时水面与山坡就有一条交线，而且是闭合曲线，曲线上各点的高程是相同的，这就是高程为 95 m 的等高线。随后水位又下降 5 m，山坡与水面又有一条交线，这就是高程为 90 m 的等高线。依次类推，水位每降落 5 m，水面就与地面相交留下一条交线，从而得到一组高差为 5 m 的等高线。设想把这组实地上的等高线沿铅垂线方向投影到水平面 H 上，并按规定的比例尺缩绘到图纸上，就得到用等高线表示该山头地貌的等高线图。

2）相邻等高线之间的高差称为等高距，常以 h 表示，图 8-1-7 中的等高距为 5 m。在同一幅地形图上，等高距是相同的。

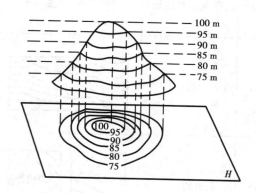

图 8-1-7　等高线原理图　　　　　　　图 8-1-8　等高线剖面图

相邻等高线之间的水平距离称为等高线平距，常以 d 表示。因为同一张地形图内等高距是相同的，所以等高线平距 d 的大小直接与地面坡度有关。如图 8-1-8 所示，地面上 CD 段的坡度大于 BC 段，其等高线平距 cd 就比 bc 小；相反，CD 段的坡度小于 AB 段，其等高线平距就比 AB 段大。由此可见，等高线平距越小，地面坡度就越大，平距越大，则坡度越小；坡度相同（图上 AB 段），平距相等。因此，可以根据地形图上等高线的疏、密来判定地面坡度的缓、陡。

同时还可以看出：等高距越小，显示地貌就越详细；等高距越大，显示地貌就越简略。但是，当等高距过小时，图上的等高线过于密集，将会影响图面的清晰醒目。因此，在测绘地形图时，等高距地大小是根据测图比例尺与测区地形情况来确定的。

3）典型地貌的等高线

地面上地貌的形态是多样的,对它进行仔细分析后,就会发现他们不外是几种典型地貌的综合。了解和熟悉用等高线表示典型地貌的特征,将有助于识读、应用和测绘地形图。典型地貌有:

①山丘和洼地(盆地)

如图 8-1-9(a)所示为山丘及其等高线,图 8-1-9(b)为洼地及其等高线。山丘和洼地的等高线都是一组闭合曲线。在地形图上区分山丘或洼地的方法是:凡是内圈等高线的高程注记大于外圈者为山丘,小于外圈者为洼地。如果等高线上没有高程注记,则用示坡线来表示。

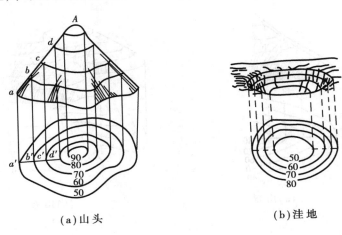

(a)山头　　　　　　　　　　(b)洼地

图 8-1-9　等高线表示山头、洼地

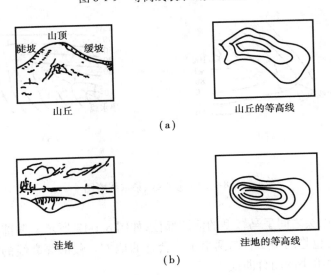

(a)

(b)

图 8-1-10　示坡线表示山丘和洼地

示坡线是垂直于等高线的短线,用以指示坡度下降的方向。如图 8-1-10(a),示坡线从内圈指向外圈,说明中间高、四周低,为山丘。而图 8-1-10(b),其示坡线从外圈指向内圈,说明四周高、中间低,故为洼地。

②山脊和山谷

山脊是沿着一个方向延伸的高地。山脊的最高棱线称为山脊线。山脊等高线表现为一组凸向低处的曲线,如图 8-1-11(a)所示,S 是山脊线。

山谷是沿着一个方向延伸的洼地,位于两山脊之间。贯穿山谷最低点的连线称为山谷线。山谷等高线表现为一组凸向高处的曲线,如图 8-1-11(b)所示,T 为山谷线。

山脊附近的雨水必然以山脊线为分界线,分别流向山脊的两侧(图 8-1-12(a)),因此,山脊线又称为分水线。而在山谷中,雨水必然由两侧山坡流向谷底,向山谷汇集(图 8-1-12(b)),因此,山谷线又称集水线。

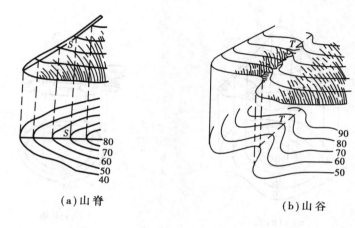

(a)山脊　　　　　　　　　　(b)山谷

图 8-1-11　等高线表示山谷、山脊

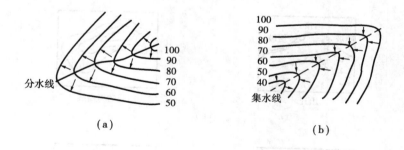

(a)　　　　　　　　　　(b)

图 8-1-12　分水线、集水线略图

③鞍部

鞍部是相邻两山头之间呈马鞍型的低凹部位,如图 8-1-13 所示。鞍部(K 点处)往往是山区道路通过的地方,也是两个山脊与两个山谷会合的地方。鞍部等高线的特点是在一圈大的闭合曲线内,套有两组小的闭合曲线。

④陡崖和悬崖

陡崖是坡度在 70°以上的陡峭崖壁,有石质和土质之分。图 8-1-14 是石质陡崖的表示符号。土质陡崖的符号参见表 8-1-3 中的 45 号。

悬崖是上部突出,下部凹进的陡崖,这种地貌的等高线如图 8-1-15 所示,等高线出现相

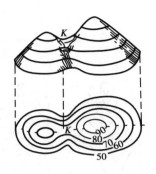

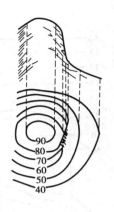

图 8-1-13   鞍部的等高线

图 8-1-14   陡崖的等高线

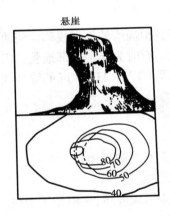

图 8-1-15   悬崖的等高线

图 8-1-16   地貌综合图

交。俯视时隐蔽的等高线用虚线表示。

还有某些特殊地貌,如冲沟、滑坡等,其表示方法参见地形图图式。

了解和掌握了典型地貌等高线,就不难读懂综合地貌的等高线图。图 8-1-16 是某一地区综合地貌及其等高线图,读者可自行对照阅读。

4)等高线的分类

①首曲线

在同一幅图上,按规定的等高距描绘的等高线称首曲线,也称基本等高线。它是宽度为 0.15 mm 的细实线,如图 8-1-17 中的 9 m、11 m、12 m、13 m 等各条等高线。

②计曲线

为了读图方便,凡是高程能被 5 倍基本等高距整除地等高线加粗描绘,称为计曲线,如图 8-1-17 中的 10 m、15 m 等高线。

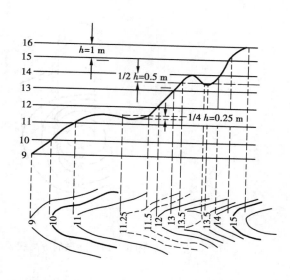

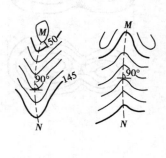

图 8-1-17　等高线的种类　　　　　　　　图 8-1-18　等高线的正交性

③间曲线和助曲线

当首曲线不能显示地貌的特征时,按二分之一基本等高距描绘的等高线称为间曲线,在图上用长虚线表示,如图 8-1-17 中的 11.5 m、13.5 m 等高线。有时为显示局部地貌的需要,可以按四分之一基本等高距描绘的等高线,称为助曲线。如图 8-1-17 中 11.25 m 的等高线,一般用短虚线表示。

5)等高线的特征

①等高线:同一条等高线上各点的高程都相等。

②闭合性:等高线是闭合曲线,如不在本图幅内闭合,则必在图外闭合。

③非交性:除在悬崖或绝壁处外,等高线在图上不能相交或重合。

④密陡疏缓性:等高线的平距小,表示坡度陡,平距大表示坡度缓,平距相等则坡度相等。

⑤正交性:等高线与山脊线、山谷线成正交,如图 8-1-18 所示。

8.2　大比例尺地形图的测绘

地形图测绘是以控制点为测站,测绘出其周围的地物、地貌特征点,并依地形图图式规定的符号,按一定比例尺展绘在图纸上,形成地形图。地物、地貌特征点统称碎部点,所以地形图的测绘又称碎部测量。常用的方法有:大平板仪测图、小平板仪与经纬仪联合测图、经纬仪测图、数字测图和航空摄影测图等方法。前三种方法为传统测图方法(也称白纸测图),其测图原理是一样的。全站仪数字化测图是大比例尺地形图测绘的发展方向,数字化测图方法在精度上、工作效率上和科技含金量上都优于传统测图方法。

8.2.1　测图前的准备工作

传统测图方法在测图前,除做好仪器、工具及资料的准备工作外,还应着重做好测图板的准备工作。它包括图纸的准备、绘制坐标格网及展绘控制点等工作。

(1)图纸准备

为了保证测图的质量,应选用质地好的图纸。对于临时性测图,可将图纸直接固定在图版上进行测绘;对于需要长期保存的地形图,为了减少图纸变形,应将图纸裱糊在锌板、铝板或胶合板上。

目前,各测绘部门大多采用聚酯薄膜,其厚度为 0.07～0.1 mm,表面经打毛后,便可代替图纸用来测图。聚酯薄膜具有透明度好、伸缩性小、不怕潮湿、牢固稳定等优点。如果表面不清洁,还可用水洗涤,并可直接在底图上着墨复晒蓝图。但聚酯薄膜有易燃、易折合老化等缺点,故在使用过程中应注意防火防折。

(2)绘制坐标格网

为了准确地将图根控制点展绘在图纸上,首先要在图纸上精确地绘制 10 cm×10 cm 的直角坐标网格。绘制坐标格网可用坐标仪或者坐标格网尺等专用仪器工具,如无上述仪器工具,则可按下述对角线法绘制。

如图 8-2-1 所示,先在图纸上画出两条对角线,以交点 M 为圆心,取适当长度为半径画弧,在对角线上交得 A、B、C、D 点,用直线连接各点,得矩形 $ABCD$。再从 A、D 两点起各沿 AB、DC 方向每隔 10 cm 定一点;从 A、B 两点起各沿 AD、BC 方向每隔 10 cm 定一点,连接各对应边的相应点,即得坐标格网。坐标格网画好后,要用直尺检查各格网的交点是否在同一直线上(如图 8-2-1 中 ab 直线),其偏离值不应超过 0.2 mm。小方格网对角线长度(14.14 cm)误差不应超过 0.3 mm。如超过限差,应重新绘制。

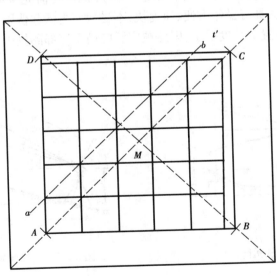

图 8-2-1　坐标格网

(3)展绘控制点

展点前,要按图的分幅位置,将坐标格网线的坐标值注在相应格网边线的外侧(如图 8-2-2)。展点时,先要根据控制点的坐标,确定所在方格。如控制点 A 的坐标 $x_A = 647.43$ m,$y_A = 634.52$ m,可确定其位置应在 $plmn$ 方格内。然后按 y 坐标值分别从 l、p 点按测图比例尺向右各量 34.52 m,得 a、b 两点。同法,从 p、n 点向上各量 47.43 m,得 c、d 两点。连接 ab 和

cd,其交点即为 *A* 点的位置。同法将图幅内所有控制点展绘在图纸上,并在点的右侧以分数形式注明点号及高程,如图中 1、2、…、5 点。最后用比例尺量出各相邻控制点之间的距离,与相应的实地距离比较,其差值不应超过图上 0.3 mm。

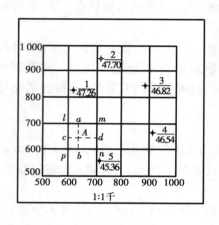

图 8-2-2　坐标层点

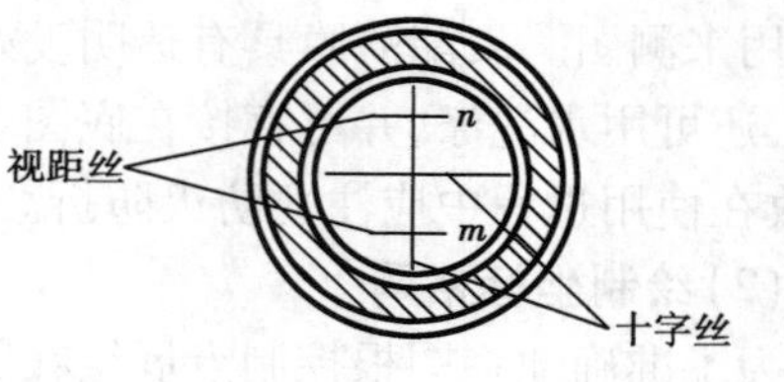

图 8-2-3　十字丝

8.2.2　经纬仪测绘法测量碎部点

(1)视距测量

视距测量是用望远镜内视距丝装置(如图 8-2-3),根据几何光学原理同时测定距离和高差的一种方法。这种方法具有操作方便、速度快,不受地面高低起伏限制等优点。虽然精度较低,但能满足测定碎部位置的精度要求,因此被广泛应用于碎部测量中。

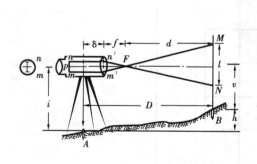

图 8-2-4　视距测量图

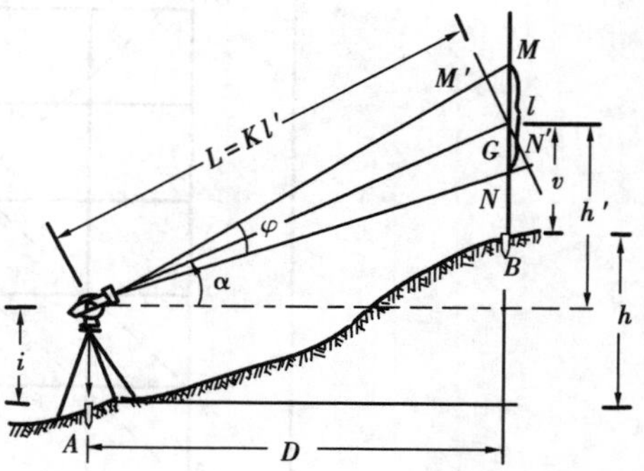

图 8-2-5　视线倾斜时,视距测量图

1)视距测量原理

①视线水平时的距离与高差公式

如图 8-2-4 所示,欲测定 *A*,*B* 两点间的水平距离 *D* 及高差 *h*,可在 *A* 的安置经纬仪,*B* 点立视距尺,设望远镜视线水平,瞄准 *B* 点视距尺,此时视线与视距尺垂直。若尺上 *M*,*N* 点成像在十字丝分划板上的两根视距丝 *m*,*n* 处,那么尺上 *MN* 的长度可由上、下视距丝读数之差求得。上、下丝读数之差称为视距间隔或尺间隔。

图 8-2-4 中 *l* 为视距间距,*p* 为上、下视距丝的间距,*f* 为物理焦距,*δ* 为物镜至仪器中心的

距离。

由相似三角形 $m'n'F$ 与 MNF 可得:

$$\frac{d}{f} = \frac{l}{P}, d = \frac{f}{P}l$$

由图 8-2-4 看出

$$D = d + f + \delta$$

则 A,B 两点间的水平距离为

$$D = \frac{f}{P}l + f + \delta$$

令 $\frac{f}{P} = K, f + \delta = C$ 则

$$D = Kl + C \tag{8-2-1}$$

式中 K、C——视距乘常数和视距加常数。现代常用的内对光望远镜的视距常数,设计时已使 $K = 100$,C 接近于 0,所以公式(8-2-1)可改写为

$$D = Kl \tag{8-2-2}$$

同时,由图 8-2-4 可以看出 A,B 的高差

$$h = i - v \tag{8-2-3}$$

其中　i——仪器高,是桩顶到仪器横轴中心的高度;

v——瞄准高,是十字丝中丝在尺上的读数。

②视线倾斜时的距离与高差公式

在地面起伏较大的地区进行视距测量时,必须使视线倾斜才能读取视距间隔,如图 8-2-5 所示。由于视线不垂直于视距尺,故不能直接应用上述公式。如果能将视距间隔 MN 换算为与视线垂直的视距间隔 $M'N'$,这样就可以按公式(8-2-5)计算倾斜距离 L,再根据 L 和竖直角 α 算出水平距离 D 及其高差 h。因此解决这个问题的关键在于求出 MN 与 $M'N'$ 之间的关系。

图 8-2-5 中 φ 角很小,约为 $34'$,故可把 $\angle GM'M$ 和 $\angle GN'N$ 近似地视为直角,而 $\angle M'GM = \angle N'GN = \alpha$,因此由图可看出 MN 与 $M'N'$ 的关系如下:

$$M'N' = M'G + GN' = MG\cos\alpha + GN\cos\alpha$$
$$= (MG + GN)\cos\alpha = MN\cos\alpha$$

设 $M'N'$ 为 l',则

$$l' = l\cos\alpha$$

根据式(8-2-2)得倾斜距离

$$L = Kl' = Kl\cos\alpha$$

所以 A,B 的水平距离

$$D = L\cos\alpha = Kl\cos^2\alpha \tag{8-2-4}$$

由图中看出,A、B 间的高差 h 为

$$h = h' + i - v$$

式中 h'——初算高差。可按下式计算

$$h' = L\sin\alpha = Kl\cos\alpha\sin\alpha$$
$$= \frac{1}{2}Kl\sin2\alpha \tag{8-2-5}$$

所以

$$h = \frac{1}{2}Kl\sin2\alpha + i - v \qquad (8\text{-}2\text{-}6)$$

根据(8-2-4)式计算出 A,B 间的水平距离 D 后,高差 h 也可按式(8-2-7)计算:

$$h = D\tan\alpha + i - v \qquad (8\text{-}2\text{-}7)$$

在实际工作中,应尽可能使瞄准高 v 等于仪器高 i,以简化高差 h 的计算。

2)视距测量的观测与计算

施测时,如图 8-2-5 所示,安置仪器于 A 点,量出仪器高 i,转动照准部瞄准 B 点视距尺,分别读取上、下、中三丝的读数 M、N、V,计算视距间隔 $l = M - N$。再使竖盘指标水准管气泡居中(如为竖盘指标自动补偿装置的经纬仪则无此项操作),读取竖盘读数,并计算竖直角 α。然后按式(8-2-4)和式(8-2-7)用计算器计算出水平距离和高差。

3)视距测量误差及注意事项

视距测量的精度较低,在较好的条件下,测距精度约为 $\frac{1}{200} \sim \frac{1}{300}$。

①视距测量的误差

读数误差,用视距丝在视距尺上读数的误差,与尺子最小分划的宽度、水平距离的远近和望远镜放大倍率等因素有关,因此读数误差的大小,视使用的仪器、作业条件而定。

垂直折光影响,视距尺不同部分的光线是通过不同密度的空气层到达望远镜的,越接近地面的光线受折光影响越显著。经验证明,当视线接近地面在视距尺上读数时,垂直折光引起的误差较大,并且这种误差与距离的平方成比例地增加。

视距尺倾斜所引起的误差,视距尺倾斜误差的影响与竖直角有关,如表 8-2-1 所示。表中 δ 为视距尺倾斜角,α 为竖直角,m'_D 为视距尺倾斜时所引起的距离误差。由表 8-2-1 可以看出,尺身倾斜对视距精度的影响很大。

此外,视距乘常数 K 的误差,视距尺分划的误差,竖直角观测的误差以及风力使尺子抖动引起的误差等,都将影响视距测量的精度。

表 8-2-1　视距无倾斜误差与竖直角的关系

$\dfrac{m'_D}{D}$　　α	δ			
	$30'$	$1°$	$2°$	$3°$
$5°$	$\dfrac{1}{1\,310}$	$\dfrac{1}{655}$	$\dfrac{1}{327}$	$\dfrac{1}{218}$
$10°$	$\dfrac{1}{650}$	$\dfrac{1}{325}$	$\dfrac{1}{162}$	$\dfrac{1}{108}$
$20°$	$\dfrac{1}{315}$	$\dfrac{1}{150}$	$\dfrac{1}{80}$	$\dfrac{1}{50}$
$30°$	$\dfrac{1}{200}$	$\dfrac{1}{100}$	$\dfrac{1}{50}$	$\dfrac{1}{30}$

②注意事项

a. 为减少垂直折光的影响,观测时应尽可能使视线离地面 1 m 以上;

b. 作业时,要将视距尺垂直,并尽量采用带有水准器的视距尺;

c. 要严格测定视距常数,K 值应在 100 ± 0.1 之内,否则应加以改正;

d. 视距尺一般应是厘米刻划的整体尺,如果使用塔尺,因注意检查各节尺的接头是否准确;

e. 要在成像稳定的情况下进行观测。

(2)碎部点的选择

碎部测量就是测定碎部点的平面位置和高程。下面分别介绍碎部点的选择和碎部测量的方法。

前已述及碎部点应选地物、地貌的特征点。对于地物,碎部点应选在地物轮廓线的方向变化处,如房角点、道路转折点、交叉点、河岸线转弯点以及独立地物的中心点等。连接这些特征点,便得到与实地相似的地物形状。由于地物形状极不规则,一般规定主

图 8-2-6　碎部点的选择

要地物凸凹部分在图上大于 0.4 mm 均应表示出来,小于 0.4 mm 时,可用直线连接。对于地貌来说,碎部点应选在最能反应地貌特征的山脊线、山谷线等地性线上。如山顶、鞍部、山脊、山谷、山坡、山脚等坡度变化及方向变化处,如图 8-2-6 所示。根据这些特征点的高程勾绘等高线,即可将地貌在图上表示出来。为了能真实地表示实地情况,在地面平坦或者坡度无显著变化地区,碎部点的间距和测碎部点的最大视距,应符合表 8-2-2 的规定。城市建筑区的最大视距,参见表 8-2-3。

表 8-2-2　视距与测图比例尺的关系

测图比例尺	地形点最大间距/m	最　大　视　距　/m	
		主要地物点	次要地物点和地形点
1：500	15	60	100
1：1 000	30	100	150
1：2 000	50	130	250
1：5 000	100	300	350

表 8-2-3　城市地区视距与测图比例尺的关系

测图比例尺	最　大　视　距　/m	
	主要地物点	次要地物点和地形点
1：500	50(量距)	70
1：1 000	80	120
1：2 000	120	200

（3）经纬仪测绘法

经纬仪测绘法的实质是按极坐标定点进行测图,观测时先将经纬仪安置在测站上,绘图板安置于测站旁,用经纬仪测定碎部点的方向与已知方向之间的夹角、测站点至碎部点的距离及碎部点的高程。然后根据测定数据用量角器和比例尺把碎部点的位置展绘在图纸上,并在点的右侧注明其高程,再对照实地描绘地形。此法操作简单、灵活,适用于各类地区的地形图测绘。操作步骤如下:

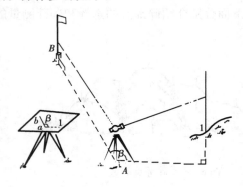

图 8-2-7　经纬仪测绘法

①安置仪器　如图 8-2-7 所示,安置仪器于测站点(控制点 A)上,量取仪器高 i,填入手簿。

②定向　置水平度盘读数为 $0°00'00''$,后视另一控制点 B。

③立尺　立尺员依次将尺立在地物、地貌特征点上。立尺前,立尺员应弄清实测范围和实地情况,选定立尺点,并与观测员、绘图员共同商定跑尺路线。

④观测　转动照准部,瞄准点 1 的标尺,读视距间距 l,中丝读数 V,竖盘读数 L 及水平角 β。

⑤记录　将测得的视距间隔、中丝读数、竖盘读数及水平角依次填入手簿,如表 8-2-4 所示。有些手簿视距间隔栏为视距 Kl,由观测者直接读出视距值。对于有特殊作用的碎部点,如房角、上头、鞍部等,应在备注重点加以说明。

⑥计算　依视距 Kl,竖盘读数 L 或竖直角 α,按视距测量方法用计算器计算出碎部点的水平距离和高程,见表 8-2-4。

表 8-2-4　碎部测量记录表

测站:A　后视点:B　仪器高 $i=1.42$ m　指标差 $x=0$　测站高 $H_A=207.40$ m

点号	尺间隔 l /m	中丝读数 V /m	竖盘读数 L	竖直角 α	初算高差 h'/m	改正数 $(i-v)$ /m	改正后高差 h/m	水平角 β	水平距离 /m	高程 /m	点号	备注
1	0.760	1.42	93°28′	−3°28′	−4.59	0	−4.59	114°00′	75.7	202.81	1	山脚
2	0.750	2.42	93°00′	−3°00′	−3.92	−1.00	−4.92	132°30′	74.8	202.48	2	山脚
3	0.514	1.42	91°45′	−1°45′	−1.57	0	−1.57	147°00′	51.4	205.83	3	鞍部
4	0.257	1.42	87°26′	+2°34′	+1.15	0	+1.15	178°25′	25.6	208.55	4	山顶

⑦展绘碎部点　用细针将量角器的圆心插在图上测站点 a 处,转动量角器,将量角器上等于 β 角值(碎部点 1 为 $114°00'$)的刻划线对准起始方向线 ab(如图 8-2-8),此时量角器的零方向便是碎部点 1 的方向,然后用测图比例尺按测得的水平距离在该方向上定出点 1 的位置,并在点的右侧注明其高程。

同法,测出其余各碎部点的平面位置与高程,绘于图上,并随测随绘等高线和地物。

为了检查测图质量,仪器搬到下一测站时,应先测前站所测的某些明显碎部点,以检查由两个测站测得该点平面位置和高程是否相符。如相差较大,则应查明原因,纠正错误,再继续

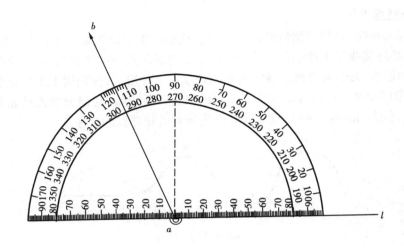

图 8-2-8　量角器层绘点

进行测绘。

　　若测区面积较大,可分成若干图幅,分别测绘,最后并接成地形图。为了相等图幅的拼接,每幅图应测出图廓外 5 mm。

　　(4)碎部测量注意事项

　　①观测人员在读取竖盘读数时,要注意检查竖盘指标水准管气泡是否居中;每观测 20～30 个碎部点后,应重新瞄准起始方向检查其变化情况。经纬仪测绘法起始方向度盘读数偏差不得超过 4′,小平板仪测绘时起始方向偏差在图上不得大于 0.3 mm。

　　②立尺人员应将标尺竖直,并随时观察立尺点周围情况,弄清碎部点之间的关系,地形复杂时还需绘出草图,以协助绘图人员做好绘图工作。

　　③绘图人员要注意图面正确整洁,注记清晰,并做到随测点、随展绘、随检查。

　　④当每站工作结束后,应进行检查,在确认地物、地貌无测错或者漏测时,方可迁站。

8.2.3　全站仪数字化测图

　　全站仪数字化测图是由全站仪在野外采集数据并传输给计算机,通过计算机软件对采集的地形信息进行识别、检索、连接和调用图式符号,并编辑生成数字地形图,再由绘图仪自动绘出地形图。在全站仪数字化测图中,为了使计算机能识别地形点的属性,因此要对地形点进行属性编码。只要计算机知道地形点的编码信息,它根据绘图软件,从图式符号库中调出与该属性编码相对应的图式符号,连接生成地形图,这就是数字测图的基本原理。

　　(1)信息编码

　　常规测图方法是随测随绘。进行数字化测图时,必须对所测碎部点和其他地形信息进行编码。编码按照 GB14804《1∶500、1∶1 000、1∶2 000 地形图要素分类与代码》进行。地形信息的编码由 4 部分组成:大类码、小类码、一级代码、二级代码,分别用 1 位十进制数字顺序排列。第一大类码是测量控制点,分平面控制点、高程控制点、GPS 控制点和其他控制点 4 个小类码,编码分别为 11、12、13 和 14。小类码又分成若干一级代码,一级代码又分成若干二级代码。如小三角点是第 3 个一级代码,5 s 小三角是第 1 个二级代码,则小三角点的编码是1 135 s小三角点的编码是 1 132。

（2）野外数据采集

野外数据采集时，要记录测站参数，又要记录距离、水平角和竖直角，同时还要记录编码、点号、连接点和连接线型4种信息。其中连接点是与观测点相连接的点号，连接线型是测点与连接点之间的连线形式，有直线、曲线、圆弧和独立点4种形式，分别用1、2、3和空为代码。可用表8-2-5和图8-2-9说明野外记录方式。假设测量一条小路，其记录格式见表8-2-5，表中略去了观测值。小路的编码为443，点号同时也代表测量碎部点的顺序。

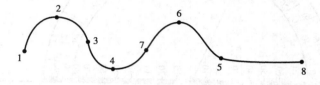

图8-2-9　测量线路

（3）数据处理

将野外实测数据输入计算机，计算机用程序对控制点进行平差处理，求出测站点坐标 x、y、H，再计算出各碎部点的坐标 x_i、y_i、H_i。再将其按编码分类和整理，形成地形编码对应的数据文件：一个是带有点号、编码的坐标文件，录有全部点的坐标，另一个是连接信息文件，含有所有点的连接信息。

表8-2-5　数字化测图记录表

单　元	点　号	编　码	连　接　点	连接线型
第一单元	1	443	1	2
	2	443		
	3	443		
	4	443		
第二单元	5	443	5	−2
	6	443		
	7	443	−4	
第三单元	8	443	5	1

（4）绘图

首先建立一个与地形编码相应的《地形图图式》符号库，供绘图使用。绘图程序根据输入的比例尺、图廓坐标、已生成的坐标文件和连接信息文件，按编码分类，分层进入房屋、道路、水系、独立地物和植被及地貌等各层，进行绘图处理，生成绘图命令。并在屏幕上显示所绘图形，再根据操作员的判断，对屏幕图形作最后的编辑、修改。经过编辑修改的图形生成图形文件，由绘图仪绘制出地形图，通过打印机打印出必要的控制点成果数据。

将实地采集的地物、地貌特征点的坐标和高程，经过计算机处理，自动生成不规则的三角网（TIN），建立起数字地面模型（DEM）。该模型的核心目的是用内插法求得任意已知坐标点的高程。据此可以内插绘制等高线和断面图，为道路、管线、水利等工程设计服务，还能根据需要随时取出数据,绘制任何比例尺的地形原图。

8.2.4　RTK-GPS 测量碎部点

GPS 测量碎部点采用的是准动态相对定位模式,作业方式如下:

● 在测区选择一基准点,并在其上安置一台接收机,连续跟踪所有卫星;

● 置另一台流动的接收机于起始点(如图 8-2-10 中的 1 号点)观测数分钟,以便快速确定整周未知数;

● 在保持对所测卫星连续跟踪的情况下,流动的接收机依次迁到 2、3…号流动点各观测数秒钟。

该作业模式要求作业时必须至少有 4 颗以上分布良好的卫星可供观测;在观测过程中,流动接收机对所测卫星信号不能失锁,一旦发生失锁现象,应在失锁后的流动点上,将观测时间延长至数分钟;流动点与基准站相距目前一般应不超过 15 km。

定位精度:

基线测量的中误差可达 $10 \sim 20$ mm + ppm $\times D$,

特点:

该作业模式效率很高。在作业过程中,即使偶然发生失锁,只要在失锁的流动点上延长观测数分钟,仍可继续按该模式作业。

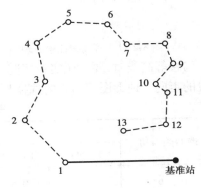

图 8-2-10　准动态相对定位模式

8.2.5　地形图的绘制

在外业工作中,当碎部点展绘在图上后,就可对照实地随时描绘地物和等高线。如果测区较大,由多幅图拼接而成,还应及时对各图幅衔接处进行拼接检查。经过检查与整饰,才能获得合乎要求的地形图。

(1)地物描绘

地物要按地形图图式规定的符号表示。房屋轮廓需用直线连接起来,而道路、河流的弯曲部分则是逐点连接成光滑的曲线。不能依比例尺描绘的地物,应按规定的非比例尺符号表示。

(2)等高线勾绘

勾绘等高线时,首先用铅笔轻轻描绘出山脊线、山谷线等地性线,在根据碎部点的高程勾绘等高线。不能用等高线表示的地貌,如悬崖、峭壁、土堆、冲沟、雨裂等,应按图式规定的符号表示。

由于碎部点是选在地面坡度变化处,因此相邻点之间可视为均匀坡度。这样可在两相邻的碎部点的连线上,按平距与高差成比例的关系,内插出两点间各条等高线通过的位置。如图 8-2-11 所示,地面上两碎部点 C 和 A 的高程分别是 202.8 m 和 207.4 m,若取等高距为 1 m,则其间有高程为 203 m、204 m、205 m、206 m、207 m 五条等高线通过。根据平距与高差成正比例的原理,先目估出高程为 203 m 的 m 点和高程为 207 m 的 q 点,然后通过将 mq 的距离四等份,定出高程为 204 m、205 m、206 m 的 n、o、p 点。同法定出其他相邻的两碎部点间的等高线应通过的位置。将高程相等的相邻点连成光滑的曲线,即为等高线,如图 8-2-12 所示。

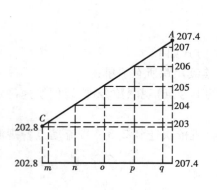

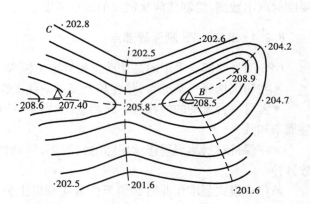

图 8-2-11　等高线插绘原理图　　　　　图 8-2-12　等高线勾绘图

勾绘等高线时,要对照实地情况,先画计曲线,后画首曲线,并注意等高线通过山脊线、山谷线的走向。地形图等高距的选择与测图比例尺和地面坡度有关,参见表 8-2-6。

表 8-2-6　等高距选择表

地面倾斜角	比　例　尺				备　注
	1∶500	1∶1 000	1∶2 000	1∶5 000	
0°~6°	0.5 m	0.5 m	1 m	2 m	等高距为 0.5 m 时,地形点高程可注至 cm,其余均注至 dm
6°~15°	0.5 m	1 m	2 m	5 m	
15°以上	1 m	1 m	2 m	5 m	

(3)地形图的拼接、检查与整饰

1)地形图的拼接

测区面积较大时,整个测区必须划分为若干幅图进行施测。这样,在相邻图幅连接处,由于测量误差和绘图误差的影响,无论是地物轮廓线还是等高线往往不能完全吻合。图 8-2-13 表示相邻左、右两图幅相邻边的衔接情况,房屋、河流、等高线等都有偏差。拼接时,用宽 5~6 cm 的透明纸蒙在左图幅的接图边上,用铅笔把坐标网格、地物、地貌描绘在透明纸上,然后在把透明纸按坐标格网线位置蒙在右图幅衔接边上,同样用铅笔描绘地物和地貌;当用聚

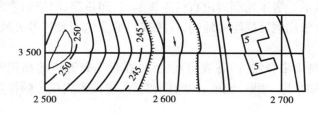

图 8-2-13　地形图拼接

脂薄膜进行测图时,不必描绘图边利用其自身的透明性,可将相邻两图幅的坐标格网线重叠;若相邻处的地物、地貌不超过表 8-2-7 中规定的 $2\sqrt{2}$ 倍时,则可取其平均位置,并据此改正相邻图幅的地物、地貌位置。

2)地形图的检查

为了确保地形图质量,除施测过程中加强检查外,在地形图测完后,必须对成图质量做一

次全面的检查。

表 8-2-7 地形图拼接允许误差

地区类别	点位中误差（图上 mm）	邻近地物点间距中误差（图上 mm）	等高线高程中误差（等高距）			
			平 地	丘 陵 地	山 地	高 山 地
山地、高山地和设站施测困难的旧街坊内部	0.75	0.6	1/3	1/2	2/3	1
城市建筑和平地、丘陵地	0.5	0.4				

①室内检查

室内检查的内容有：图上地物、地貌是否清晰易读；各种符号标注是否正确；等高线与地形点的高程是否相符，有无矛盾可疑之处；图边拼接有无问题等。如发现错误或者疑点，应到野外进行实地检查修改。

②外业检查

巡视检查，根据室内检查的情况，有计划地确定巡视路线，进行实地对照查看。主要检查地物、地貌有无遗漏；等高线是否逼真合理；符号、注记是否正确等。

仪器设站检查，根据室内检查和巡视检查发现的问题，到野外设站检查，除对发现的问题进行修正和补测外，还要对本测站所测地形进行检查，看原测地形图是否符合要求。仪器检查量每幅图一般为 10% 左右。

3）地形图的整饰

当原图经过拼接和检查后，还应清绘和整饰，使图面更加合理、清晰、美观。整饰的顺序是先图内后图外；先地物后地貌；先注记后符号。图上的注记、地物以及等高线均按规定的图式进行注记和绘制，但应注意等高线不能通过注记和地物。最后，应按图式要求写出图名、图号、比例尺、坐标系统及高程系统、施测单位、测绘者及测绘日期等。

8.3 航空摄影测量简介

航空摄影测量是利用摄相片测绘地形图的一种方法。这种方法可将大量外业测量工作改到室内完成，具有成图快、精度均匀、成本低、不受气候季节限制等优点。1∶1 万~1∶10 万国家基本图及工农业部门 1∶2 000、1∶5 000 等大比例尺图均可采用这种方法测制。

8.3.1 航摄相片的基本知识

航摄相片是采用航空摄影机在飞机上对地面摄影得到的，航摄相片是测图的基本资料。航摄一般要在晴朗无云的天气进行，按选定的航高在测区内已规划好的航线上飞行，对地面做连续摄影。航摄相片影像范围的大小叫相幅。通常采用的相幅有 18 cm × 18 cm、23cm × 23 cm等。航空摄影得到的相片要能覆盖整个测区,并有一定的重叠度。所谓重叠度是指两张相邻相片之间重叠影像的长度。如图 8-3-1 所示,航摄规范规定航向重叠 $p\%$ 为 60% ~ 65%,旁向重叠 $q\%$ 为 15% ~ 30%。航摄相片四周有框标标志,依据框标可以量测出像点坐标。航摄相片与地形图相比有以下特点:

(1)投影方面的差别

地形图是垂直投影(正射投影),是利用平行光束将地面上的地物、地貌垂直投影到水平面上,缩小后绘制成地形图。因此投影面上任意两点间的距离与相应空间两点间的水平距离之比,是一个常数,即测图比例尺。航摄相片是中心投影。如图 8-3-2 所示,在地面上 A 点发出的光线通过航摄仪镜头 S 后交底片于 a 点,镜头节点 S 到地面的铅垂距离为航高,以 H 表示,从节点 S 到底片的距离为摄影机焦距 f。由图可得到相片的比例尺为:

$$\frac{l}{M} = \frac{ab}{AB} = \frac{d}{D} = \frac{f}{F}$$

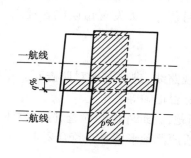

图 8-3-1 航摄相片

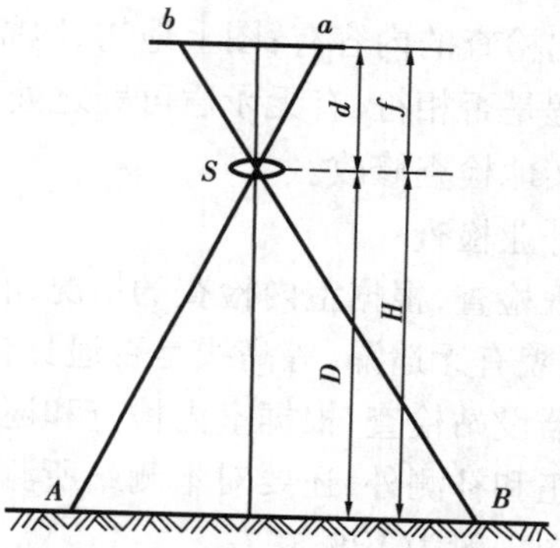

图 8-3-2 相片比例尺

(2)地面起伏引起的像点位移

由图 8-3-2 及航摄相片比例尺公式可知,只有当地面绝对平坦,并且摄像时相片又能严格水平时,中心投影才与地形图所要求的垂直摄影保持一致。由于地面起伏引起像点在相片上的位移所产生的误差,称为投影差。如图 8-3-3 所示,A、B 为两个地面点,它们对基准面 T_0 的高差为 $+h_a$ 和 $-h_b$,A_0 和 B_0 为地面点在基准面 T_0 上是垂直投影点,a、b 为地面点在相片上的投影,线段 aa_0、bb_0,即为地面起伏引起的在中心投影相片上产生的像点位移,亦称为投影差。

投影差的大小与地面点对基准面 T_0 的高差成正比,高差越大,投影误差越大。在基准面上的地面点,投影误差为零。由此可见,投影误差可随选择基准高度的不同而改变。因此,在航测作业中,可根据少量的地面已知高程点,采取分层投影的方法,将投影误差限制在一定的范围内,使之不影响地形图的精度。

(3)航摄相片倾斜误差

由于相片倾斜所引起的像点位移称为倾斜误差。如图 8-3-4 所示,当航摄相片倾斜时,本来在水平相片上的 a_0、b_0、c_0、d_0 四个点,由于倾斜误差的存在会使相片各处的比例尺不一致。对此,航测内业中可利用少量的地面控制点,采取相片纠正的方法予以消除。

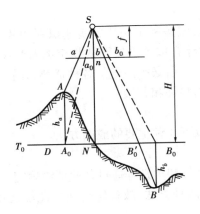

图 8-3-3　投影差　　　　　　　　　　　　　图 8-3-4　倾斜误差

(4) 表示方法和表示内容不同

在表示方法上,地形图是按成图比例尺所规定的地形图符号来表示地物和地貌的,而相片则是反映实地的影像,它是由影像的大小、形状、色调来反映地物和地貌的。在表示的内容上,地形图常用注记符号对地物符号和地貌符号作补充说明,如地名、房屋类型、道路等级、河流的深度和流向、地面的高程等,而这些在相片上表示不出来的。因此,对航空相片必须进行航测外业的调绘工作。利用相片上的影像进行判读、调查和综合取舍,然后按统一规定的图式符号,把各类地形元素真实而准确地描绘在相片上。所谓相片判读,就是在航摄相片上根据物体的成像规律和特征,识别出地面上相应物体的性质、位置和大小。

8.3.2　航测成图过程简介

航测成图,包括航空摄影、控制测量与调绘、测图三个基本过程。

1) 航空摄影

摄影前,需做一系列的准备工作,如制定飞行计划,在地图上标出航线,检测摄影仪,租用飞机等。然后进行空中摄影,摄影地面的影像,经过显影、定影、水洗和晒干等工序获得底片,晒印成正片后,供各作业部门使用。

2) 控制测量与调绘

把相片制成地形图是以地面控制点为基础的,因此,必须具有足够数量的控制点。这些控制点,在已有的大地控制点的基础上进行加密,其步骤分野外控制测量和室内控制加密。

①野外控制测量

携带仪器和航空相片到野外,根据已知大地控制点,用第 7 章所讲的控制测量方法,测定相片控制点的平面坐标和高程,并对照实地将所测点的位置精确地刺到相片上。这项工作也称相片联测。

②室内控制点加密

由于野外测定的控制点数量还不够,需要在室内进一步加密。可根据野外测定的相片控制点,用解析法、图解法来加密。近年来,由于处理器技术的发展,解析法空中三角测量进行室内加密控制点的方法被广泛应用。

③相片调绘

就是利用航摄相片进行调查和绘图。具体来说,就是利用相片到实地识别相片上各种影像所反映的地物、地貌,根据用图的要求进行适当的综合取舍。按图式规定的符号将地物、地貌元素描绘在相应的影像上。同时,还要调查地形图上所必须注记的各种资料,并补测地形图上必须有而相片上未能显示出的地物,最后进行室内整饰和着墨。

3)测图

由于地形的不同和测图要求的不同,目前采用以下3种主要的成图方法。

①综合法

在室内利用航摄相片确定地物的平面位置,其名称和类别等通过外业调绘确定,等高线则在野外用常规方法测绘。它综合了航测和地形测量两种方法,故称综合法。此法适用于平坦地区作业。

②全能法

在完成野外控制测量和相片调绘后,利用具有重叠的航摄相片,在全能型的仪器(如多倍仪和各种精密的立体测图仪等)上建立地形立体模型,并在模型上作立体观察,测绘地物和地貌,经着墨、整饰而得地形图。此法适用于山区或高山区,成图质量比较高。

③微分法

在野外控制测量和调绘工作完成后,在室内进行控制点的加密。然后在室内用立体测量仪测定等高线,再通过分带投影转绘的方法确定地物的平面位置。因为立体测量仪的解算公式是建立在微小变量的基础上,所以称为微分法。又因为确定平面位置和高程分别在不同的仪器上进行,故又称为分工法。微分法采用的仪器比较简单,此法适用于丘陵地区。

8.4 地籍测量和房产测量简介

8.4.1 地籍测量的任务和作用

地籍测量反映土地及其附属物的权属、位置、数量、质量和利用现状等基本状况的资料。测定和调查地籍资料并编绘成地籍图的工作,称为地籍测量。它的工作任务包括下列几项:

1)地籍平面控制测量;

2)测定行政区划界和土地权属界的位置及界址点的坐标;

3)调查土地使用单位名称或个人姓名、住址和门牌号、土地编号、土地数量、面积、利用状况、土地类别及房产属性等;

4)由测定和调查获取的资料和数据编制地籍数字册和地籍图,计算土地权属范围面积;

5)进行地籍更新测量,包括地籍图的修测、重测和地籍簿册的修编工作。

地籍测量获取的资料和信息,在我国经济建设中具有重要的作用:

1)为土地整治、土地利用、土地规划和制定土地政策提供可靠的依据。

2)为土地登记和颁发土地证,保护土地所有者和使用者的合法权益提供法律依据,地籍测量成果具有法律效力。

3)为研究和制定征收土地税或土地使用费的收费标准提供科学的依据。

4）为科学研究作参考资料用。现在很多学科都与土地有关,各学科对地籍资料的要求相应增多了。

地籍工作人员必须按照有关部门制定的规范和规程进行工作,特别是地产权属境界的界址点位置必须满足规定的精度。界址点的正确与否,涉及个人和单位的权益问题。同时地籍资料应不断更新,以保持它的准确性和现势性。

8.4.2　地籍平面控制测量

根据我国"地籍测量规范"的规定,地籍控制测量包括基本控制点测量和地籍图根控制点测量。基本控制点包括国家各等级大地控制点,城镇地籍控制网二、三、四等控制点和一、二级小三角(或导线)控制点。以上各等级控制点,除二级外,均可作为地籍测量的首级控制。在较小地区二级控制点也可作首级控制。上述各等级控制点的施测方法、精度要求以及各项技术规定,可参阅有关规程和规范。

地籍图根控制点是在各等级基本控制点的基础上加密施测的,主要供测绘地籍图和恢复地籍界址点使用。其施测方法可采用第7章所述的导线测量、小三角测量和交会法等。

小地区地籍平面控制网应尽量与国家(或城市)已建立的高级控制网(点)联测,若无法联测,也可建立独立的地籍控制网。

8.4.3　地籍图的测绘与地籍调查

地形图是地物(也称地形要素)和地貌的综合;地籍图则是必要的地形要素和地籍要素的综合。必要的地形要素是指房屋、围墙、栏栅、道路、水系等地物和地理名称。地籍要素是指行政境界、权属界线、界址点、房产性质及土地编号、土地利用、类别、等级、面积等。地籍图还应按规定符号展绘各等级控制点和地籍图根埋石点。此外,地籍图的测绘坐标系统、图幅与编号以及地籍细部测绘技术等与地形图测绘基本相同。

(1)地籍图的测绘方法

编绘法

编绘法是利用符合地籍规范精度要求的已有地形图、影像平面图复制成二底图,在二底图上加测地籍要素,保留必要的地形要素,经着墨后,制作成地籍图的工作底图,再在工作底图上用薄膜透绘、清绘整饰后,制作成正式的地籍图。此法,具有成图速度快,成本低的优点,但精度较低,是我国目前普遍采用的为解决地籍管理中急需用图的一种方法。

1）平板仪测量

可选用经纬仪测绘法,小平板仪与经纬仪联合测绘法,光电测距仪测绘法及大平板仪测量等进行实地测绘。平板仪测量成图速度慢、成本高,适用于乡镇精度要求不高的小范围地籍测量。

2）航空摄影测量

航测法地籍测量既克服平板仪法效率低、成本高的缺点,又弥补精度低的不足,而且图幅正规,规格统一,适用于测制大面积地籍图。其成图方法见8.3节。

3）全站型速测仪测量

用全站仪观测,可自动计算并显示界址点和碎部点的三维坐标 X、Y、H,也可用电子记录器自动记录,通过传输设备将数据输入计算机进行处理,再与绘图机连接进行自动绘图。这是一种高精度、高速度、高效率的自动化测图方法。采用数字化测图,是建立数字(坐标)地籍图和地形图的理想方法。

(2)地籍调查

地籍调查的主要内容包括土地权属、房产情况、土地利用类别及土地等级等。

土地权属调查的单元是一宗地(或丘)。凡被界址线所封闭,由土地使用者使用的一块地,就称为一宗地。一宗地原则上由一个土地使用者使用,但由几个土地使用者使用又难以完全划清的也合称为一宗地。权属调查是要查清权属主名称、地址和门牌、地号、境界与四至的关系以及利用状况等;房产情况调查是查明产权类别、房屋结构、层数、门牌号、占地面积和建筑面积等;土地利用类别调查主要是查清土地利用类型及分布,并量算出各类土地分类面积。

地籍调查是一项十分细致和严肃的工作。因此调查人员应认真按照有关部门制定的法规、条例和实施细则进行,同时应取得当地政府有关部门的支持,必要时,应组成由测量人员、国土房管部门、地产户主三方一起实地调查,以利于调查工作的顺利开展和确保调查结果的可靠性。

地籍调查结果应编制成地籍簿册,并按规定方法、符号表示在地籍图上。

8.4.4 土地面积量算

面积的量算有多种方法,比较常用的方法主要有解析法、方格法、求积仪法及图解法等,在9.2节中有详细的阐述。这些方法是对单一图形而言的。在地籍测量工作中,往往要求计算土地使用单位(如县、乡、村等)的地类面积或土地总面积分类汇总表。

为保证量算面积正确可靠,量算时应按下列几点要求进行:

1)量算面积应在聚酯薄膜原图上进行,当用其他图纸时,必须考虑图纸变形的影响。

2)面积计算不论采用何种方法,均应独立进行两次量算。两次量算结果的较差 ΔS 应满足下式:

$$\Delta S \leqslant 0.000\ 3M\sqrt{S}$$

式中:S——量算面积;

M——原图比例尺分母。

3)量算面积采用两级控制,两级平差的原则。

第一级以图幅理论面积为首级控制。当各区块面积之和与图幅理论面积之差小于 $\pm 0.002\ 5S_0$(S_0 为图幅理论面积)时,将闭合差按比例配赋给各区块,得出分区的控制面积。

第二级以平差后的区块面积为二级控制。当区块内各宗地的面积之和与区块面积之差的限差,其相对误差小于 1/100 时,将闭合差按比例配赋给各宗地,得出各宗地面积的平差值。

闭合差的平差配赋步骤如下:

①计算平差改正系数 K

$$K = \frac{\Delta S}{S_0}$$

式中:ΔS——闭合差;

S_0——控制面积(图幅理论面积或平差后的区块面积)。

②计算各碎部图形面积(未经平差的各区块面积或宗地面积)的改正数 V_i。改正数的符号与闭合差的符号相反,即

$$V_i = -KS'_i$$

式中: S'_i ——各碎部图形的量算面积。

3) 计算各碎部图形平差改正后的面积 S_i

$$S_i = S'_i + V_i$$

4) 检核, 用 $\sum S_i - S_0 = 0$ 进行检核

采用实测坐标解析法计算的面积和用实量边长计算的区块面积只参与闭合差的计算, 原则上不参与闭合差的配赋。

8.4.5　房产测量

房产测量主要是指房产面积测量, 其测量方法以解析法为主。此处仅介绍房屋面积测算一般规定:

(1) 建筑面积的定义

房屋建筑面积: 是指房屋外墙 (柱) 勒脚以上各层的外围水平投影面积, 包括阳台、挑廊、地下室、室外楼梯等, 且具备有上盖、结构牢固、层高 2.20 m 以上 (含 2.20 m) 的永久性建筑。

房屋使用面积: 是指房屋户内全部可供使用的空间面积, 按房屋内墙面水平投影计算。

房屋产权面积: 是指产权主依法拥有房屋所有权的房屋建筑面积。房屋产权面积由直辖市、市、县房地产行政主管部门登记确权认定。

房屋共有建筑面积: 是指产权主共同占有或共同使用的建筑面积。

计算建筑面积的有关规定:

1) 计算全部建筑面积的范围

① 永久性结构的单层房屋, 按一层计算建筑面积; 多层房屋按各层建筑面积的总和计算。

② 房屋内的夹层、插层、技术层及其梯间、电梯间等其高度在 2.20 m 以上部位计算建筑面积。楼梯间、电梯 (观光梯) 井、提物井、垃圾道、管道井等均按房屋自然层计算面积。依坡地建筑的房屋, 利用吊脚做架空层, 有围护结构的按其高度在 2.20 m 以上部位的外围水平面积计算。

③ 穿过房屋的通道, 房屋内的门厅、大厅均按一层计算面积。门厅、大厅内的回廊部分, 层高在 2.20 m 以上的按其水平投影面积计算。

④ 房屋天面上属永久性建筑, 层高在 2.20 m 以上的楼梯间、水箱间、电梯机房及斜面结构屋顶高度在 2.20 m 以上的部位, 按其外围水平面积计算。

⑤ 挑楼、全封闭的阳台, 按其外围水平投影面积计算。属永久性结构有上盖的室外楼梯, 按各层水平投影面积计算。与房屋相连的有柱走廊, 两房屋间有上盖和柱的走廊, 均按其柱的外围水平投影面积计算。房屋间永久性的封闭的架空通廊, 按外围水平投影面积计算。

⑥ 地下室、半地下室及其相应出入口, 层高在 2.20 m 以上, 按其外墙 (不包括采光井、防潮层及保护墙) 外围水平面积计算。

⑦ 有柱 (不含独立柱、单排柱) 或有围护结构的门廊、门斗, 按其柱或围扩结构的外围水平投影面积计算。

⑧ 玻璃幕墙等作为房屋外墙的, 按其外围水平投影面积计算。

⑨ 属永久性建筑有柱的车棚、货棚等按其柱外围水平投影面积计算。

⑩ 有伸缩缝的房屋, 若其与室内相通的, 伸缩缝面积计算建筑面积。

2)计算一半建筑面积的范围

①与房屋相连有上盖无柱的走廊、檐廊,按其围护结构外围水平投影面积的一半计算。

②独立柱、单排柱的门廊、车棚、货棚等属永久性建筑的,按其上盖水平投影面积的一半计算。

③未封闭的阳台、挑廊,按其围护结构外围水平投影面积的一半计算。

④无顶盖的室外楼梯按各层水平投影面积的一半计算。

⑤有顶盖不封闭的永久性的架空通廊,按外围水平投影面积的一半计算。

3)不计算房屋面积的范围

①层高小于 2.20 m 以下的夹层、插层、技术层和层高小于 2.20 m 的地下室和半地下室等。

②突出房屋墙面的构件、配件、装饰柱、装饰性的玻璃幕墙、垛、勒脚、台阶、无柱雨篷等。

③房屋之间无上盖的架空通廊。

④房屋的天面、挑台、天面上的花园、泳池。

⑤建筑物内的操作平台、上料平台及利用建筑物的空间安置箱、罐的平台。

⑥骑楼、骑街楼的底层用作道路街巷通行的部分。

⑦利用引桥、高架路、高架桥、路面作为顶盖建筑的房屋。

⑧活动房屋、临时房屋、简易房屋。

⑨独立烟囱、亭、塔、罐、池、地下人防干、支线。

⑩与房屋室内不相通的房屋间的伸缩缝。

(2)成套房屋建筑面积的测算

成套房屋的建筑面积:成套房屋的建筑面积由套内建筑面积及共有建筑面积的分摊组成。套内建筑面积由套内房屋的使用面积、套内墙体面积、套内阳台建筑面积三部分组成。

套内房屋的使用面积为套内使用空间的面积,以水平投影面积按以下规定计算:

1)套内房屋使用面积为套内卧室、起居室、过厅、过道、厨房、卫生间、厕所、储藏室、壁柜等空间面积的总和。

2)套内楼梯按自然层数的面积总和计入使用面积。

3)不包括在结构面积内的套内烟囱、通风道、管道井均计入使用面积。

4)内墙面装饰厚度计入使用面积。

套内墙体面积:是套内使用空间周围的维护或承重墙体或其他承重支撑体所占的面积,其中各套之间的分隔墙和套内公共建筑空间的分隔墙以及外墙(包括山墙)等共有墙,均按水平投影面积的一半计入套内墙体面积。套内自有墙体按水平投影面积全部计入套内墙体面积。

套内阳台建筑面积按阳台外围与房屋外墙之间的水平投影面积计算。其中封闭的阳台按其外围投影面积全部计算建筑面积,未封闭的阳台按水平投影的一半计算建筑面积。

8.5　水下地形测绘

在水利工程或者桥梁、港口码头以及沿江河的铁路、公路等工程的建设中都需要进行一定范围的水下地形测绘。水下地形有两种表示方法:一是用航运基准面为基准的等深线表示的航道图,用以显示水道的深浅、暗礁、浅滩、深潭、深槽等水下地形情况,我国沿海各港口测量均采用各自的理论深度基准面为基准;二是用与陆地上高程一致的等高线表示的水下地形图,以大地水准面为基准。本小节以河道为对象介绍用等高线表示水下地形的测绘方法。

测量水面以下的河底地形,是根据陆地上布设的控制点,利用船艇行驶在水面上,测定河底地形点(也称水下地形点或者简称为探测点)的水深(从而获得高程)和平面位置来实现的。其主要测量工作包括水位观测、测深及定位等。

(1)水位观测

水下地形点的高程等于测深时的水面高程(称之为水位)减去测得的水深。在测深的同时,必须同时进行水位观测。观测水位采用设置水尺,定时读取水面在水尺上截取的读数,水尺一般用搪瓷制成,尺面分划与水准尺相同。设置水尺时,先在岸边水中打入木桩,然后在桩侧钉上水尺(如图 8-5-1 所示),再根据已知水准点连测水尺零点的高程。在图 8-5-1 中 H_0 为水尺零点高程,a 为水尺度数,则水位为:

$$H' = H_0 + a$$

水位观测的时间间隔,一般按测区水位变化大小而定,当水位的日变化在 $0.1 \sim 0.2$ m 时,每次测水深前、后各观测一次,取平均值作为测深时的工作水位。在受潮汐影响的水域,一般每 $10 \sim 30$ min 观测水位一次。测深时的工作水位,根据测深记录纸上记载的时间内插求得。另外,当测区存在显著的水面比降时,应分段设立水尺进行水位观测,按上下游两个水尺读得的水位与距离成比例内插测深区域的工作水位。

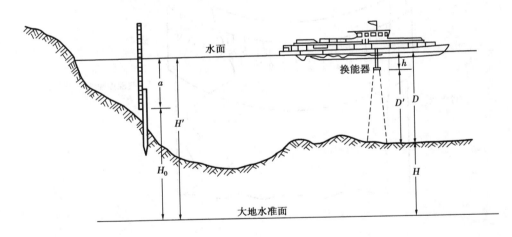

图 8-5-1

如果附近有水文站,可向水文站索取水位资料,不必另设水尺。如果是小河或水位变化不大,可直接测定水面(水边线)的高程,而不必设置水尺。

(2)测深工具

1)测深杆和测深锤

测深杆用松木或枞木制成,直径约为 $4 \sim 5$ cm,杆长 $4 \sim 6$ m,杆底装有铁垫,重约 $0.5 \sim 1.0$ kg,可避免测深时杆底陷入泥沙中而影响测量精度。测深锤又称水铊,由铅铊和铊绳组成,铅铊重约 $3.5 \sim 5.0$ kg,铊绳长 10 m 左右。在测深杆上与测深锤的绳索上每隔 10 cm 作一标志,以便读数。测深杆适用在水深 4 m 以内且流速不大的浅水区;测深锤适用于水深 $2 \sim 10$ m,且流速小于 1 m/s。

2）回声测深仪

在大江大河或水深流急的河道和港湾地区，使用上述两种工具既费劳力又费工，而且不易测得可靠的结果，目前使用较普遍的测深工具是回声测深仪。

回声测深仪适用范围较广，最小测深为 0.5 m 最大测深为 300 m，当流速为 7 m/s 时还能应用。其优点是精度高，且能迅速不断地测量水深。回声测深仪的型号很多，但其测深原理是一样的。如图 8-5-2 所示，测深仪在电源作用下，使激发器输出一个电脉冲至换能器发射晶片，换能器将电脉冲转换为机械振动，并以超声波的形式向水底发射。达到水底或遇到水中障碍物时，一部分声能被反射回来，经换能器接收后，将声能转变为微弱的电能。因为超声波在水中传播的速度 C 是已知的：$C = 1\ 500$ m/s，如果测深仪将超声波在水中往返所需的时间 T 记录下来，则可求得换能器到水底的深度

$$D' = \frac{1}{2}CT$$

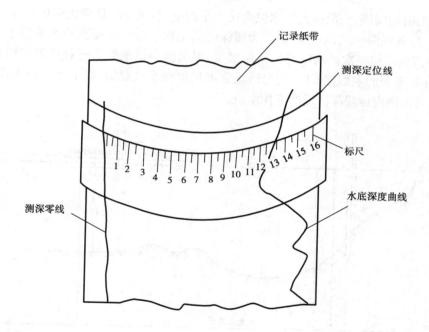

记录纸带

测深定位线

标尺

水底深度曲线

测深零线

1 2 3 4 5 6 7 8 9 10 11 12 13 14 15 16

图 8-5-2

顾及换能器在水面下的深度 h（又称吃水），则水面至水底的深度

$$D = D' + h$$

那么，水下地形点的高程 H 就等于水位 H' 减去水深 D（如图 8-5-1 所示）即

$$H = H' - D$$

测深仪的记录方式分两种：一种是闪光显示人工记录；另一种是记录纸带（如图 8-5-2 所示）自动连续地记录，目前多采用后者。实际作业时，每次定位由船上发出旗语信号（或用对讲机联系），同时就按下定标按钮，使仪器的记录笔在记录纸带上画线做记号，此线称为测深定位线。在逢 5、逢 10 的定位点上，按定标按钮的时间加长一些，使所画的线粗一些，以便于

核对。如果采用微波定位或 GPS 定位,则不必打旗语,但仍需在测深仪的记录纸带上划测深定位线,并注明划线时的时刻。最后根据测深点的旗语或时间记录,从纸带上找出定位点的水深值。

(3) 测深断面与测深点的布置

因为水下地形是看不见的,不能用选择地形特征点的方法进行测绘。在水下地形测量之前,为了保证水下地形测量的成图质量,应根据测区内水面的宽窄,水流缓急情况,在实地布设一定数量的测深断面和测深点(如图 8-5-3 所示)。测深断面的方向一般与河流主流或岸线垂直(如图中的 AB 河段),在河道拐弯处,可布设成扇形(如 GK 河段),当流速超过 1.5 m/s 且在浅滩或礁石的河段(如 MN 河段),可布设成与水流成 30°~45° 的倾斜测深断面。测深断面一般规定在图上每隔 1~2 cm 布设一个。测深点的间距一般规定为图上的 0.6~0.8 cm。对于水下有暗礁或浅滩的复杂测区或设计上有特殊要求时,可适当加密测深断面和测深点。若测区内水流平缓河床平坦,可酌情适当放宽上述规定。测深断面间距可用钢尺、皮尺或视距等方法测定,断面方向可用仪器或目估确定。然后在断面方向线上设立两个导标(一般用两面大旗),相距尽可能远些,以供测船瞄准,便于沿着断面线方向行驶。

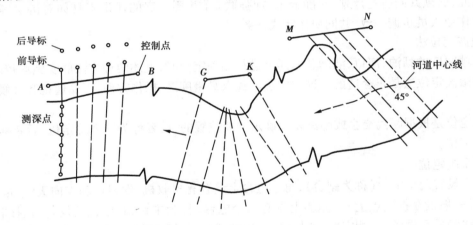

图 8-5-3

当在河面窄、流速大、险滩礁石多、水位变化悬殊的河流中测深时,要求船艇在流速垂直的方向上行驶是极为困难的,这时可以采用散点法测量水深,如图 8-5-4 所示。测船平行于岸线航行,测线方向和测深点间距完全由船上的测量人员控制。

(4) 测深点的定位方法

1) 断面索法

将断面索通过岸边一已知点,沿某一方向(通常与河道流向垂直的方向)架设,然后从水边开始,小船沿断面索行驶,按一定间距用测深杆或水铊,逐步测定水深。此法用于小河道的测深水位,简单方便,缺点是施测时会阻碍其他船只正常航行。

2) 经纬仪前方交会法

以行驶的测船为观测目标,由岸上的两台经纬仪同时照准目标进行前方交会,从而定出测船的位置,并且做到与水深测量工作的同步。

实施前方交会测深定位作业时,人员多、工作分散。在岸上有观测水平角的两个测角组,

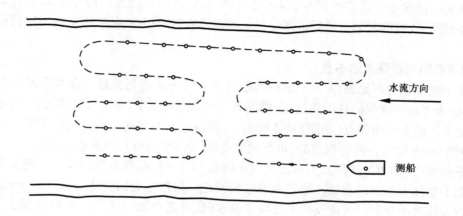

水流方向

测船

图 8-5-4

搬移导标引施测断面方向的导标组,观测水位组。船上有指挥员、发令员、旗号员、测深员及船员等。因此,必须共同研究计划,明确分工,加强联系(并要一定的通讯工具如对讲机等),才能使全体作业人员步调一致,共同协作完成任务。

3)微波定位法

在水域宽广的湖泊、河口、港湾和海洋上进行测深定位时,上述两种方法的实施均较困难,这时采用微波定位法是很合适的。这种方法的优点是精度高、操作方便、不受通视和气候条件的限制。

微波定位是根据距离交会或距离差来确定测船位置的,前者称为圆系统定位,后者称为双曲线系统定位。

①圆系统定位

在岸上设置两个电台(称为副台),每个电台上设置有接收机、发射机和定向天线,电台位置为已知(一般设在控制点上)。测船上设有一个电台(称为主台,其中包括发射机、接收机、全方向天线和显示设备)。测定船位时,船上主台发射一定频率的微波信号,经由天线以 V(光速)的速度向所有方向辐射。当微波信号到达副台后,经接收放大又向主台发射回答信号。当主台接收到回答信号后,就能精确地测定出发射信号和回答信号之间的时间间隔 t,从而可以算得主台和副台之间的距离:$D = \frac{1}{2}Vt$。此值可在仪器的显示器上直接读出来。为了使岸上的每个电台只能回答预先规定的微波信号,船上电台的发射机应发射两种不同频率的脉冲,而岸上电台的接收机各自也调到相应的频率,通过从显示器上读出的两个距离值,就可以在预先绘制好的图板上确定船的位置(以岸上台所在的两个控制点为圆心的两组同心圆的某个交点)。

②双曲系统定位

由解析几何知,一动点到两定点距离之差为定值时,其轨迹为双曲线。在岸上设立三个电台,船上设立一个电台,通过测量船台至三个岸台两两的距离之差,即可知测船位于哪两条双曲线的交点上,从而得知测船的平面位置。

4）GPS 定位法

在岸上的一个控制点上安置一台 GPS 接收机（称为监测台），在测船上也安置一台 GPS 接收机，两台接收机同时接收卫星信号。岸台（监测台）将通过接收信号而得的控制点坐标与控制点的已知坐标相比，从而可以求解得诸如卫星钟差、星历误差和信号传播延迟等这类船台与岸台都有的公共系统误差（校正量）即可对观测值进行校正，从而得知测船的平面位置。目前利用这种差分 GPS 进行实时动态的定位，其定位精度可达到上述微波定位的精度，且比微波定位更具有优越性。差分 GPS 只需一个岸台，且不像微波由于干扰或图形条件不佳而出现掉信号或定位精度降低的现象。

思考题与习题

1　什么叫比例尺精度？它有何用途？

2　什么叫等高线？它有哪些特性？

3　简述经纬仪测绘法的工作步骤。

4　在同一幅图上等高距、等高线平距与地面坡度三者之间的关系如何？

5　等高线分为几类？它们各在什么情况下使用？

6　何谓地貌特征点和地性线？地性线有哪几种？

7　试用等高线绘出山头、洼地、山脊、山谷、鞍部等典型地貌。

8　测图前要做哪些准备工作？

9　简述全站仪数字化测图的方法与步骤。

10　简述航摄测量的基本原理与方法。

11　地籍与房产测量的任务和内容是什么？

12　地籍图与地形图的区别是什么？

13　简述水下测量的基本方法。

第**9**章
地形图在工程中的应用

在建筑工程规划、设计、施工中，大比例尺地形图是不可缺少的地形资料，它是设计时确定点位及计算工程量的主要依据。设计人员要在地形图上量距离、取高程、定位置、放设施，只有全面掌握地形资料，才能因地制宜、正确而合理地进行规划设计。因此，要求设计施工人员能顺利地阅读地形图，并能借助地形图解决工程上一些基本问题。

9.1 地形图的识读及应用

9.1.1 地形图的识读

阅读地形图不仅局限于认识图上哪里是村庄、哪里是河流、哪里是山头等孤立现象，而且要能分析地形图，把图上显示的各种符号和注记综合起来构成一个整体的立体模型展现在人们眼前。因此，首先要了解图外一些注记内容，然后再阅读图内的地物、地貌。下面举例说明阅读的过程和方法。

（1）图廓外的有关注记

图 9-1-1 为整幅图中的一部分。图幅正下方注有比例尺（1∶2 000）；左下方注有平面坐标、高程系统、基本等高距以及采用的地形图图式版本；图的正上方注有图名（柑园村）和图号（21.0—10.0）。图号是以图幅西南角坐标表示的。图的左上方标有相邻图幅接合图表。图的方向以纵坐标线向上为正北方。若图幅纵坐标线上方不是正北，则在图边另画有指北方向线。此外，还注有测绘方法、单位和日期。

（2）地物分布

本幅图从北有李家院、柑园村两个居民地，两地之间有清溪河，以人渡相连。河的北边有铁路和简易公路，路旁有路堑和路堤；河的南边有 4 条小溪汇流入清溪河；从柑园村往东、西、南三方各有小路通往邻幅，柑园村的北面有小桥、墓地、石碑；图的西南角有一庙宇及小三角点，点旁注记的分子 151 为点号，分母为 151 点的高程；正南和东北角分别有 5 号、7 号埋石的图根点；另外，图内 10 mm 长的" + "字线中心为坐标格网交点。

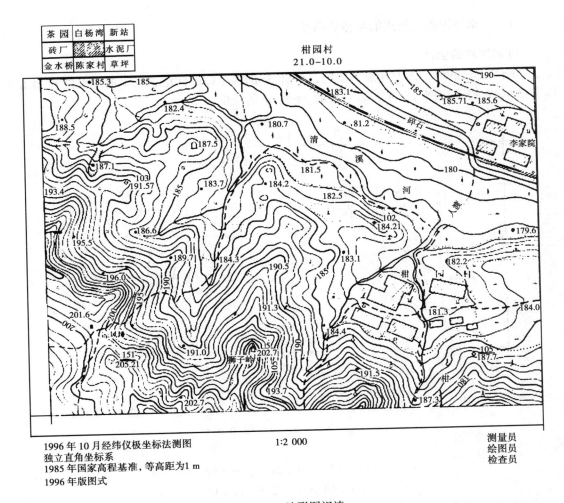

图 9-1-1 地形图识读

（3）地貌分布

图幅的西、南两方是逶迤起伏的山地，其中南面狮子岭往北是一山脊，其两侧是谷地，西北角小溪的谷源附近有两处冲沟地段；西南角附近有一鞍部，地名叫凉风垭，东北角是起伏不大的山丘；清溪河沿岸是平坦地带；另外图幅内还较均匀地注记了一些高程点。

（4）植被分布

图的西、南方及东北角山丘上都是树和灌木，清溪河沿岸是稻田，柑园村东面是旱地、南面是果树林。李家院与柑园村周围都有零星树和竹丛。

通过以上分析，则本图幅中的复杂地形像立体模型，逼真地展现在我们面前。

由以上阅读方法得知，必须掌握地形图图式所规定的地物、地貌符号、注记和形式等，才能顺利地阅读地形图。在阅图时，要看清所采用的坐标、高程系统，以防用错。同时，在识读地形图时，应注意地面上的地物和地貌不是一成不变的。由于城乡建设的迅速发展，地面上的地物、地貌也随之发生变化，因而地形图上所反映的情况往往落后于现实。所以，在应用地形图进行规划以及解决工程设计和施工中的各种问题时，除了细致识读地形图外，还需要结合实地勘察，对建设用地作全面正确的了解。

9.1.2　求地形图上某点的坐标和高程

(1)确定点的坐标

如图 9-1-2，欲确定图上 A 点的坐标，首先根据图廓坐标的标记和点 A 的图上位置，绘出坐标方格 $abcd$，再按比例尺(1∶1 000)量取 ag 和 ae 的长度：

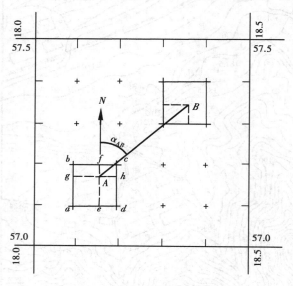

图 9-1-2　求图上某点坐标

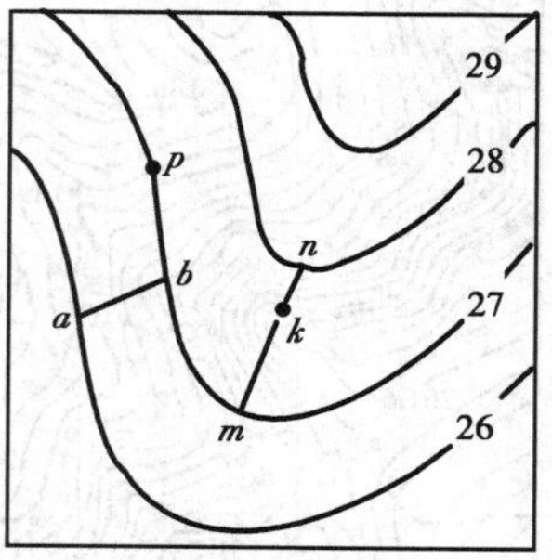

图 9-1-3　求图上某点的高程

$$ag = 84.3 \text{ m}; ae = 72.6 \text{ m}$$

则

$$xp = xa + ag = (57\,100 + 84.3) \text{ m} = 57\,184.3 \text{ m}$$

$$yp = ya + ae = (18\,100 + 72.6) \text{ m} = 18\,172.6 \text{ m}$$

为了校核，还应量取 ab 和 ad 的长度。但是，由于图纸会产生伸缩，使方格边长往往不等于理论长度 l(本例 $l = 10$ cm)。为了使求得的坐标值精确，可采用下式进行计算

$$\begin{cases} x_A = x_a + \dfrac{l}{ab} \cdot ag \cdot M \\[2mm] y_A = y_a + \dfrac{l}{ad} \cdot ae \cdot M \end{cases} \tag{9-1-1}$$

(2)确定点的高程

在地形图上的任一点，可以根据等高线及高程标记确定其高程。如图 9-1-3，p 点正好在等高线上，则其高程与所在的等高线高程相同，从图上可求出 P 点高程为 27m。如果所求点不在等高线上，如图中 k 点，则过 k 点作一条垂直与相邻等高线的线段 mn，量取 mn 的长度 d，再量取 mk 的长度 d_1，则 k 点的高程 H_k 可按比例内插求得

$$H_k = H_m + \Delta h = H_m + \frac{d_1}{d} h \tag{9-1-2}$$

式中 H_m 为 m 点的高程，h 为等高距，在图 9-1-3 中 $h = 1$ m。

在图上求某点的高程时，通常可以根据相邻两等高线的高程目估确定。例如，图 9-1-3 中

的 k 点的高程可以估计 27.7 m,因此,其高程精度低于等高线本身的精度。规范规定,在平坦地区,等高线的高程误差不应超过 1/3 等高距;丘陵地区,不应超过 1/2 等高距。由此可见,如果等高距为 1 m,则平坦地区为 0.5 m,山区可达 1 m。所以,用目估确定点的高程是允许的。

9.1.3　在地形图上求两点间的水平距离

在地形图求两点间的水平距离的方法有两种。

(1) 直接量取

用卡规在图上直接卡出线段的长度,再与图示比例尺比量,即可得其水平距离。也可以用毫米尺量取图上长度并换算为水平距离,但后者受图纸伸缩的影响。

(2) 根据两点的坐标计算水平距离

当距离较长时,为了消除图纸变形的影响以提高精度,可用两点的坐标计算距离。如图 9-1-2,求 AB 的水平距离,首先按式(9-1-1)求出两点的坐标值 x_A、y_A 和 x_B、y_B,然后按照式(9-1-3)计算水平距离

$$D_{AB} = \sqrt{(x_B - x_A)^2 + (y_B - y_A)^2} = \sqrt{\Delta x^2 + \Delta y^2} \tag{9-1-3}$$

9.1.4　在地形图上求直线的坐标方位角和坡度

(1) 在地形图上求直线的坐标方位角

1) 图解法

如图 9-1-4,求直线 BC 的坐标方位角时,可先过 B、C 两点精确地作平行于坐标格网纵线的直线,然后用量角器量测 BC 的坐标方位角 α_{BC} 和 CB 的坐标方位角 α_{CB}。

同一直线的正反坐标方位角之差为 180°。但是由于量测存在误差,设量测结果为 α'_{BC} 和 α'_{CB},则可按式(9-1-4)计算 α_{BC}

$$\alpha_{BC} = \frac{(\alpha'_{BC} + \alpha'_{CB} \pm 180°)}{2} \tag{9-1-4}$$

按图 9-1-4 的情况,上式右边括弧应取"−"号。

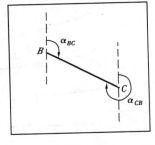

图 9-1-4　图解法求坐标方向角

2) 解析法

先求出 B、C 两点的坐标,然后再按式(9-1-5)计算 BC 的坐标方位角

$$\alpha_{BC} = \arctan\left(\frac{y_C - y_B}{x_C - x_B}\right) = \text{arc}\left(\frac{\Delta y_{BC}}{\Delta x_{BC}}\right) \tag{9-1-5}$$

当直线较长时,解析法可取得较好的效果。计算时,要依 Δx_{AB}、Δy_{AB} 的符号来判定 AB 直线所在的象限,以求得 α_{BC} 的值。

(2) 确定直线的坡度

设地面两点间的水平距离为 D,高差为 h,而高差与水平距离之比称为坡度,以 i 表示,则 i 可用式(9-1-6)计算

$$i = \frac{h}{D} = \frac{h}{d \cdot M} \tag{9-1-6}$$

式中 d 为两点在图上的长度以米为单位,M 为地形图比例尺分母。

如图 9-1-3 中的 a、b 两点，其高差 h 为 1 m，若量得 ab 图上的长为 1 cm，并设地形图比例尺为 1：1 000，则 ab 线段的地面坡度为

$$i = \frac{h}{D} = \frac{h}{d \cdot M} = \frac{1}{0.01 \times 1\,000} = 10\%$$

坡度 i 常以百分率或千分率表示。坡度有正负之分，"＋"为上坡，"－"为下坡。

如果两点间的距离较长，中间通过疏密不等的等高线，则上式所求地面坡度为两点的平均坡度。

9.1.5　按规定的坡度选择线路

在图上确定道路、管线的线路时，常要求在规定的坡度内选择一条最短线路。如图 9-1-5 所示，设在 1：5 000 的地形图上选定一条从河边 A 到山顶 B 的公路，要求公路的纵向坡度不超过 5%。若图上等高距为 5 m，则路线通过相邻两条等高线之间的最短距离为

$$d = \frac{h}{i \cdot M} = \frac{5}{0.05 \times 5\,000} = 0.02 \text{ m} = 20 \text{ mm}$$

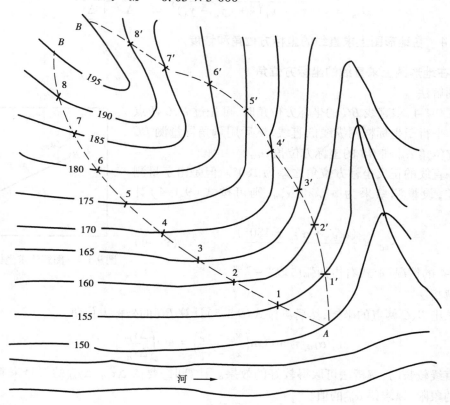

图 9-1-5　确定同坡度线路

作图方法是：在图上以 A 为圆心，20 mm 为半径，画弧交 155 m 等高线于一点；在以 1 点为圆心，用同样方法交 160 m 等高线于 2 点，依此类推，直到 B 点为止。连接相邻点，便在图上得到了符合限制坡度的路线，$A12\cdots B$。为了便于选线比较，同法可得 $A1'2'\cdots B$，如 $A1'$，$2'$，$3'$，$\cdots$，B，同时考虑其他因素，如少占或不占农用田，建筑费用最少，要避开塌方或崩裂地区等，以便

确定路线的最佳方案。

如果等高线间平距大于 d（20 mm），将不能与等高线相交，这说明地面坡度小于限制坡度，在这种情况下，路线方向按最短距离绘出。

9.1.6　绘制某一方向的断面图

断面图是显示指定方向地面起伏变化的剖面图。它是供道路、管道等设计坡度、计算土石方量及边坡放样用。如图 9-1-6 所示，利用地形图绘制断面图时，首先要确定方向线 MN 与等高线交点 1、2、…、9 的高程及各交点至起点 M 的水平距离，再根据点的高程及水平距离按一定的比例尺绘制成断面图。具体做法如下：

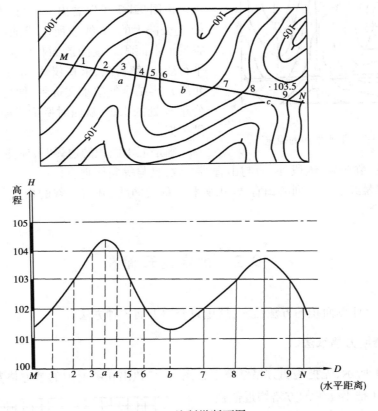

图 9-1-6　绘制纵断面图

首先绘制直角坐标轴线，横坐标轴 D 表示水平距离，其比例尺与地形图的比例尺相同；纵坐标轴 H 表示高程，为能更显示地面起伏形态，其比例尺是水平距离比例尺的 10 或 20 倍。并在纵轴上注明标高，标高的起始值选择要恰当，使断面图位置适中。

然后用两脚规在地形图上分别量取 M_1、M_2、…、MN 的距离，再在横坐标轴 D 上，以 M 为起点，量出长度 M_1、M_2、…、MN 以定出 M、1、2、…、N 点。通过这些点做垂线，就得到与相邻标高线的交点，这些点为断面点。

绘断面图时，还必须将方向线 MN 与山脊线、山谷线、鞍部的交点 a、b、c 绘在断面图上。这些点的高程是根据等高线或碎部点高程按比例内插法求得。最后，用光滑曲线将各断面点连接起来，即得 MN 方向的断面图。

9.1.7　在地形图上求汇水面积

在修建桥梁、涵洞和大坝等工程建设中，需要知道这个地区的汇水面积，来确定桥梁、涵洞孔径的大小，水坝的设计位置与坝高，水库的蓄水量等。

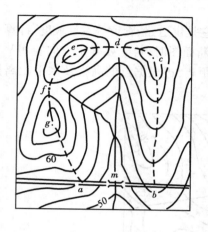

图 9-1-7　汇水面积的确定

由于雨水是沿山脊（分水线）向两侧山坡分流，所以汇水面积的边界线是由一系列的山脊线连接而成的。如图 9-1-7 所示，一条公路经过山谷，拟在 m 处架桥或修涵洞，其孔径大小应根据流经该处的流水量来决定，而流水量又与山谷的汇水面积有关。由图 9-1-7 可以看出，由山脊线 bc、cd、de、ef、fg、ga 与公路上的 ab 线段所围成的面积，就是这个山谷的汇水面积。量测该面积的大小（可用方格法、平行线法、解析法、求积仪法，本书将在 9.2 节进行介绍），再结合气象水文资料，便可进一步确定流经公路 m 处的水量，从而对桥梁或涵洞的孔径设计提供依据。

确定汇水面积的边界时，应注意以下几点：

1）边界线（除公路 ab 段外）应与山脊线一致，且与等高线垂直；

2）边界线是经过一系列的山脊线、山头和鞍部的曲线，并与河谷的指定断面（公路或水坝的中心线）闭合。

9.2　确定图形面积

在地形图上计算面积的方法很多，这里只介绍下面 3 种方法。

9.2.1　透明方格纸法

如图 9-2-1 所示，先把透明方格纸覆盖在图形上，数出在图形内的整方格数 n_1 和不足一整格的方格数 n_2（把不完整的方格均近似视为半格）。设每个方格的面积为 a（当为毫米方格时，$a = 1\ \text{mm}^2$），则图形的实际面积为：

$$S = \left(n_1 + \frac{1}{2}n_2\right)aM^2 \qquad (9\text{-}2\text{-}1)$$

9.2.2　平行线法

如图 9-2-2 所示，将绘有间距为 h 的平行线透明纸覆盖在图形上，并转动透明

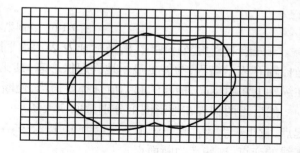

图 9-2-1　方格纸法求面积

纸，使平行线与图形的上、下边线相切。每相邻两平行线间的图形可近似视为梯形，梯形的高

为 h，梯形的底分别为 l_1、l_2、$\cdots$、l_n，则各个梯形面积为

$$S_1 = \frac{1}{2}h(0 + l_1)$$

$$S_2 = \frac{1}{2}h(l_1 + l_2)$$

$$\cdots$$

$$S_n = \frac{1}{2}h(l_{n-1} + l_n)$$

$$S_{n+1} = \frac{1}{2}h(l_n + 0)$$

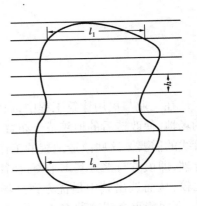

图 9-2-2 平行线法求面积

图形的面积

$$S = S_1 + S_2 + \cdots + S_n = h(l_1 + l_2 + \cdots + l_n) = h\sum l \tag{9-2-2}$$

若被测图形边线为折线时，可将该图形分成一些简单的几何图形，如三角形、平行四边形等。然后在图上量取所需尺寸，再根据几何公式计算出面积。

9.2.3 解析法

如图 9-2-3 所示的图形 1234，各顶点坐标为已知。可以看出，图形 1234 的面积（S）为梯形 $122'1'$（S_1）加梯形 $233'2'$（S_2）减去梯形 $144'1'$（S_3）与梯形 $433'4'$（S_4），即

$$S = S_1 + S_2 - S_3 - S_4$$

这里，S 代表该图形的面积。

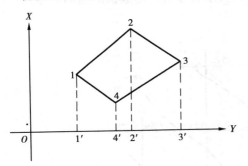

图 9-2-3 解析法求面积

设 1、2、3、4 各顶点的坐标为 (x_1, y_1)、(x_2, y_2)、(x_3, y_3)、(x_4, y_4)，则

$$S = [(x_1 + x_2)(y_2 - y_1) + (x_2 + x_3)(y_3 - y_2) - (x_1 + x_4)(y_4 - y_1) - (x_3 + x_4)(y_4 - y_3)]/2$$

整理后得

$$S = [y_1(x_4 - x_2) + y_2(x_1 - x_3) + y_3(x_2 - x_4) + y_4(x_3 - x_1)]/2$$

推广至 n 边形的面积为：

$$S = \frac{1}{2}\sum_{i=1}^{n} y_i(x_{i-1} - x_{i+1}) \tag{9-2-3}$$

注意：当 $i = 1$ 时，式中 x_{i-1} 用 x_n；当 $i = n$ 时，式中 x_{n+1} 用 x_1。式（9-2-3）是将各顶点投影于 y 轴算得的。若将各顶点投影于 x 轴，同法可推出

$$S = \frac{1}{2}\sum_{i=1}^{n} x_i(y_{i+1} - y_{i-1}) \tag{9-2-4}$$

注意：当 $i = 1$ 时，式（9-2-4）中 y_{i-1} 用 y_n；当 $i = n$ 时，式中 y_{n+1} 用 y_1。式（9-2-3）和式（9-2-4）可以互为计算检核。此种方法多用于地籍测量中的土地面积计算。

除上述方法外，还可以用电子求积仪来测定图形面积。给仪器设定图形比例尺和计量单位后，将描迹镜中心点沿曲线推移一周后，在显示窗自动显示图形面积和周长。

9.3 土地平整时的土石方计算

在工业与民用建筑工程中,通常要对拟建地区的自然地貌加以改造,整理成为水平或倾斜的场地,使改造后的地貌适于布置和修建建筑物,便于排泄地面水,满足交通运输和敷设地下管线的需要。这些改造地貌的工作称为平整场地。在平整场地中,为了使场地的土石方工程合理,即填方与挖方基本平衡,往往先借助地形图进行土石方量的概算,以便对不同方案进行比较,从而选出其中最优方案。场地平整的方法很多,其中设计等高线法是应用最广泛的一种,下面着重介绍这种方法。

9.3.1 设计成水平场地的土石方计算

对于大面积的土石方估算常用此法。如图 9-3-1,要求将原有一定起伏的地形平整成一水平场地,其步骤如下:

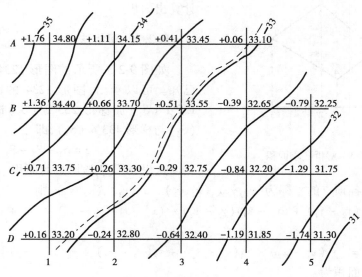

图 9-3-1 方格网法

1)绘方格网并求各方格顶点的高程

在地形图的拟平整场地内绘制方格网。方格网的大小取决于地形的复杂程度、地形图比例尺大小以及土石方概算精度,一般为 10 m 或 20 m。然后根据等高线目估内插各方格顶点地面高程,并注记在格点右上方。

2)计算设计高程

设计高程应根据工程的具体要求来确定。大多数工程要求挖填土石方量大致平衡,这时,设计高程的计算方法是:将每一方格 4 个顶点的高程加起来除以 4,得到各方格的平均高程 H_i,再把每个方格的平均高程相加除以方格总数 n,就得到设计高程 $H_{设}$,即

$$H_{设} = \frac{H_1 + H_2 + \cdots + H_n}{n}$$

实际计算时并非这样,而是根据方格顶点的地面高程及各方格顶点在计算每格平均高程时出现的次数来进行计算的。从图中可以看出:方格网的角点 $A1$、$D1$、$D5$、$B5$、$A4$ 的地面高程,在计算平均高程时只用到一次,边点 $A2$、$A3$、$B1$、$C1$、$C5$、$D2$、$D3$、$D4$ 的高程用了两次。拐点 $B4$ 的高程用了三次,而中间点 $B2$、$B3$、$C2$、$C3$、$C4$ 的高程用了四次。因此,将上式按各方格顶点的高程在计算中出现的次数进行整理,则

$$H_设 = \frac{\sum H_角 + 2\sum H_边 + 3\sum H_拐 + 4\sum H_中}{4n} \tag{9-3-1}$$

现将图中各方格顶点的高程及方格总数代入式(9-3-1),求得设计高程为 33.04 m。在地形图中内插出 33.04 m 等高线(图中虚线),这就是不挖不填的边界线,又叫零线。

3)计算填、挖高度

各方格顶点填挖高度为该点的地面高程与设计高程之差,即:

$$h = H_地 - H_设 \tag{9-3-2}$$

h 为" $+$ "表示挖深,为" $-$ "表示填高。并将 h 值注于相应方格顶点的左上方。

4)计算挖、填土方量

填、挖土石方量可分别以角点、边点、拐点和中点计算。

$$\left.\begin{array}{l} 角点:填(挖)高 \times \frac{1}{4} 方格面积 \\[2mm] 边点:填(挖)高 \times \frac{2}{4} 方格面积 \\[2mm] 拐点:填(挖)高 \times \frac{3}{4} 方格面积 \\[2mm] 中点:填(挖)高 \times 1 方格面积 \end{array}\right\} \tag{9-3-3}$$

如图 9-3-1 所示:设每一方格面积为 400 m²,计算的设计高程是 33.04 m,每一方格的填高或挖深数据已分别按式(9-3-2)计算出来,并注记在相应方格顶点的左上方。于是可按式(9-3-3)计算出挖方量和填方量。

实际计算时,可按方格线依次计算挖、填方量,然后再计算挖方量总和及填方量总和。图 9-3-1 中土石方量计算如下:

A: $V_W = \frac{1}{4} \times 400 \times (1.76 + 0.06)\text{m}^3 + \frac{2}{4} \times 400 \times (1.11 + 0.41)\text{m}^3 = +486 \text{ m}^3$

B: $V_W = \frac{2}{4} \times 400 \times 1.36 \text{ m}^3 + 400 \times (0.66 + 0.51)\text{m}^3 = +740 \text{ m}^3$

$V_T = \frac{1}{4} \times 400 \times (-0.79)\text{m}^3 + \frac{3}{4} \times 400 \times (-0.39)\text{m}^3 = -196 \text{ m}^3$

C: $V_W = \frac{2}{4} \times 400 \times 0.71 \text{ m}^3 + 400 \times 0.26 \text{ m}^3 = +246 \text{ m}^3$

$V_T = \frac{2}{4} \times 400 \times (-1.29)\text{m}^3 + 400 \times (-0.84 - 0.29)\text{m}^3 = -710 \text{ m}^3$

D: $V_W = \frac{1}{4} \times 400 \times 0.16 \text{ m}^3 = +16 \text{ m}^3$

$V_T = \frac{1}{4} \times 400 \times (-1.74)\text{m}^3 + \frac{2}{4} \times 400 \times (-0.24 - 0.64 - 1.19)\text{m}^3 = -588 \text{ m}^3$

总挖方量为：$V_W = +1\ 488\ m^3$

总填方量为：$V_T = -1\ 494\ m^3$

实际计算时，也可按式(9-3-3)列表计算(特别当方格网较复杂时,表格更适用)。图9-3-1例计算结果见表9-3-1。

表 9-3-1

点号	挖深/m	填高/m	所占面积/m²	挖方量/m³	填方量/m³
A_1	+1.76		100	176	
A_2	+1.11		200	222	
A_3	+0.41		200	82	
A_4	+0.06		100	6	
B_1	+1.36		200	272	
B_2	+0.66		400	264	
B_3	+0.51		400	204	
B_4		-0.39	300		117
B_5		-0.79	100		79
C_1	+0.71		200	142	
C_2	+0.26		400	104	
C_3		-0.29	400		116
C_4		-0.84	400		336
C_5		-1.29	200		258
D_1	+0.16		100	16	
D_2		-0.24	200		48
D_3		-0.64	200		128
D_4		-1.19	200		238
D_5		-1.74	100		174
				1 488	1 494

从计算结果可以看出,总挖方量和总填方量是相差 6 m³。产生原因有两个:一是因为计算取位的关系;二是因为实际上在 20 见方的方格内,地面还有较多起伏变化,而我们计算土方时则将表面近似认为是一个平面。若算出的填、挖土方之差小于总土方的 7%,在工程实际中允许的,可为满足"填、挖方平衡"的要求。因此上例满足"填、挖方平衡"的要求。

9.3.2　设计成倾斜场地的土石方计算

将原地形改造成某一坡度的倾斜面,一般可根据填、挖土方量平衡的原则,绘出设计倾斜面的等高线。但是有时要求所设计的倾斜面必须包含不能改动的某些高程点(称为设计斜面的控制高程点)。例如,已有道路的中线高程点,永久性或大型建筑物的外墙地坪高程等。如图 9-3-2 所示,设 a、b、c 三点为控制高程点,其地面高程分别为 54.6 m、51.3 m 和 53.7 m。要求将原地形改造成通过 a、b、c 三点的倾斜面,其步骤如下:

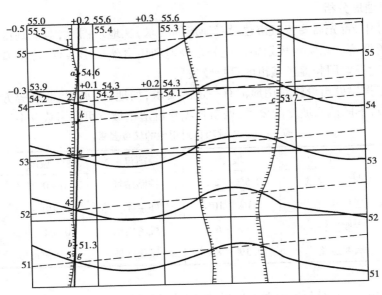

图 9-3-2　斜倾场地土石方计算

1)确定设计等高线的平距

过 a、b 两点做直线,用比例内插法在 ab 线上求出高 54 m、53 m、52 m…各点的位置,也就是设计等高线应经过 ab 线上的相应位置,如 d、e、f、g…。

2)确定设计等高线的方向

在 ab 直线上求出一点 k,使其高程等于 c 点(53.7 m)。过 kc 连一线,则 kc 方向就是设计等高线的方向。

3)插绘设计倾斜面的等高线

过 d、e、f、g…各点做 kc 的平行线(图中虚线),即为设计倾斜面的等高线。过设计等高线和原图上同名高程的等高线交点的连线(如图(9-3-2)中连接 1、2、3、4、5 等点)就可得到填挖边界线。图中绘有短线的一侧为填土区,另一侧为挖土区。

4)计算填、挖土石方量

与前一方法相同,首先在图上绘制方格网,并确定各方格顶点的填挖高度。不同之处是各方格顶点的设计高程是根据设计等高线内插求得的,并注记在方格顶点的右下方。其地面高程和填挖高度仍注记在方格顶点的右上方和左上方。填挖土石方量的计算与整成水平场地方法相同。

9.4　城市用地的地形分析

地形图是进行城市规划的基础工作底图。在进行总体规划时,通常选用1∶10 000或1∶5 000比例尺的地形图作为工作底图,而在详细规划时,为满足房屋建筑和各项工程编制初步设计的需要,通常须采用1∶2 000或1∶1 000比例尺地形图作为工作底图。

(1)建筑用地形分析

在规划设计中,首先需要按城市建设对地形的要求,在地形图上,对规划区域的地形进行整体认识和分析评价。以实现规划中能充分合理地利用自然地形条件,经济有效地使用城市土地,节约城市建设费用和促进城市的可持续发展。

城市各项工程建设与设施对用地都有一定的要求,如地质、水文、地形等方面。在地形方面,突出表现在对不同地面坡度的要求,城市各项建设适用坡度可参考表9-4-1。

表 9-4-1　工程项目对用地的坡度要求

项目	坡度	项目	坡度
工业水平运输	0.5%～2%	铁路站场	0～0.25%
居住建筑	0.3%～10%	对外主要公路	0.4%～3%
主要道路	0.3%～6%	机场用地	0.5%～1%
次要道路	0.3%～8%	绿化用地	任何坡度

针对以上要求,对地形分析应考虑地形坡度的不同类型及其与各项建筑布设的关系,具体可参照表9-4-2。

表 9-4-2　地形坡度类型与建筑布设的关系

坡度类型	坡度	建筑坡度类型与建筑布设的关系
平坡	3%	基本上为平地,建筑和道路可根据规划原理自由布置,但注意排水
缓坡	3%～10%	建筑群布置不受约束,车道也可以自由地布置,不考虑梯级道路。
中坡	10%～25%	建筑群受一定限制,车道不宜垂直等高线布设,垂直等高线布设的道路要做梯级道路。
陡坡	25%～50%	建筑受较大的限制,车道不平行等高线布置时,只能与等高线成较小的锐角布设。
急坡	50%～100%	建筑设计需做特殊处理,车道只能曲折盘旋而上,或考虑架设缆车道。梯级道路也只能与等高线成斜交布置。
悬坡	100%以上	一般为不可建筑地带。

(2)地形与建筑群体布置

由上述分析可知,在平原地区规划设计时,按规划原理和方法,对建筑群体布置限制较小,布设比较灵活机动。但在山地和丘陵地区,由于建筑用地通常成不规则的形状,要求在各种不规则形状中寻找布置的规律。如在某一建筑区域,某一地段可能存在不宜建筑的局部地形,这些局部地形可能将建筑用地分为大小不等的若干地块。建筑群体的用地会形成大小不同、高低不一、若断若续的分布特点,因此建筑群体的布设形式,必然受其地形特点的制约,呈现出高低参差不一,大小分布各异的特点。如图 9-4-1(a)所示的沿河谷、沟谷一侧或两侧发展而形成的带状分布群体;如图 9-4-1(b)所示的沿山坡发展形成的片状和团状分布形式;如图 9-4-1(c)所示的沿山丘或台地发展而形成的星型分布形式。

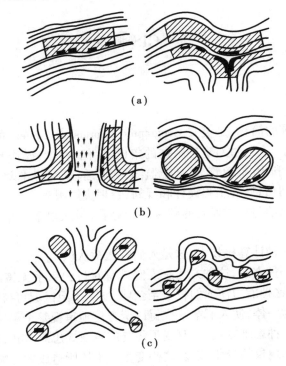

图 9-4-1　地形与建筑群体布置图

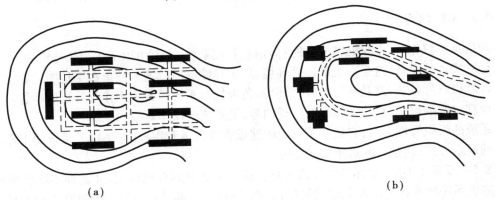

图 9-4-2　山区地形与建筑群体布置图

185

在山地或丘陵地区进行建筑群体的布置时,应注意依据地形陡缓曲直变化规律,适应于自然变化,争取建筑群体有较好的朝向,并提高日照和通风的效果。在图9-4-2(a)中,未考虑自然地形和气候条件,布置成规则的行列形式,结果造成间距不合理、工程量大、用地不经济等缺点。若按图9-4-2(b),结合地形布置成自由形式,在建筑面积与图9-4-2(a)相同的情况下,由于改进了布置方案,既减少了工程量,又增大了房屋间距,同时提高日照和通风效果,从而改善了建筑和设施的作业条件。由此可见,在城市规划设计中,结合地形进行建筑群体的规划方案布置是非常重要的。

9.5 GIS 概述

9.5.1 GIS 的概念

GIS 是地理信息系统的简称,是英文 Geographic Information System 的缩写,它由计算机系统、地理数据和用户组成。它通过对地理数据的集成、存储、检索、操作和分析,生成并输出各种地理信息,从而为土地利用、资源管理、环境监测、交通运输、经济建设、城市规划以及政府部门行政管理提供各种空间信息,为工程设计和规划、管理决策服务。

从 20 世纪 90 年代科学与技术发展的潮流和趋势看,可从以下 3 个方面认识地理信息系统的涵义:

①地理信息系统是一种计算机技术,这是人们的通常认识。

②地理信息系统是一种方法,这种方法是人们具有对过去束手无策的大量空间数据进行管理和操作的能力,借助这种能力使人们将上至全球变化、下至区域可持续发展等一系列复杂的问题统一、集成、融合为一体,使人们第一次得以全方位地审视整个星球上的每一种现象。

③地理信息系统是一种思维方式,它改变了传统的直线式思维方式,而使人们能够关注与地理相关联的周围事件和现象的变化,以及这些变化对本体所造成的影响。从这个意义上讲,地理信息系统是人的思想的延伸,正是这延伸促使人们的思维观念发生了根本性改变。

9.5.2 GIS 的组成

地理信息系统作为一个功能强大的空间信息管理系统,主要由以下 4 个部分组成:

①计算机硬件设备:这是系统的硬件环境,用于存储、处理、输入输出数字地图及数据。

②计算机软件系统:这是系统的软件环境,负责执行系统的各项操作与分析的功能。

③地理空间数据:它反映了 GIS 的管理内容,是系统的操作对象和原料。

④系统的组织管理人员:它包括了系统的建设管理人员和用户,它决定了系统的工作方式和信息的表示方式,这是 GIS 最重要的部分。

图 9-5-1 反映了 GIS4 个部分的组成关系。这 4 个部分的有机组成,才能使 GIS 按照预定的目标完成系统所承担的空间数据的管理任务。在这 4 个部分中,最活跃、最有生命的是系统的设计、开发、管理人员和用户。一个系统建设没有管理人员的精心设计、精心开发、细心维护管理的良好的服务,是不会受到用户欢迎的。同样,一个没有用户的地理系统是没有生命和使用价值的系统。

(1) 系统的硬件环境

地理信息系统的硬件环境主要由计算机及一些设备连接形成,主要包括以下几个部分:

1) 计算机系统

它是系统操作、管理、加工和分析数据的主要设备,包括优良的 CPU、键盘、屏幕终端、鼠标等。可以单机,也可组成计算机网络(包括局域和方域网)系统来应用。

2) 数据输入设备

用于将各种需要的数据输入计算机,并将模拟数据转换成数字数据。其他一些专用设备,如数字化仪、扫描仪、解析测图仪、数字摄影测量仪器、数码相机、遥感图像处理系统、全站仪、GPS 等,均可以通过数字接口与计算机相连接。

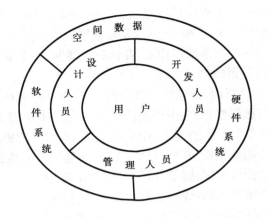

图 9-5-1 GIS 的组成关系图

3) 数据存储设备

主要指存储数据的磁盘、磁带及光盘驱动器等。

4) 数据输出设备

包括图形终端显示设备、绘图机、打印机、磁介质硬拷贝机、可反擦写光盘以及多媒体输出装置等。它们将以图形、图像、文件、报表等不同形式显示数据的分析处理结果。

5) 数据通讯传输设备

如果 GIS 是处于高速信息公路的网络系统中,或处于某些局域网络系统中,还需要架设网络专用设施。

由于计算机技术的迅猛发展,硬件的有效生命期较短,设备的淘汰率较高,而且价格昂贵,因此,对 GIS 硬件环境的选择,必须根据系统的需求、系统所担负的任务与投资情况,进行系统总体设计,要考虑软、硬件环境整体配套、协调一致。

(2) 系统的软件环境

为了实现复杂的空间数据管理功能,GIS 需要与硬件环境相配套的多种功能模块,在软件层次上需要有系统软件、基础软件、基本功能软件、应用软件等多个层次体系。根据 GIS 的功能,软件可划分以下几个系统:

1) 计算机系统软件和基础软件

由计算机厂家提供操作系统及各种维护使用手册、说明书等,以及某些基础软件(如 C,C ++ 等)。系统软件和基础软件是系统开发的软件基础,是 GIS 日常工作所必备的。

2) 数据输入子系统

它通过各种数字化设备(如数字化仪、扫描仪等)将各种已存在的地图数字化,或者通过通讯设备或磁盘、磁带的方式录入遥感数据和其他系统已存在的数据,包括用其他方式录入的各种统计数据、野外数据和仪器记录的数据。

输入的数据应进行校验,即通过观察、统计分析和逻辑分析,检查数据中存在的错误,并通过适当的编辑方式加以修正。

对输入数据应进行存储和管理,包括空间景物的位置,相互间的联系,以及它们的地理意义(属性)的结构和组合,以及数据格式的选择和转换、数据压缩编码、数据的联接、查询、提取等。对应不同的数据输入、存储和管理方式,系统都应配备有相应的支持软件。

3)数据编辑子系统

GIS 应具有较强的图形编辑功能,以便对原始数据的输入错误进行编辑、修改。同时还需要进行图形修饰,为图形设计线型、颜色、符号、注记等,并建立拓扑关系,组合复杂地物,输入属性数据等。一般说来,GIS 软件应具有以下编辑功能:

①图形变换:开窗、放大、缩小、屏幕滚动和拖动等。

②图形编辑:删除、增加、剪切、移动、拷贝等。

③图形修饰:线型、颜色、符号、注记等。

④拓扑关系:结点附合、多边形建立、拓扑检验等。

⑤属性输入:属性连接、数据库实时输入、数据编辑修改等。

4)空间数据库管理系统

在 GIS 中既有空间定位数据,又有说明地理属性数据。对这两类数据的组织与管理,并建立两者的联系是至关重要的。为了保证 GIS 系统有效地工作,保质空间数据的一致性和完整性,需要设计良好的数据库和数字组织方式,一般采用数据库技术来完成该项工作。

5)空间查询与空间分析系统

这是 GIS 面向应用的一个核心部分,也是 GIS 区别其他系统(如 MIS)的一个重要方面,它具有以下三方面的功能:

①检索查询:包括空间位置查询、属性查询等。

②空间分析:能进行地形分析、网络分析、叠置分析、缓冲区分析等。

③数学逻辑运算:包括函数运算、自定义函数运算以及驱动应用模型运算。

GIS 通过对空间数据及属性的检索查询、空间分析、数学逻辑运算,可以产生满足应用条件的新数据,从而为统计分析、预测、评价、规划和决策等应用服务。

6)数据输出子系统

将检索的分析处理的结果按用户要求输出,其形式可以是地图、表格、图表、文字、图像等表达,也可在屏幕、绘图仪、打印机或磁介质上输出。

以上 6 个子系统是 GIS 软件系统必备的功能模块。一个优秀的 GIS 软件系统,还应具备有较强功能和用户接口模块适宜的应用分析程序的支持。用户接口模块是保证 GIS 成为接收用户指令和程序、实现人-机交互的窗口,使 GIS 成为开放式系统,具有良好的应用程序的支持。将使 GIS 的功能得到扩充与延伸,使其更具有实用性,这是用户最为关心的、真正用于空间分析的部分。

(3)数据和数据模型

GIS 中的数据有两大类型:一类是空间数据,用来定义图形和制图特征的位置,它是以地球表面空间位置为参照的;另一类是非空间的属性数据,用来定义空间数据或制图特征所表示的内容。GIS 的数据模型包括三个互相联系的方面:

1)确定在某些坐标系中的位置

用于确定地理景观在自然界或区域地图中的空间位置,即几何坐标、经纬度、平面直角坐标、极坐标等。

2）实体间的空间相关性

用于表示点、线、网、面实体之间的空间关系，即拓扑关系（Topology）。区域内地理实体或景观表现为多种空间类型，大致可归纳为点、线、面3种类型。

①点：具有确定的几何位置，由一对平面坐标表示，至少具有一个属性（如城市）。

②线：具有一定的走向和长度。

③表示空间连续分布的地理景观或作用范围。点、线结合组成网络；线、面结合成为地带；面、点结合成为地域类型；点、线、面结合组成区域。图9-5-2(a)为网络结点与网络线之间的枢纽关系；图9-5-2(b)为这界线与面实体间的构成关系；图9-5-2(c)为面实体与岛或点的包括关系。空间拓扑关系对于地理空间数据的编码、录入、格式转换、存储管理、查询检索和模型分析都有重要意义，是地理信息系统的特色之一。

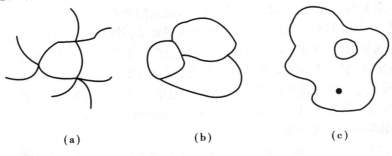

（a）　　　　　　（b）　　　　　　（c）

图9-5-2　典型的拓扑关系图

3）与几何位置无关的属性

属性（Attribute）是与地理实体相联系的地理变量或地理意义。属性分为定性和定量两种。前者包括名称、类型、特性等，后者包括数量和等级等。定性描述的属性如岩石类型、土壤种类、土地利用、行政区划等。定量描述的属性如面积、长度、土地等级、人口数量、降雨量、水土流失量等。属性一般是经过抽象的概念，通过分类、命名、量算、统计得到的。任何地理实体至少有一个属性或几个属性，而地理信息系统的分析、检索和表示，主要是通过属性的操作运算实现的。因此，属性的分类系统、量算指标对系统的功能有较大的影响。

GIS的空间数据模型，决定了其特殊的空间数据结构的数据编码，也决定了GIS具有特色的空间数据管理方法和系统空间数据分析功能，因而成为地理学研究和与地理有关的行业的很重要工具之一。

9.5.3　GIS的功能

（1）一般基本功能

地理信息系统属空间数据管理系统，因此它应具有一般数据管理系统所具有的数据输入、存储、检索、显示输出等基本功能。

1）数据输入、存储、编辑功能

数据输入：即在数据处理系统中，将外部多种来源、多种形式的原始数据（包括空间数据和属性数据）传输给系统内部，并将这些数据从外部格式转换为系统便于处理的内部格式的过程。它包括数字化、规范化和数据编码3个方面。数字化有扫描数字化和手扶跟踪数字化，经过模数变换、坐标变换等将外部的数据转化成系统所能接受的数据文件格式存入数据库。

规范化指对不同比例尺、不同投影坐标系统,统一记录格式,以便在同一基础上工作。而数据编码是根据一定的数据结构的目标属性特征,将数据转换为便于计算机识别和管理的代码或编码字符。

数据存储:是将输入的数据以某种格式记录在计算机内部或磁盘、磁带等存储介质上。

数据编辑:指系统可以提供修改、增加、删除、更新数据等,一般以人机对话方式实现。

2)数据的操作与处理

为满足用户需求,必须对数据进行一系列的操作运算与处理。主要操作包括坐标变换、投影变换、空间数据压缩、空间数据内插、空间数据类型的转换、图幅边缘匹配、多边型叠加、数据的提取等。主要的运算有算术运算、关系运算、逻辑运算等。

(2)制图功能

这是 GIS 最重要的功能之一,对多数用户来说,也是用得最多最广的一个功能。GIS 的综合制图功能包括专题地图制作。在地图上显示出地理要素,并赋予数值范围,同时可以放大缩小以表明不同的细节层次。GIS 不仅可以为用户输出全要素图,而且可以根据用户需要分层输出各种专题地图,以显示不同要素和活动的位置,或有关属性内容。例如,矿产分布图、城市交通图、旅游图等。通常这种含有属性信息的专题地图,主要有多边形图、线状图、点状图 3 种基本形式,也可由这几种基本图形综合组成各种形式和内容的专题图。

(3)地理数据库的组织与管理

对于那些将地理位置作为基本变量或记录属性的数据库,GIS 可以作为数据库集成和更新的重要工具之一。数据库的组织主要取决于数据输入的形式以及利用数据库进行查询、分析和结果输出等方式,它包括数据库定义、数据库建立与维护、数据库操作、通讯等功能。

(4)空间查询与空间分析功能

GIS 面向用户的应用功能不仅仅表现在它能提供一些静态的查询、检索数据,更有意义的在于用户可以根据需要建立一个应用分析的模式,通过动态的分析,为评价、管理和决策服务。这种分析功能可以在系统操作运算功能的支持下或建立专门的分析软件来实现。如空间信息量测与分析、统计分析、地形分析、网络分析、叠置分析、缓冲分析、决策支持等。系统本身是否具有建立各种应用模型的功能,是判别系统好坏的重要标志之一,因为这种功能在很大程度上决定了该系统在实际应用中的灵活性和经济效益。空间查询和空间分析是从 GIS 目标之间的空间关系中获取派生的信息和新的知识,用以回答有关空间关系的查询和应用分析。

1)拓扑空间查询

用户将地图当做查询工具,而不仅仅是数据载体。空间目标之间的拓扑关系可以有两类:一种是几何元素的结点、弧段和面块之间的关联关系,用以描述和表达几何元素间的拓扑关系;另一种是 GIS 中地物之间的空间拓扑关系,可以通过关联关系和位置关系隐含表达,用户需通过特殊的方法查询。这些空间关系主要有以下几项:面与面的关系,如检查与某个面状地物相邻的所有多边形及属性;线与线的关系,如检索与某一主干河流相关联的所有支流;点与点的关系,如检索到某点一定距离内的所有点状地物;线与面的关系,如检索某公路所经过的所有县市或某县市的所有公路;点与线的关系,如某河流上的所有桥梁;点与面的关系,如检索某市所有银行分布网点。

2)缓冲区分析

缓冲区用以确定围绕某地要素绘出的定宽地区,以满足一定的分析条件。点的缓冲区是个圆饼,线的缓冲区是个条带状,多边形的缓冲区则是个更大的相似多边形。缓冲区分析是 GIS 中基本的空间分析功能之一,尤其对于建立影响地带是必不可少的,如道路规划中建立缓冲区以确定道路两边若干距离的土地利用性质。

3)叠加分析

叠加分析提供两幅或两幅以上图层在空间上比较地图要素和属性的能力,通常有合成叠加和统计叠加之分。前者是根据两组多边形边界的交点建立具有多重属性的多边形,后者则进行多边形范围的属性特征统计分析。合成叠加得到一张新的叠加图,产生了许多新多边形,每个多边形都具有两种以上的属性。统计叠加的目的是统计一种要素在另一种要素中的分布特征。

4)距离分析与相邻相接分析

距离分析提供了在地图上距离的功能,相邻分析确定哪些地图要素与其他要素相接触或相邻,而相接分析则结合距离和相邻分析两者的针对性,提供确定地图要素间邻近或邻接的功能。相邻和相接分析广泛应用于环境规划和影响评价的公共部门。大多数 GIS 软件目前不能直接进行相邻相接分析,而是通过先建立一定要求的缓冲区,再与其他图形要素进行叠置分析的间接方法解决。

(5)地形分析功能

通过数字地形模型 DTM,以离散分布的平面点来模拟连续分布的地形,再从中内插提取各种地形分析数据。地形分析包括以下内容:

①等高线分析:等高线图是人们传统观测地形的主要手段,可以从等高线上精确地获得地形的起伏程度,区域内各部分的高程等。

②透视图分析:等高线虽然精确,但不够直观,用户往往需要从直观上观察地形的概貌,所以 GIS 通常具有绘制透视图的功能。有些系统还能在三维空间格网上着色,使图形更为逼真。

③坡度坡向分析:在 DTM 中计算坡度和坡向,派生出坡度坡向图供地形分析(如日照分析、土地适宜性分析等)。

④断面图分析:用户可以在断面上考察该剖面地形的起伏并计算剖面面积,以便用于工程设计和工程量计算。

⑤地形表面面积和填挖方体积计算。这在 DTM 中是比较容易地求出的。

制图功能、地理数据库、空间查询与空间分析能力是 GIS 最具有独特吸引力所在。而系统是否具有良好的用户接口和各种应用分析程序的支持也至关重要的,这些是由 GIS 开发人员和用户共同来完成的。

<h1 style="text-align:center">思考题与习题</h1>

1　识读地形图的主要目的是什么?

2　如何确定地形图上点的坐标和高程?

3　欲在汪家凹(习题图 9-1,比例尺为 1∶2 000)村北进行土地平整,其设计要求如下:
　①平整后要求成为高程为 44 m 的水平面;
　②平整场地的位置,以 533 导线点为起点向东 60 m,向北 50 m。

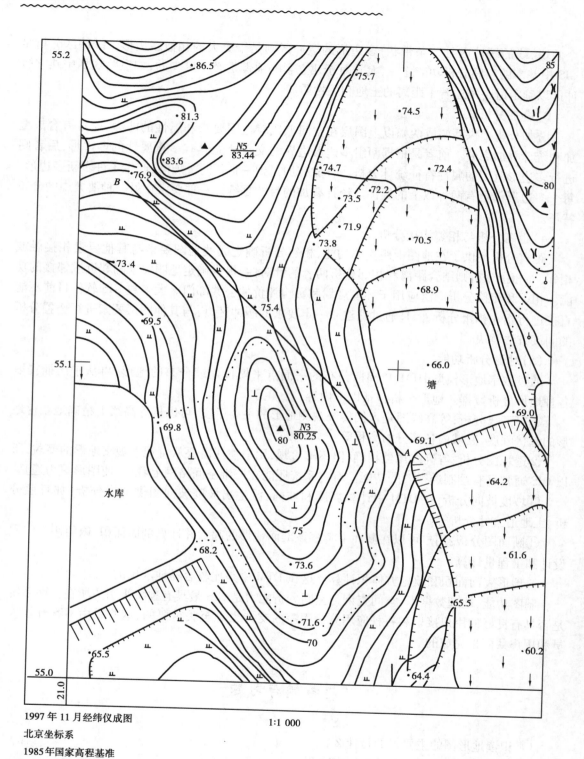

1997 年 11 月经纬仪成图 1:1 000

北京坐标系

1985 年国家高程基准

1988 年版图示

习题图 9-1

根据设计要求绘出边长为 10 m 的方格,求出挖、填土方量。

4　请在习题图 9-2 中完成如下作业:

①求控制点 N_3 和 N_5 的坐标;

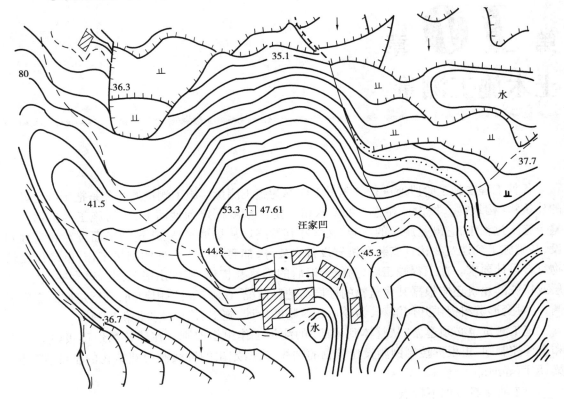

习题图 9-2

②求 N_3—N_5 的距离和坐标方位角;

③用平行线法求水库在图中的面积;

④绘制方向 AB 的纵断面图。

5　地形分析包括哪些内容?

6　什么叫地理信息系统?

7　地理信息系统主要由哪几部分组成?

第**10**章

土木施工测量

各种工程在施工阶段所进行的测量工作称为施工测量。施工测量的任务是把图纸上设计的建筑物(构筑物),按设计和施工的要求以一定的精度标定到地面上,作为施工的依据。在整个施工过程中,它既是施工的先导,又贯穿其始终。从场地平整、建筑物平面位置和高程测设、基础施工到建筑物构件安装及机器设备安装等,都要进行一系列的测量工作,以确保建筑物符合设计要求。在工程竣工后,为便于以后的维修及扩建,要测出竣工图。对有些大型、高层或特殊的建筑还应根据其建筑物的性质与地基情况,在施工及使用期间,进行定期的变形观测,并对变形资料提供几何解释,为今后建筑物的设计、施工、积累经验提供资料。

施工测量也必须遵循"从整体到局部"的测量工作组织原则。在建筑场地逐级建立平面和高程控制网,再根据控制网测设建筑物的轴线,由所定出的轴线测设建筑物的基础、墙、柱、梁、屋面等细部。

施工测量具有如下特点:

1)施工放样(又称测设)与测绘地形图的目的不同。测绘地形图是将地面上的地物、地貌以及其他信息测绘到图纸上的过程,而施工放样则是将设计图纸上的建筑物(构筑物)标定到地面上的过程,其程序是相反的,也是可逆的。

2)施工测量是直接为工程施工服务的,它必须与施工组织计划相协调。测量人员应与设计、施工部门密切联系,了解设计内容、性质及对测量的精度要求,随时掌握工程进度及现场的变动,使测设精度与速度满足施工的需要。

3)施工测量的精度主要体现在相邻点位的相对位置上。对于不同的建筑物或同一建筑物中的各个不同的部分,这些精度的要求并不一致,所以测设的精度主要取决于建筑大小、性质、用途、建材、施工方法等因素。例如:高层建筑测设精度高于低层建筑;连续性自动设备厂房测设精度高于独立厂房;钢结构建筑测设精度高于钢筋混凝土结构、砖石结构;装配式建筑测设精度高于非装配式建筑。放样精度不够,将造成质量事故;精度要求过高,则增加放样工作的困难,降低工作效率。因此,应该选择合理的施工测量精度。

4)施工现场各工序交叉作业,运输频繁,地面情况变动大,受各种施工机械震动影响,因此测量标志从形式、选点到埋设均应考虑便于使用、保管和检查,如标志在施工中被破坏,应及时恢复。

5)现代建筑工程规模大,施工进度快,精度要求高,所以施工测量前应做一系列准备工作,认真核算图纸上的尺寸、数据;检校好仪器、工具;编制详尽的施工测量计划和测设数据表。放样过程中,应采用不同方法加强外业、内业的校核工作,以确保施工测量质量。

10.1　测设的基本工作

施工放样是按设计的要求将建(构)筑物各轴线的交点、道路中线、桥墩等点位标定在相应的地面上。这些点位是根据控制点或已有建筑物的特征点与放样点之间的角度、距离和高差等几何关系,应用仪器和工具标定出来的。因此,放样已知水平距离、放样已知水平角、放样已知高程是施工测量的基本工作。

10.1.1　测设的基本工作

(1)放样已知水平距离

放样已知水平距离是从地面一已知点开始,沿已知方向放样出给定的水平距离以定出第二个端点的工作。根据放样的精度要求不同,可分为一般方法和精确方法。

1)用钢尺放样已知水平距离

一般方法:如图 10-1-1 所示,在地面上,由已知点 A 开始,沿给定的 AC 方向,用钢尺量出已知水平距离 s 定出 B' 点。为了校核与提高放样精度,在起点处改变读数(10 ~ 20 cm),按同法量已知距离定出 B'' 点。由于量距有误差,两点一般不重合,其误差 ΔS 的相对误差在允许范围内时,则取 B' B'' 的中点 B , AB 即为所放样的水平距离 S 。

图 10-1-1　放样已知水平距离

精确方法:当放样精度要求较高时,在地面放出的距离 $D_{放}$ 应是给定的水平距离 $D_{设}$ 加上尺长改正($\Delta D = \dfrac{\Delta l}{l_0} \cdot D$)、温度改正($\Delta D_T = a l_0 (t - t_0 ℃)$)、高差改正($\Delta D_h = -\dfrac{h^2}{2D_{设}}$),但改正数的符号与精确量距时的符号相反。即

$$D_{放} = D_{设} - (\Delta D + \Delta D_T + \Delta D_h)$$

例 1　设欲放样 AB 水平距离 $D = 25.280$ m,所使用的钢尺名义长度为 30 m,实际长度为 29.998 m,钢尺膨胀系数为 1.25×10^{-5} , AB 的高差 $h = 0.425$ m,放样时温度为 $t = 30℃$,试求放样时在实地应量出的长度是多少?

解:根据精确量距公式算出 3 项改正:

尺长改正:　　$\Delta D = \dfrac{\Delta l}{l_0} \cdot D_{设} = \dfrac{29.998 - 30}{30} \times 25.280 \text{ m} = -0.001\ 7 \text{ m}$

温度改正:　　$\Delta D_T = a D_{设}(t - t_0) = 1.25 \times 10^5 \times (30 - 20) \times 25.280 \text{ m} = 0.003\ 2 \text{ m}$

倾斜改正:　　$\Delta D_h = -\dfrac{h^2}{2D_{设}} = -\dfrac{0.425^2}{2 \times 25.280} \text{ m} = -0.003\ 6 \text{ m}$

则放样长度为: $D_{放} = D_{设} - (\Delta D + \Delta D_T + \Delta D_h) = 25.282 \text{ m}$

放样时,如前所述自线段的起点沿给定的方向量出 $D_{放}$,定出终点,即得放样的距离 $D_{设}$ 。

为了检核,同样需要再放样一次,若两次放样之差在允许范围内,则取平均位置作为终点的最后位置。

2)光电测距仪放样已知水平距离

用光电测距仪放样已知水平距离与用钢尺放样方法大致相同。如图 8-1-2 所示,光电测距仪安置于 A 点,反光镜沿已知方向 AC 移动,使仪器显示略小于放样的距离 D,定出 B' 点。再在 B' 点安置棱镜,测量出 B' 点上反光镜的竖直角 α 及斜距 s,根据 α 和 s 计算水平距离 $D' = s\cos\alpha$,从而求得改正值 $\Delta D = D - D'$。根据 ΔD 的符号在实地沿已知方向用钢尺由 B' 点量起,量 ΔD 定出 B 点,AB 即为测设的水平距离 D。为了检核,将反光镜安置在 B 点,测量 AB 的水平距离,若不符合要求,则再次改正,直至在允许范围之内为止。

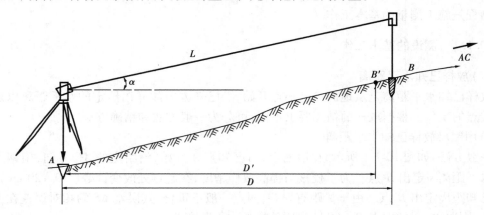

图 10-1-2　光电测距仪放样距离

(2)放样已知水平角

放样已知水平角就是根据一已知方向放样出另一方向,使它与已知方向的夹角等于给定的设计角值,按放样精度要求不同分为一般方法和精确方法。

1)一般方法

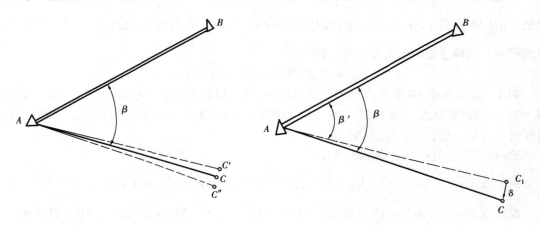

图 10-1-3　一般方法放样已知水平角　　　　图 10-1-4　精确方法放样已知水平角

当放样水平角精度要求不高时,可采用此法,即用盘左、盘右取平均值的方法。如图 10-1-3 所示,设 AB 为地面上已有方向,欲放样水平角 β,在 A 点安置经纬仪,以盘左位置瞄准 B

点,配置水平度盘读数为 $0°00'00''$。转动照准部使水平度盘读数恰好为 β 值,在视线方向定出 C' 点。然后用盘右位置,重复上述步骤定出 C'' 点,取 C' 和 C'' 中点 C,则 $\angle BAC$ 即为放样 β 角。

2)精确方法

当放样精度要求较高时,可用精确方法。如图 10-1-4 所示,安置经纬仪于 A 点,按一般方法放样已知水平角 β,定出 C_1 点,然后较精确地测量 $\angle BAC_1$ 的角值,一般采用多个测回取平均值的方法,设平均角值为 $\beta_平$,测量出 AC_1 的距离。按式(10-1-1)计算 C_1 点与 AC_1 垂线的改正值 $CC_1(\delta)$。

$$\delta = CC_1 = AC_1\tan(\beta - \beta_平) = AC_1\frac{\Delta\beta''}{\rho''} \tag{10-1-1}$$

从 C_1 点沿 AC_1 的垂直方向往外或往内调整 δ。若 $\beta > \beta_平$ 时,往外调整 δ 至 C 点;$\beta < \beta_平$ 时,则按反向调整,调整后 $\angle BAC$ 即为欲测设的水平角 β。

(3)放样已知高程

放样已知高程就是根据已知点的高程,通过引测,把设计高程标定在固定的位置上。如图 10-1-5 所示,在已知高程点 A(高程为 H_A)与需要标定已知高程的特定点 B 之间安置水准仪,精平后读取 A 点的标尺读数为 a,则仪器的视线高程为 $H_视 = H_A + a$。由图可知放样已知高程为 $H_设$ 的 B 点前视应读数为:

$$b = H_视 - H_设$$

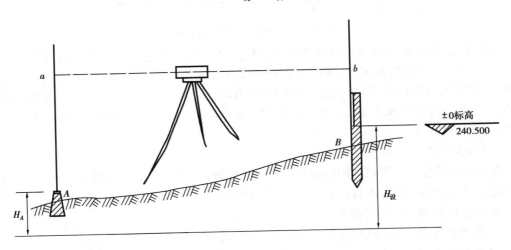

图 10-1-5　高程放样

将水准标尺紧靠 B 点木桩的侧面上下移动,直到尺上读数为 b 时,沿尺底画一横线,此线即为放样设计高程的 $H_设$ 位置。放样时应始终保持水准管气泡居中。在建筑设计和施工中,为了计算方便,通常把建筑物的室内设计地坪高程用 ±0 标高表示。基础、门窗等的标高都以 ±0 为依据,建筑物的各部分的高程都是相对于 ±0 放样的。已知高程的放样,对控制基础挖深、坝轴线的设置、坝的边坡放样以及环山渠道中心桩的测定是常用的方法。

10.1.2 点的平面位置放样

点的平面位置放样是根据已布设好的控制点与放样点间的角度(方向)、距离或相应的坐标关系而定出点的位置。放样方法可根据所用的仪器设备、控制点的分布情况,放样场地地形条件及放样点精度要求等从以下几种方法中选择使用。

(1)直角坐标法

直角坐标法是建立在直角坐标原理基础上确定点位的一种方法。当建筑场地已建立有相互垂直的主轴线或矩形方格网时,一般采用此法。

如图 10-1-6 所示,OA、OB 为互相垂直的方格网主轴线或建筑基线,a、b、c、d 为放样建筑物轴线的交点,ab、ad 轴线分别平行于 OA、OB。根据 a、c 的设计坐标$(x_a、y_a)$,$(x_c、y_c)$ 即可以 OA、OB 轴线放样出 a、b、c、d 各点。下面以放样 a、b 点为例,说明放样方法。

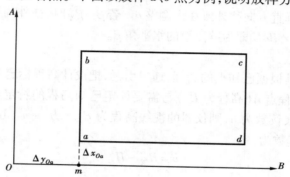

图 10-1-6 直角坐标放样点的平面位置

设 O 点已知坐标为$(X_O、Y_O)$,从而求得 $\Delta X_{Oa} = X_a - X_O$, $\Delta Y_{Oa} = Y_a - Y_O$。经纬仪安置在 O 点,照准 B 点,沿此视线方向从 O 沿 OB 方向放样 ΔY_{Oa} 定出 m 点。安置经纬仪于 m 点,盘左照准 O 点,按顺时针方向放样 $90°$,沿此视线方向放样出 ΔX_{Oa} 定 a' 点,同法以盘右位置定出 a'' 点,取 a'、a'' 中点即为所求 a 点。经纬仪照准 a 点,沿此视线方向放样出 ab 距离定 b 点即为所求,同此法放样 d、c 点。

(2)极坐标法

极坐标法是根据水平角和距离放样点的平面位置的一种方法。在控制点与放样点间便于量距的情况下,采用此法较为适宜。若采用测距仪或全站仪放样距离,则没有此项限制。如图 10-1-7 所示,A,B 为已知控制点,设其坐标为$(x_A、y_A)$,$(x_B、y_B)$。P 为放样点,其坐标为$(x_P、y_P)$。根据已知点坐标和放样点坐标按坐标反算的方法求出放样角和放样边长。即

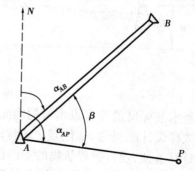

$$\alpha_{AB} = \arctan \frac{y_B - y_A}{x_B - x_A}$$

图 10-1-7 极坐标法放样点的平面位置

$$\alpha_{AP} = \arctan \frac{y_P - y_A}{x_P - x_A}$$

$$\beta = \alpha_{AP} - \alpha_{AB}$$

$$D_{AP} = \sqrt{(x_P - x_A)^2 + (y_P - y_A)^2}$$

放样时,经纬仪安置在 A 点,后视 B 点,置度盘为零,按盘左盘右分中法放样 β 角,定出 AP 方向,沿此方向放样水平距离 D_{AP},得 P 点。

定 AP 方向用方位角较为方便,即在后视 B 点时,使水平度盘读数恰好等于 AB 方位角 α_{AB}。转动照准部,当度盘读数为 AP 方位角 α_{AP} 时,此方向即为 AP 方向。

(3) 角度交会法

角度交会法是在 3 个控制点上分别安置经纬仪,根据相应的已知方向放样出相应的角值,从三个方向交会定出点位的一种方法。此法适用于放样点离控制点较远或量距有困难的情况。如图 10-1-8(a) 所示,根据控制点 A、B、C 和放样点 P 的坐标计算放样数据 α_{AB},α_{AP}, α_{BP}, α_{CP} 及 β_1,β_2,β_3,β_4 的角值。将经纬仪安置在 A 点,按方位角 α_{AP} 或 β_1 角值定出 AP 方向线,在 AP 方向线上的 P 点附近打上两个木桩(俗称骑马桩),桩上钉小钉以表示此方向,如图 10-1-8(b)AP_1,并用细线拉紧。然后,经纬仪分别安置在 B,C 点,同法定出 BP_2,CP_3 方向线。3 条细线若交于一点,即为所求。否则,由于放样存在误差,三线可能交出三点,此三点构成一个"示误三角形"。如果示误三角形的边长不超过 4 cm 时,则取"示误三角形"的重心作为所求 p 点位置。

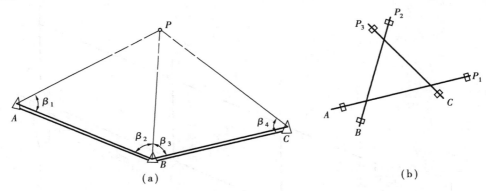

图 10-1-8　角度交会法放样点的平面位置

(4) 距离交会法

距离交会法是从两个控制点起至放样点的两段距离相交定点的一种方法。当建筑场地平坦、便于量距且放样距离不超过钢尺一尺长时,用此法较为方便。

如图 10-1-9 所示,设 A,B 为控制点,P 为放样点。首先根据控制点和放样点坐标直接计算放样数据 D_1,D_2。然后用钢尺从 A,B 点分别放样 D_1,D_2 值,两距离交点即为所求 P 点的位置。

(5) 全站仪坐标放样法

全站仪不仅具有高精度、快速地测角、测距、测定点的坐标的特点,而且在施工放样中因少

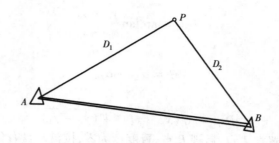

图 10-1-9　距离交会法放样点的平面位置

受天气、地形条件的限制也显示出它的独特优势。从而在生产实践中得到了广泛应用。全站仪坐标放样法,就是根据放样点的坐标定出点位的一种方法。仪器安置在测站点上,使仪器置于放样模式,然后输入测站点、后视点和放样点的坐标,一人持反光棱镜立在放样点附近,用望远镜照准棱镜,按坐标放样功能键,全站仪显示出棱镜位置与放样点的坐标差。根据坐标差值移动棱镜位置,直到坐标差值等于零时为止,此时,棱镜位置即为放样点的点位。

10. 1. 3　已知坡度直线的放样

已知坡度直线的放样就是在地面上定出的直线,其坡度等于已给定的坡度。它广泛应用于道路工程、排水管道和敷设地下工程等施工中。

如图 10-1-10 所示,设地面上 A 点的高程为 H_A,A、B 的水平距离为 D,从 A 点沿 AB 方向放样一条坡度为 i 的直线。首先根据 H_A,已知坡度 i 和距离 D 计算 B 点的高程。

$$H_B = H_A + i \times D$$

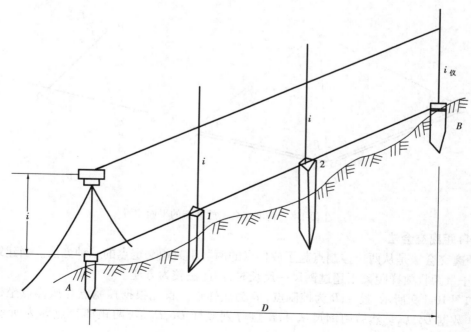

图 10-1-10　已知坡度直线的放样

计算 B 点高程时,注意坡度 i 的正、负,图 10-1-10 中 i 为正。按放样已知高程的方法,把 B

点的高程放样到木桩上,则 AB 连线即为已知坡度线 i。若在 AB 间加密 $1,2\cdots$ 点,使其坡度为 i,当坡度不大时,可在 A 点上安置水准仪,使一个脚螺旋在 AB 方向线上,另两个脚螺旋的连线大致与 AB 线垂直。量取仪器高 i,用望远镜照准 B 点的水准尺,旋转在 AB 方向上的脚螺旋,使 B 点桩上水准尺上的读数等于 i,此时仪器的视线即为已知坡度线。在 AB 中间各点打上木桩,并在桩上立尺使读数皆为 i,这样的各桩桩顶的连线就是放样的坡度线,当坡度较大时,可用经纬仪定出各点。

10.2　建筑场地的施工控制测量

10.2.1　施工控制网的特点

施工控制网与测图控制网相比,具有以下特点:

1)控制点的密度大,精度要求较高,使用频繁,受施工的干扰多。这就要求控制点的位置应分布恰当和稳定,使用起来方便,并能在施工期间保持桩点不被破坏。因此,控制点的选择、测定及桩点的保护等工作,应与施工方案、现场布置统一考虑确定。

2)在施工控制测量中,局部控制网的精度往往比整体控制网的精度高。如前所述,某个单元工程的局部控制网的精度可能是整个系统工程中精度最高的部分,因此,也就没有必要将整体控制网都建成与局部同样高的精度。由此可见,大范围的整体控制网只是给局部控制网传递一个起始点坐标和起始方位角,而局部控制网可以布置成自由网的形式。

10.2.2　施工平面控制网的建立

(1)施工平面控制网的形式

施工平面控制网经常采用的形式有三角网、导线网、建筑基线或建筑方格网。选择平面控制网的形式,应根据建筑总平面图、建筑场地的大小、地形、施工方案等因素进行综合考虑。对于地形起伏较大的山区或丘陵地区,常用三角测量或边角测量方法建立控制网;对于地形平坦而通视比较困难的地区,如扩建或改建的施工场地,或建筑物分布很不规则时,则可采用导线网;对于地面平坦而简单的小型建筑场地,常布置一条或几条建筑基线,组成简单的图形并作为施工放样的依据;而对于地势平坦,建筑物众多且分布比较规则和密集的工业场地,一般采用建筑方格网。总之,施工控制网的形式应与设计总平面图的布局相一致。采用三角网作为施工控制网时,常布设成两级,一级为基本网,以控制整个场地为主,可按城市测量规范的一级或二级小三角测量技术要求建立;另一级是测设三角网,它直接控制建筑物的轴线及细部位置,在基本网的基础上加密,当场区面积较小时,可采用二级小三角网一次布设。

采用导线网作为施工控制网时,也常布设成两级,一级为基本网,多布设成环形,可按城市测量规范的一级或二级导线测量的技术要求建立;另一级为测设导线网,用以测设局部建筑物,可按城市二级或三级导线的技术要求建立。

平坦地区或经过土地平整后的工业建筑场地,其拟建主要厂房、运输路线以及各种工业管线都是沿着互相平行或垂直的方向布置,因此,可以根据场地大小及设计建筑物布置的复杂情况,采用建筑基线或建筑方格网作为施工控制网,然后按直角坐标法进行建筑物放样。建筑基线和建筑方格网都具有计算简单、使用方便、放样迅速等优点。

（2）建筑基线

建筑基线是指工业建筑场地的施工控制基准线。建筑基线常用于面积较小、地势较为平坦而狭长的建筑场地。

1）建筑基线的设计

根据建筑设计总平面图的施工坐标系及建筑物的布置情况,建筑基线可以设计成三点"一"字形、三点"L"形、四点"T"字形及五点"十"字形等形式,如图 10-2-1 所示。建筑基线的形式可以灵活多样,以适合于各种地形条件。

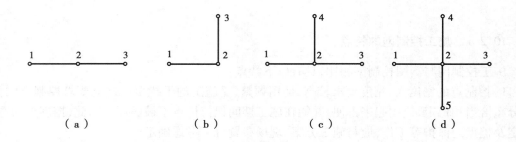

图 10-2-1　建筑基线布设形式

设计时应该注意以下几点:

①建筑基线应平行或垂直于主要建筑物的轴线;

②建筑基线主点间应相互通视,边长 100 ~ 400 m;

③主点在不受挖土损坏的条件下,应尽量靠近主要建筑物;

④建筑基线的测设精度应满足施工放样的要求。

2）建筑基线的测设

根据测图控制点的分布情况,可采用极坐标法测设,如图 10-2-2 所示。其放样过程如下:

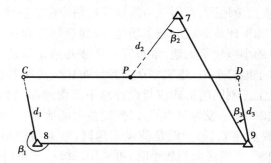

图 10-2-2　建筑基线的设置

1）计算测设数据

根据建筑基线主点 C,P,D 及控制点 7,8,9 坐标,反算出测设数据 d_1,d_2,d_3 及 β_1,β_2,β_3。

2）测设主点

如图 10-2-3 所示,按极坐标法测设出三个主点的概略位置 C'、P'、D',并用大木桩标定。

3）检查三个定位点的直线性

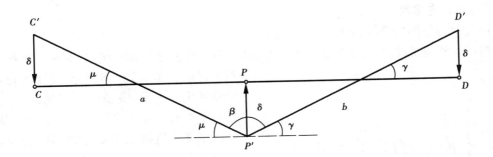

图 10-2-3　建筑基线主点的调整

安置经纬仪于 P' 点,检测 $\angle C'P'D'$,如果观测角值 β 与 $180°$ 之差大于 $24''$,则进行调整。

4) 调整三个定位点的位置

先根据三个主点间的距离 a、b 按式(10-2-1)计算出改正数 δ,即

$$\delta = \frac{ab}{a + b}\left(90° - \frac{\beta}{2}\right)\frac{1}{\rho''} \tag{10-2-1}$$

当 $a = b$ 时,则得

$$\delta = \frac{a}{2}\left(90° - \frac{\beta}{2}\right)\frac{1}{\rho''} \tag{10-2-2}$$

式中,$\rho'' = 206\,265''$。然后将定位点 C'、P'、D' 沿与基线垂直的方向和移动 δ 值,而得 C、P、D 三点(注意:P' 点移动的方向与 C'、D' 两点的相反)。按 δ 值移动三个定位点之后,再重复检查和调整 C、P、D,至到误差在允许范围时为止。

5) 调整三个定位点间的距离

先用钢尺检查 C、P 及 P、D 间的距离,若检查结果与设计长度之差的相对较差大于 $1:10\,000$,则以 P 点为准,按设计长度调整 C、D 两点。

6) 测设其余两主点 E、F

如图 10-2-4 所示,安置经纬仪于 P 点,照准 C 点,分别向左、右测设 $90°$ 角,并根据主点间的距离,在实地标定出 E'、F' 点,用全圆方向法观测方向,分别求出 $\angle CPE'$ 及 $\angle CPF'$ 的角值与 $90°$ 之差 ε_1 及 ε_2,若 ε_1、ε_2 之值大于 $24''$,则按下式计算方向改正数 l_1、l_2,即

$$l = L\frac{\varepsilon''}{\rho''}$$

式中 L 为主点间的距离;将 E'、F' 两点分别沿 PE' 及 PF' 的垂直方向移动 l_1、l_2,得 E、F 点,E'、F' 的移动方向按观测角值的大小决定,大于 $90°$,则向左移动,否则向右移动。最后再检测 $\angle EPF$,其值与 $180°$ 之差应小于 $24''$。

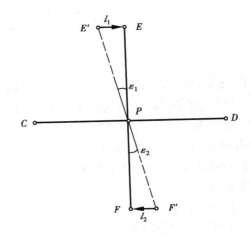

图 10-2-4　建筑基线主点放样与调整

（3）建筑方格网

1）建筑方格网的坐标系统

在设计和施工部门，为了工作上的方便，常采用一种独立坐标系统，称为施工坐标系或建

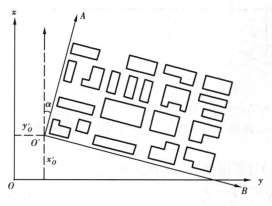

筑坐标系。如图 10-2-5 所示，施工坐标系的纵轴通常用 A 表示，横轴用 B 表示，施工坐标也叫 A、B 坐标。施工坐标系的 A 轴和 B 轴，应与厂区主要建筑物或主要道路、管线方向平行。坐标原点设在总平面图的西南角，使所有建筑物和构筑物设计坐标均为正值。施工坐标系与国家测量坐标系之间的关系，可用施工坐标系原点 O' 的测量系坐标 x_0'、y_0' 及 $O'A$ 轴的坐标方位角 α 来确定。在进行施工测量时，上述数据由勘测设计单位给出。

2）建筑方格网的布设

①建筑方格网的布置和主轴线的选择

建筑方格网的布置，应根据建筑设计总平

图 10-2-5　施工坐标系与测量坐标系的关系

面图上各建筑物、构筑物、道路及各种管线的布设情况，结合现场的地形情况拟定。如图 10-2-6 所示，布置时应先选定建筑方格网的主轴线 MN 和 CD，然后再布置方格网。方格网的形式可布置成正方形或矩形，当场区面积较大时，常分两级。首级可采用"十"字形、"口"字形

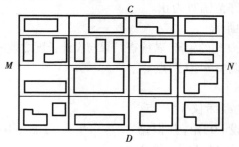

图 10-2-6　建筑方格网的布置

或"田"字形，然后再加密方格网。当场区面积不大时，尽量布置成全面方格网。布网时，如图 10-2-6 所示，方格网的主轴线应布设在厂区的中部，并与主要建筑物的基本轴线平行。方格网的折角应严格成 $90°$。方格网的边长一般为 $100 \sim 200$ m。矩形方格网的边长视建筑物的大小和分布而定，为了便于使用，边长尽可能为 50 m 或它的整数倍。方格网的边长应保证通视且易于测距和测角，点位标石应能长期保存。

②确定主点的施工坐标

方法与建筑基线相同。

③求算主点的测量坐标

方法与建筑基线相同，但要注意坐标系的旋转和平移。如图 10-2-7 所示，设已知 P 点的施工坐标为 A_P 和 B_P，换算为测量坐标时，可按下式计算：

$$x_P = x_0' + A_P\cos\alpha - B_P\sin\alpha$$

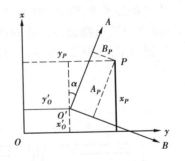

$$y_P = y_0' + A_P\sin\alpha + B_P\cos\alpha$$

3）建筑方格网的测设

其施测方法与建筑基线基本相同。

10.2.3　高程控制网的建立

水准网是建筑场地的高程控制网,一般布设成两级。首级为整个场地的高程基本控制,应布设成闭合水准路线,尽量与国家水准点联测,可按四等水准要求进行观测（详见水准测量章节）。但对于连续生产的车间或下水管　图 10-2-7　施工坐标与测量坐标的换算

道等,则需采用三等水准测量的方法测定各水准点的高程。水准点应布设在场地平整范围之外、土质坚固的地方,以免受震,并埋设成永久性标志,便于长期使用。另一级为加密网,以首级网为基础,可布设成附合路线或闭合路线,加密水准点可埋设成临时性标志,尽量靠近建筑物,以便使用,但应避免施工时被破坏。此外,为了测设方便和减少误差,在一般厂房的内部或附近应专门设置 ±0.000 标高水准点。但需注意设计中各建、构筑物的 ±0.000 的高程不一定相等,应严格加以区别。

10.3　民用建筑场地的施工测量

民用建筑按使用功能可分为住宅、办公楼、食堂、俱乐部、医院和学校等;按楼层多少可分为单层、低层(2～3 层)、多层(4～8 层)和高层几种。对于不同的类型,其放样方法和放样精度要求都有所不同。本节以多层民用建筑为例,介绍施工放样的基本方法。

10.3.1　民用建筑的施工测量

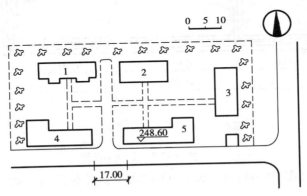

图 10-3-1　建筑总平面图

(1)测设的准备工作

1)熟悉图纸

设计图纸是施工放样的主要依据,与测设有关的图纸主要有:建筑总平面图、建筑平面图、基础平面图和基础剖面图。

从建筑总平面图(图10-3-1)可以查明设计建筑物与原有建筑物的平面位置和高程的关系,它是测设建筑物总体位置的依据。

从建筑平面图(图10-3-2)可以查明建筑物的总尺寸和内部各定位轴线间的尺寸关系。

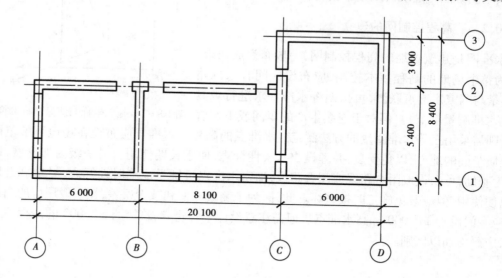

图 10-3-2　建筑平面图

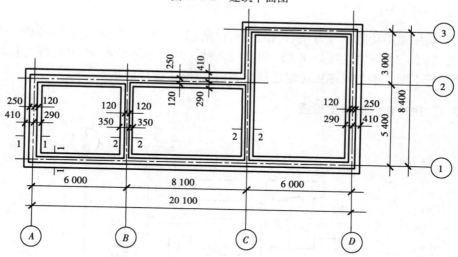

图 10-3-3　基础平面图

从基础平面图(图10-3-3)可以查明基础边线与定位轴线的关系尺寸,以及基础布置与基础剖面位置关系。

从基础剖面图(图10-3-4)可以查明基础立面尺寸、设计标高以及基础边线与定位轴线的尺寸关系。

2)现场踏勘和测设方案的确定

首先了解设计要求和施工进度计划,然后对现场进行踏勘,明了现场的地物、地貌和原有测量控制点的分布情况,确定测设方案。例如,按图10-3-1的设计要求:拟建的5号楼与现有

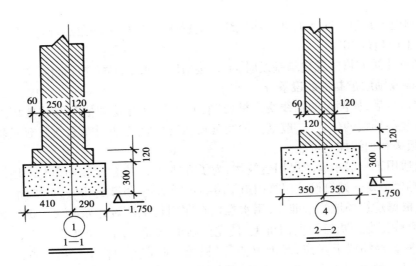

图 10-3-4　基础剖面图

4 号楼平行,二者南墙面平齐,相邻墙面相距 17.00 m。因此,可根据现有建筑物进行测设。

3)数据准备

　　数据的准备,包括根据测设方法的需要而进行的数据计算和绘制测设略图。图 10-3-5 为注明测设尺寸和方法的测设略图。从图 10-3-3 可以看出,由于拟建房屋的外墙面距定位轴线为 0.25 m,故在测设略图中将定位尺寸 17.00 m 和 3.00 m 分别加 0.25 m(即 17.25 m 和 3.25 m)而注于图上,以满足施工后南墙面齐平设计要求。

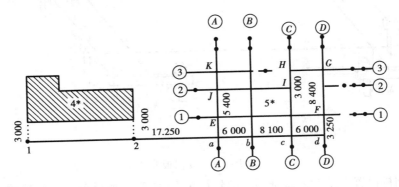

图 10-3-5　建筑物放样略图

(2)房屋基础轴线测设

　　根据测设略图(图 10-3-5)和现有建筑物,首先测设一条简易建筑基线,然后用直角坐标法将房屋轴线交点标定在地上。具体做法如下:

　　1)先沿 4 号楼的东、西墙面向外各量出 3.00 m,在地上定出 1、2 两点作为建筑基线,在 1 点安置经纬仪,照准 2 点,然后沿视线方向,从 2 点起根据图中注明尺寸,按 1/5 000 精度测设出各基线点 a、c、d,并打下木桩,桩顶钉小钉以表示点位;

　　2)在 a、c、d 三点分别安置经纬仪,并用正倒镜测设 90°角,沿 90°方向测设相应的距离,以定出房屋各轴线的交点 E、F、G、H、I、J 等,并打木桩,桩顶钉小钉以表示点位;

　　3)用钢尺检测各轴线交点的间距,其值与设计长度的相对误差应不超过 1/2 000,如果房

207

屋规模较大,则应不超过 1/5 000,并且将经纬仪安置在 E、F、G、K 四角点,检测各个直角,其角值与 90°之差不应超过 40″。

如现场已有建筑方格网或建筑基线时,可直接采用直角坐标法进行定位。

(3)龙门板或轴线控制桩的设置

建筑物定位以后,所测设的轴线交点桩(或称角桩),在开挖基槽时将被破坏。施工时为了能方便地恢复各轴线的位置,一般是把轴线延长到安全地点,并作好标志。延长轴线的方法有两种:龙门板法和轴线控制桩法。

龙门板法适用于一般小型的民用建筑物,为了方便施工,在建筑物四角与隔墙两端基槽开挖边线以外约 1.5~2 m 处钉设龙门桩(如图 10-3-6 所示)。桩要钉得竖直、牢固,桩的外侧面与基槽平行。根据建筑场地的水准点,用水准仪在龙门桩上测设建筑物 ±0.000 标高线。根据 ±0.000 标高线把龙门板钉在龙门桩上,使龙门板的顶面在同一个水平面上,且与 ±0.000 标高线一致。安置经纬仪于 N 点,瞄准 P 点,沿视线方向在龙门板上定出一点,用小钉标志,纵转望远镜在 N 点的龙门板上也钉一小钉。同法将各轴线引测到龙门板上。

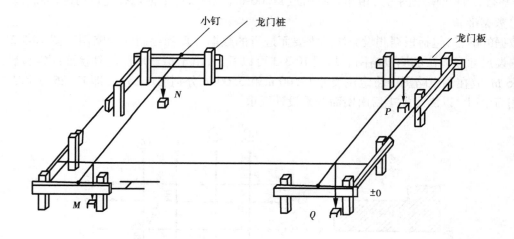

图 10-3-6　龙门板放样

轴线控制桩设置在基槽外基础轴线的延长线上,作为开槽后各施工阶段确定轴线位置的依据(图 10-3-7)。轴线控制桩离基槽外边线的距离根据施工场地的条件而定。如果附近有已建的建筑物,也可将轴线投设在建筑物的墙上。为了保证控制桩的精度,施工中往往将控制桩与定位桩一起测设,有时先测设控制桩,再测设定位桩。

(4)基础施工测量

基础开挖之前,先按基础剖面图的设计尺寸,计算基槽口的 1/2 开挖宽度 d,然后根据所放基础轴线在地面上放出开挖边线,并撒白灰。如图 10-3-8 所示,1/2 开挖宽度按下式计算:

$$d = B + mh$$

式中,B 为 1/2 基础底宽,可由基础剖面图查取;h 为挖土深度;m 为挖土边坡的分母。

在基槽开挖接近槽底时,用水准仪按高程测设方法,根据地面 ±0 水准点,在基槽壁上每

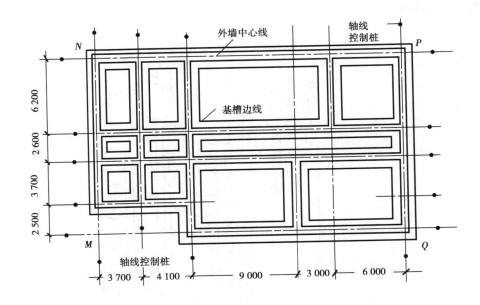

图 10-3-7 轴线控制桩放样

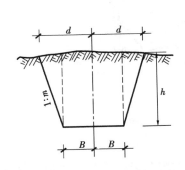

图 10-3-8 基础施工测量

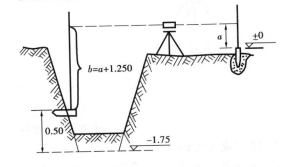

图 10-3-9 基槽深度控制

隔 3～5 m 及转角处测设一个腰桩(图 10-3-9),使桩的上表面离设计槽底为整分米数,以作为修平槽底的依据。

(5)楼层轴线投设

投设轴线的最简便方法是吊垂线法。即将垂球悬吊在楼板或柱顶边缘,当垂球尖对准基础上的定位轴轴线时,线在楼板或柱边缘的位置即为楼层轴线端点位置,画短线作标志;同样投设轴线另一端点,两端点的连结即为定位轴线,同法投设其他轴线,经检查其间距后即可继续施工。当有风或建筑物层数较多,使垂球投线的误差过大时,可用经纬仪投线。经纬仪投设轴线的方法:安置经纬仪于轴线控制桩或引桩上,如图 10-3-10 所示。仪器严格整平后,用望远镜盘左位置照准墙脚上标志轴线的红三角形,固定照准部,然后抬高望远镜,照准楼板或柱顶,根据视线在其边缘标记一点,再用望远镜盘右位置,同样在高处再标定一点,如果两点不重合,取其中点,即为定位轴线的端点。同法再投设轴线另一端点,根据两端点弹上墨线,即为楼层的定位轴线。根据此定位轴线吊装该层框架结构的柱子时,可同时用两台经纬仪校正柱子的垂直度(图 10-3-10)。

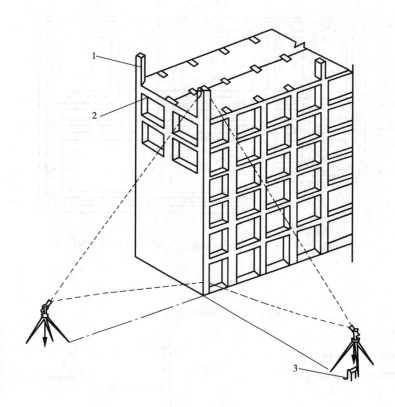

1. 柱;2. 梁;3. 控制桩

图 10-3-10　经纬仪投测轴线

(6)楼层高程传递

按高程向上传递的方法,用钢尺和水准仪沿墙体或柱身向楼层传递,作为过梁和门窗口施工的依据。

10.3.2　高层建筑的施工测量

随着现代城市的发展,高层建筑日益增多。高层建筑由于层数较多、高度较高、施工场地狭窄,且多采用框架结构、滑模施工工艺和先进施工器械,故在施工过程中,对于垂直度偏差、水平度偏差及轴线尺寸偏差都必须严格控制;对测量仪器的选用和观测方案的确定都有一定的要求。现以某贸易中心大厦主楼工程的施工测量为例,说明高层建筑施工放样方法。

某大厦是一座高层建筑物,如图 10-3-11 所示,连同地下共 53 层,总高度为 159.45 m,平面结构外包尺寸为 35.4 × 35.4 m;垂直度观测采用激光铅垂仪进行,结构最大垂直偏差为 2.5 cm,是总高度的 1/6 000。

(1)基础及基础定位轴线的测设

该高层建筑物采用一般框架结构,其轴线尺寸的测设精度要求高,为了控制轴线尺寸偏

图 10-3-11　某高层建筑物

差,其基础及基础定位轴线测设采用工业厂房控制网和柱列轴线的测设方法进行,不赘述。

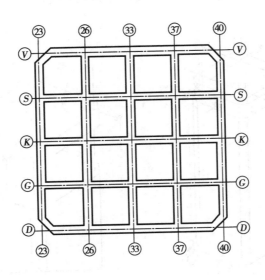

图 10-3-12　提升架平面布置图

(2) 垂直度观测

图 10-3-12 所示为提升架平面布置示意图。提升架系一整体模架,用千斤顶联在支承杆

上,以进行整体滑模施工,在滑模过程中应进行垂直度观测。

1)观测点及激光观测站的布设

为了在滑升过程中能反映整套模架的偏移和变形情况,提升前先在操作平台上布设"田"

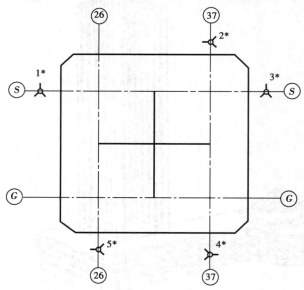

图 10-3-13 观测站的布设

字形控制网,如图 10-3-13 所示。然后用经纬仪将控制网的三条轴线引出到地面上,在引出轴线上的适当位置处建立观测站 1#、2#、3#、4#、5#,并埋设半永久性木桩为标志。同时根据观测站在滑模平台上的相应位置安装 5 个激光接受靶作为观测点。

2)垂直度观测

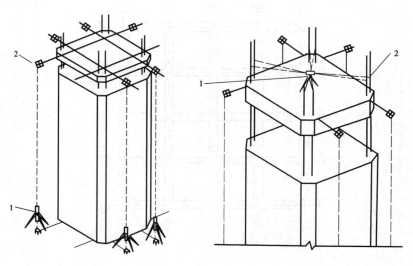

1. 激光铅垂仪;2. 激光接受靶   1. 水准仪;2. 红三角形
图 10-3-14   垂直度观测   图 10-3-15   水平度观测

如图 10-3-14 所示,安置激光铅垂仪于观测站上,对中整平后,在滑升之前,利用激光束读取激光靶的初读数。在滑升过程中，随时读取激光靶的读数，与初读数比较，即可算出垂直度的偏差方向和偏差值。同时根据操作平台上控制网，测出各条模板的偏位情况，以此作为纠正平台或模板尺寸的依据。观测时应选用准直性能好、精度高、操作方便的激光铅垂仪作为观测仪器。

为了防止激光铅垂仪本身的误差，每隔三层（约 10 m），用精度较高的激光经纬仪进行一次复核，以便随时修正偏差。

（3）标高测设及水平度控制

1）标高测设

高层建筑的标高测设是根据水准点，先用水准仪和水准尺在建筑物墙体面上测设 + 1 m 的标高线，然后用钢尺从标高线沿墙体逐步向上测量，最后将标高测设在支承杆上。为了减少逐层读数误差的影响，可采用数层累计读数的测法，如三层换一次尺。

2）水平度的观测和控制

在滑升过程中，若操作平台发生倾斜，则滑出来的结构会发生偏扭，将直接影响建筑物的垂直度。因此，为了保证平台水平，平台的水平度控制是十分重要的。水平度的观测，可以在每层停滑间歇，用两台自动安平水准仪在支承杆上进行一次抄平，互为检核，并标注红三角，如图 10-3-15 所示。利用红三角在各支承杆上每隔 20 cm 划一分划线，以控制各支承点滑升的同步性，从而控制平台的水平度。

10.4　工业建筑施工测量

工业建筑中以厂房为主体，分有单层和多层。目前，我国较多采用预制钢筋混凝土柱装配式单层厂房，施工中的测量工作包括：厂房矩形控制网测设；厂房柱列轴线测设；杯型基础施工测量；厂房构件安装测量等。进行测设之前，需要做好下列准备工作：制定厂房矩形控制网测设方案及计算测设数据；厂区已有控制点的密度和精度往往不能满足厂房测设的需要，因此，对于每栋厂房，还应在厂区控制网的基础上，建立适应厂房规模大小、外形轮廓，以及满足该厂房特殊精度要求的独立矩形控制网，作为厂房施工测量的基本控制。

10.4.1　厂房控制网的建立

工业厂房一般均采用厂房矩形控制网作为厂房的基本控制，下面着重介绍依据建筑方格网，采用直角坐标法进行定位的方法。图 10-4-1 中 M、N、P、Q 四点是厂房最外边的四条轴线的交点，从设计图纸上已知 N、Q 两点的坐标。T、U、R、S 为布置在基坑开挖范围以外的厂房矩形控制网的 4 个角点，称为厂房控制桩。

根据已知数据计算出 HI、JK、IT、IU、KS、KR 等各段长度。首先在地面上定出 I、K 两点。然后，将经纬仪分别安置在 I、K 点上，后视方格网点 H，用盘左盘右中分法向右测设 90°角。沿此方向用钢尺精确量出 IT、IU、KS、KR 等四段距离，即得厂方矩形控制网 T、U、R、S 四点，并用大木桩标定之。最后，检查 ∠U、∠R 是否等于 90°，UR 是否等于其设计长度。对一般厂房来说，角度误差不应超过 ± 10″ 和边长误差不得超过 1/10 000。

对于小型厂房，也可采用民用建筑的测设方法，即直接测设厂房四个角点，然后，将轴线投

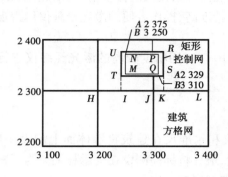

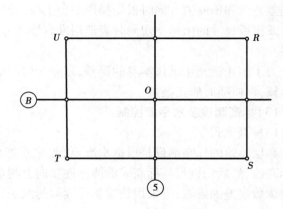

图 10-4-1 厂房矩形控制网   图 10-4-2 厂房控制网主轴线放样

测至轴线控制桩或龙门板上。

对大型或设备基础复杂的厂房,应先测设厂房控制网的主轴线,再根据主轴线测设厂房矩形控制网。如图 10-4-2 所示,以定位轴线Ⓑ轴和⑤轴为主轴线,T、U、R、S 是厂房矩形控制网的 4 个控制点。

10.4.2 列轴线和柱基的测设

厂房的柱子按其结构与施工的不同而分为:预制钢筋混凝土柱子、钢结构柱子及现浇钢筋混凝土柱子。各种厂房由于结构和施工工艺的不同,其施工测量方法亦略有差异。本节及下一节将以单层钢筋混凝土厂房为例,着重介绍厂房柱列轴线测设、杯型基础的放样以及柱子吊装测量工作。

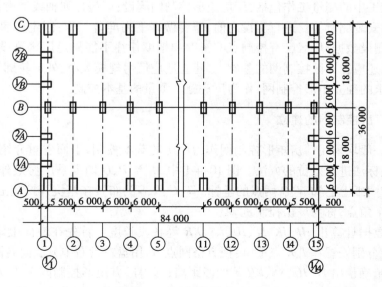

图 10-4-3 厂房柱列平面图

图 10-4-3 是冷作车间的柱列平面图,图中所示为双跨车间,每跨 18 m 宽;车间全长为 84 m,分为 14 个开间,除两端两个开间长为 5.5 m 外,其余每个开间长为 6 m。图中柱列轴线

（又称为定位轴线）有的是柱子中线，如 2、3、……、14 和 B 轴线，有的则是柱子边线，如 1、15、A 和 C 轴线，这些情况，测设之前必须熟悉。

（1）柱列轴线的测设

厂房控制网建立之后，根据距离指标桩，用钢尺在其间逐段测设柱间距，以定出各轴线控制桩，并在桩顶钉小钉，作为柱基放样的依据，如图 10-4-4 所示。

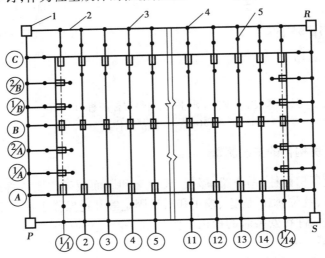

图 10-4-4　厂房柱列轴线测设图

（2）柱基的放样

用两架经纬仪安置在两条互相垂直的柱列轴线的轴线控制桩上，沿轴线方向交会出柱基定位点（定位轴线交点），再根据定位点和定位轴线，按基础详图（图 10-4-5）上的平面尺寸和基坑放坡宽度，用特制角尺放出基坑开挖边线，并撒上白灰；同时在基坑外的轴线上，离开挖边线约 2 m 处，各打入一个基坑定位小木桩，如图 10-4-6 所示，桩顶钉小钉作为修坑和立模的依据。

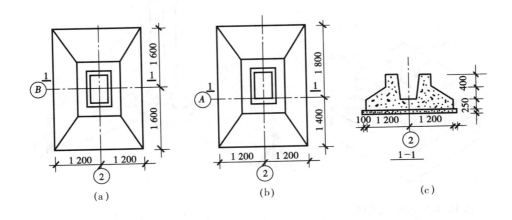

图 10-4-5　基础详图

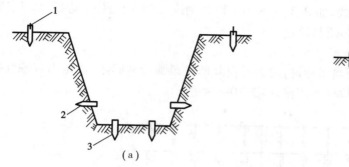
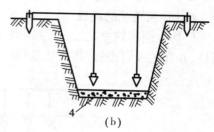

1. 基坑定位桩;2. 水平桩;3. 垫层标高桩;4. 垫层

图 10-4-6　柱基放样

10.4.3　工业厂房构件的安装测量

装配式单层工业厂房由柱、吊车梁、屋架、天窗架和屋面板等主要构件组成。在吊装每个构件时,有绑扎、起吊、就位、临时固定、校正和最后固定等几道操作工序。下面着重介绍柱子、吊车梁及吊车轨道等构件在安装时的校正工作。

(1)柱子安装测量

1)柱子安装的精度要求

①柱脚中心线应对准柱列轴线,允许偏差为 ±5 mm。

②牛腿面的高程与设计高程一致,其误差不应超过:

　　柱高在 5 m 以下为 ±5 mm;

　　柱高在 5 m 以上为 ±8 mm。

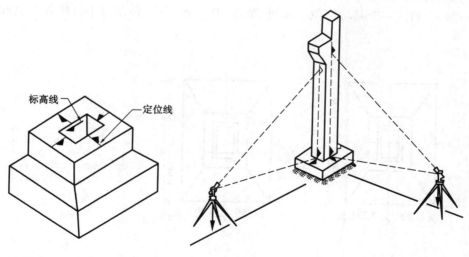

图 10-4-7　定位轴线投测　　　　　图 10-4-8　柱子竖直校正

③柱的全高竖向允许偏差值为 1/1 000 柱高,但不应超过 20 mm。

2)吊装前的准备工作

柱子吊装前,应根据轴线控制桩,把定位轴线投测到杯形基础的顶面上,并用红油漆画上"▲"标明,如图 10-4-7 所示。同时还要在杯口内壁,测出一条高程线,从高程线起向下量取一整分米数即到杯底的设计高程。

在柱子的三个侧面弹出柱中心线,每一面又需分为上、中、下三点,并画小三角形"▲"标志,以便安装校正,如图 10-4-8 所示。

3)柱长的检查与杯底找平

通常柱底到牛腿面的设计长度 l 加上杯底高程 H_1 应等于牛腿面的高程 H_2,如图 10-4-9 所示。即:$H_2 = H_1 + l$

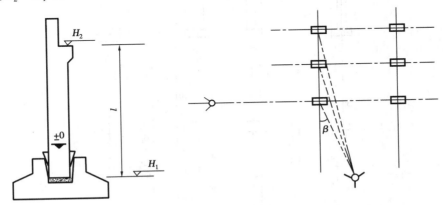

图 10-4-9　杯底找平　　　　　图 10-4-10　柱子竖直校正

但柱子在预制时,由于模板制作和模板变形等原因,不可能使柱子的实际尺寸与设计尺寸一样。为了解决这个问题,往往在浇铸基础时把杯形基础底面高程降低 2～5 cm,然后用钢尺从牛腿顶面沿柱边量到柱底,根据这根柱子的实际长度,用 1∶2 水泥沙浆在杯底进行找平,使牛腿面符合设计高程。

4)安装柱子时的竖直校正

柱子插入杯口后,首先应使柱身基本竖直,再令其侧面所弹的中心线与基础轴线重合。用木楔或钢楔初步固定,然后进行竖直校正。校正时用两架经纬仪分别安置在柱基纵横轴线附近,如图 10-4-8 所示,离柱子的距离约为柱高的 1.5 倍。先瞄准柱子中心线的底部,然后固定照准部,再仰视柱子中心线顶部。如重合,则柱子在这个方向上就是竖直的;如不重合,应进行调整,直到柱子两个侧面的中心线都竖直为止。

由于纵轴方向上柱距很小,通常把仪器安置在纵轴的一侧,在此方向上,安置一次仪器可校正数根柱子,如图 10-4-10 所示。

5)柱子校正的注意事项

①校正用的经纬仪事前应经过严格检校,因为校正柱子竖直时,往往只用盘左或盘右观测,仪器误差影响很大,操作时还应注意使照准部水准管气泡严格居中。

②柱子在两个方向的垂直度都校正好后,应再复查平面位置,看柱子下部的中线是否仍对准基础的轴线。

③当校正变截面的柱子时,经纬仪必需放在轴线上校正,否则容易产生差错。

④在阳光照射下校正柱子垂直度时,要考虑温度影响,因为柱子受太阳照射后,柱子向阴

面弯曲,使柱顶有一个水平位移。为此应在早晨或阴天时校正。

⑤当安置一次仪器校正几根柱子时,仪器偏离轴线的角度 β 最好不超过15°,如图10-4-10所示。

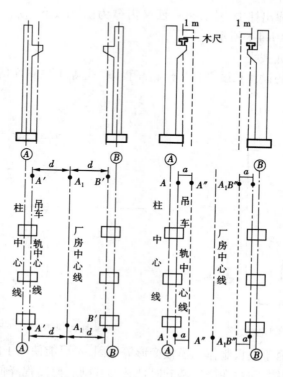

图 10-4-11 吊车轨道安装

(2) 吊车梁的安装测量

安装前先弹出吊车梁顶面中心线和吊车梁两端中心线,再将吊车轨道中心线投到牛腿面上。其步骤是:如图10-4-11,利用厂房中心线 A_1、A_1,根据设计轨距在地面上测设出吊车轨道中心线 $A'A'$ 和 $B'B'$;然后分别安置经纬仪于吊车轨中线的一个端点 A' 上,瞄准另一端点 A',仰起望远镜,即可将吊车轨道中线投测到每根柱子的牛腿面上并弹以墨线;然后,根据牛腿面上的中心线和梁端中心线,将吊车梁安装在牛腿上。吊车梁安装完后,应检查吊车梁的高程,可将水准仪安置在地面上,在柱子侧面测设 +50 cm 标高线,再用钢尺从该线沿柱子侧面向上量出至梁面的高度,检查梁面标高是否正确,然后在梁下用铁板调整梁面高程,使之符合设计要求。

(3) 吊车轨道安装测量

安装吊车轨道前,须先对梁上的中心线进行检测,此项检测多用平行线法。如图10-4-11,首先在地面上从吊车轨中心线向厂房中心线方向量出长度 a(1 m),得平行线 $A''A''$ 和 $B''B''$。然后安置经纬仪于平行线一端 A'' 上,瞄准另一端点,固定照准部,仰起望远镜投测。此时另一人在梁上移动横放的木尺,当视线正对准尺上一米刻划时,尺的零点应与梁面上的中线重合。如不重合应予以改正,可用撬杠移动吊车梁,使梁中线至 $A''A''$(或 $B''B''$)的间距等于 1 m 为止。

吊车轨道按中心线安装就位后,可将水准仪安置在吊车梁上,水准尺直接放在轨顶上进行检测,每 3 m 测一点高程,与设计高程相比较,误差不得超过 ±5 mm。

10.5　大坝施工测量

大坝主要分为以农田灌溉防洪蓄洪为主的土石大坝和以水力发电为主的混泥重力大坝。大坝除大坝本身外,还包括溢洪道、电站及其他水工建筑物等。由于土石坝的结构要比混泥土坝简单,土石坝的施工测量比混凝土坝的施工测量容易,精度要求也低些。不论是哪种大坝,它们的施工测量主要分为以下几个阶段:大坝轴线的定位与测设,坝身平面控制测量,坝身高程控制测量,坝身的细部放样测量和溢洪道测设等内容。下面以土石坝为例,介绍施工测量工作。

10.5.1　坝轴线的定位与测设

坝址选择是一项很重要的工作,因为它涉及大坝的安全、工程成本、受益范围、库容大小等问题。所以大坝选址工作必须综合研究、反复论证。选定大坝位置,也就是确定大坝轴线位置,它通常有两种方式:一种是由选线小组有关人员实地勘察,根据地形和地质情况以及其他因素在现场选定,用标志标明大坝轴线两端点,经进一步分析和比较论证后,建立永久性标志;另一种方式是在地形图上根据各方面的勘测资料,确定大坝轴线位置。这种方法需要把图上的轴线位置测设到地面上。测设过程如下:首先建立大坝平面控制网,如图 10-5-1 所示,1、2 是大坝轴线的两个端点,1′、2′是它们的延长线点,A、B、C、D 是大坝轴线的控制点。在图上量出 1、2 两点的平面直角坐标,这样可根据 1、2、A、B

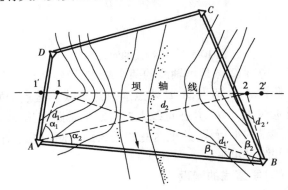

图 10-5-1　坝轴线定位

四点的平面直角坐标,求出放样数据 d、α、β、d';然后在 A、B 点安置仪器,用极坐标法放样出 1、2 点,同理,在 C、D 点安置仪器,用极坐标法检查 1、2 点是否正确。

10.5.2　坝身平面控制测量

土石坝一般都比较庞大,其结构随工程的不同也有所区别,如图 10-5-2 所示,是土石坝坝身横断面的一种形式。为了进行坝身的细部放样,如坝身坡脚线、坝坡面、斜墙、坝顶肩边线、需要以坝轴线为基础线建立若干平行线和垂直线来作为坝身的平面控制。

(1)平行线的测设

在大坝施工现场,由于施工人员、车辆、施工机来往频繁,如果直接从坝轴线向两边量距离既困难,又影响施工进度,所以在施工开始前需要在大坝的上游和下游设置若干条与坝轴线平行的直线,如图 10-5-3 所示,相邻平行线的距离可根据具体在 10 m、20 m、30 m 之间变化。图

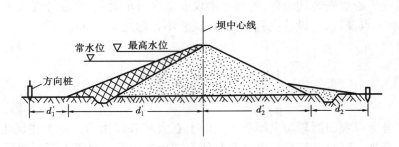

图 10-5-2　土石坝坝身剖面

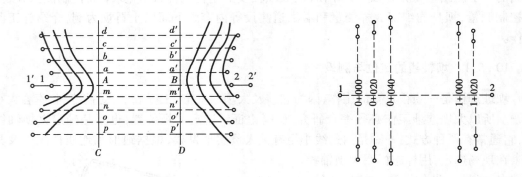

图 10-5-3　平行线的测设　　　　　　　10-5-4　垂直线的测设

10-5-3 中,1、2 点是坝轴线的两个端点,把经纬仪安置于其中一点,瞄准另一点,沿此方向在地面上测设 A、B 两点,A、B 两点应靠近轴线两端点为宜。再把经纬仪分别安置在 A、B 两点上,测设垂线 AC、BD,并在垂线上按规定的轴距定出 a、b、c…和 a′、b′、c′…。则 aa′、bb′、cc′…就是要测设的平行线,并把这些线延长到两侧山坡上,同时,坝顶边线、坝面变坡线也应作为平行线一并测设出来。

（2）垂直线的测设

为了测量大坝横断面和作为大坝放样的依据,需要测设一些垂直于坝轴线的直线。直线间的距离主要取决于地形。地形复杂的,间距要小一些,否则间距要大一些。对各直线与轴线的交点要进行里程桩编号,里程桩起点(0 + 000)应位于坝轴线端点附近,测设时经纬仪与测距仪配合使用(经纬仪加钢尺也可以),定出坝轴线上各里程桩,如图 10-5-4 所示,各里程桩位置确定后,将经纬仪分别安置在各里程桩上,瞄准 1 点或 2 点,转 90°角,就可以定出垂直于坝轴线的一系列平行线,在上下游施工范围以外,用桩子标定出,这些桩称为横断面方向桩。

10.5.3　坝身高程控制测量

大坝施工期间,经常需要高程放样,为此必须首先在施工范围外建立高程控制网,以便随时引测到大坝上,对大坝进行高程控制。高程控制网中的水准点应是永久性水准点,并和附近的高级水准点连测,以获得各水准点的绝对高程。控制中按三等或四等水准测量方法施测。此外,为了便于施工测量中的高程测设工作,还应在施工范围内建立不同高程的若干临时性水准点,所以要注意保护,并要定期检测。

10.5.4　坝身的细部放样测量

坝身的细部放样主要包括坡脚线放样和边坡放样

(1)坡脚线放样

利用坝身平面控制测量所测设的平行于坝轴线的方向线,即图 10-5-3 中的 aa'、bb'、cc'…等。根据各条方向线上坝坡面的设计高程,可在两侧山坡上或地面上测设出该高程的地面点,该点即为坡脚点,然后将每个方向线上的坡脚点连接,撒以灰线,即得坝体实地上的坡脚线,如图 10-5-5 所示。

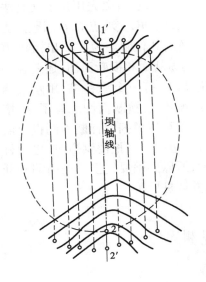

图 10-5-5　坡脚线放样

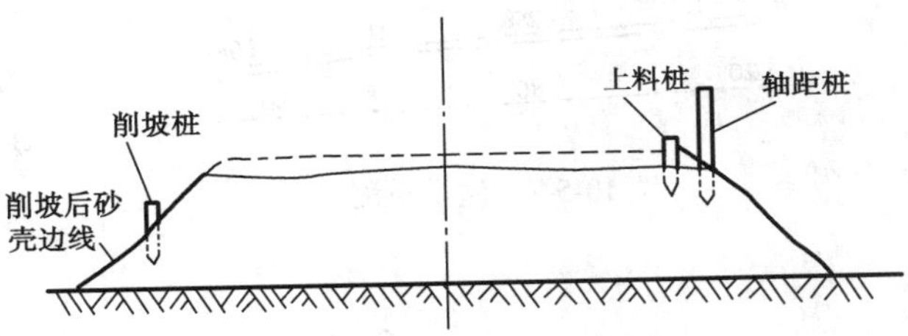

图 10-5-6　边坡放样

(2)边坡放样

为了使建成大坝满足设计要求,在施工时应进行边坡放样。它主要包括大坝每升高 1 m 左右上料桩测设,修坡时作为修坡依据的削坡桩的测设。

1)上料桩的测设

根据大坝的设计断面图,可以计算出大坝坡面上不同高程的点离开坝轴线的水平距离,这个距离是指大坝竣工后坝面离开坝轴线的距离。但在大坝施工时,应多铺一部分料,根据所用材料和压实方法的不同,一般要高出设计值 1~2 m,使压实并修理后的坝面恰好是设计的坝面,而坝顶面铺料超高部分,视具体情况而定。在施测上料桩时,可采用测距仪或钢尺测量坝轴线到上料桩之距离,高程用水准仪测量,如图 10-5-6 所示。

2)削坡桩的测设

坝坡面压实后要进行修整,使坝坡面符合设计要求。根据平行线在坝坡面上打若干排平行于坝轴线的桩,离坝轴线等距离的一排桩所在的坝面应具有相同的高程,用水准仪测得各桩所在地点的坝面高程,实测坡面高程减去设计高程,就得坡面修整的量。

10.5.5　溢洪道测设

溢洪道是大坝附属建筑物之一,它的作用是排泄库区的洪水,它对于保证水库及大坝的安

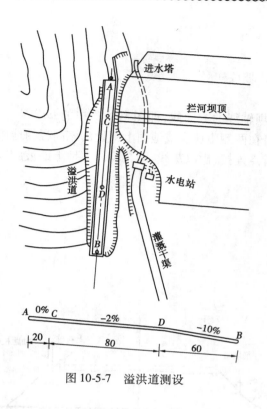

图 10-5-7　溢洪道测设

全极为重要。溢洪道的测设工作主要包括三个内容:溢洪道的纵向轴线和轴线上坡度变坡点测设;纵横断面测量;溢洪道开挖边线的测设。具体测设方法可采用以下做法:如图 10-5-7 所示,首先求出溢洪道起点 A、终点 B 以及变坡点 C、D 等的设计坐标值,计算出每个点放样角度值,然后用角度交会的办法分别测设出 A、B、C、D 各点的位置,也可以先用角度交会法确定起点 A、终点 B,变坡点 C、D 用距离丈量的方法确定其位置。为了测出溢洪道轴线方向的纵断面和横断面图,还要在轴线上每隔 20 m 打一个里程桩,用水准测量的方法测出纵、横断面图。有了纵、横断面图后,就可以根据设计断面测设出溢洪道的开挖边线。开挖溢洪道时,里程桩要被挖掉,所以必须要把里程桩引测到开挖以外,并埋桩标明。

10.6　建筑物的变形观测

10.6.1　变形观测概述

建筑物的变形观测,随着高大建(构)筑物的不断兴建,越来越受到人们的重视。各种大型的建(构)筑物,如水坝、高层建筑、大型桥梁、隧道在其施工和运营过程中,都会不同程度出现变形。这些变形总有一个由量变到质变的过程,以致最终酿成事故。因而及时地对建(构)筑物进行变形观测,掌握变形规律,以便及时分析研究和采取相应措施是非常必要的。同时也为检验设计的合理性,为提高设计质量提供科学的依据。

(1)建筑物产生变形的原因

建筑物发生变形的原因主要有两方面,一是自然条件及其变化,即建筑物地基的工程地质、水文地质及土壤的物理性质等;二是与建筑物本身相联系的原因,即建筑物本身的荷重,建筑物的结构,型式及动荷载(如风力、震动等)。此外,由于勘测、设计、施工以及运营管理等方面工作做得不合理还会引起建筑物产生额外的变形。所谓变形观测,就是用测量仪器或专用仪器测定建(构)筑物及其地基在建(构)筑物荷载和外力作用下随时间变形的工作。"变形"是一个总体的概念,包括地基沉隆回弹,也包括建筑物的裂缝、位移以及扭曲等。变形按时间长短可分为:长周期变形(建筑物自重引起的沉降和变形)、短周期变形(温度变化所引起的变形)和瞬时变形(风震引起的变形等)。按类型来区分,可分为静态变形和动态变形两类。静态变形是时间的函数,观测结果只表示在某一期间内的变形;动态变形是指在外力影响下而产生的变形,这是以外力为函数来表示,对于时间的变化,其观测结果表示在某一时刻的瞬时变形。

变形观测的任务是周期性地对观测点进行重复观测,求得其在两个观测周期间的变化量。而为了求得瞬时变形,则应采用多种自动记录仪器记录其瞬时位置,本章主要说明静态变形的观测方法。

(2)变形观测的精度要求及内容

变形观测的精度要求,取决于工程建筑的预计允许变形值的大小和进行观测的目的。若为建(构)筑物的安全监测,其观测中误差一般应小于允许变形值 1/10～1/20;若是研究建(构)筑物的变形过程和规律,则精度要求还要高。通常"以当时达到的最高精度为标准进行观测"。根据国家标准《工程测量规范》变形观测的等级划分及精度要求见表 10-6-1。

变形观测的内容有建(构)筑物的沉降观测、倾斜观测、水平位移观测、裂缝观测和挠度观测等。变形观测和观测周期,应根据建(构)筑物的特征、变形速率、观测精度要求和工程地质条件等因素综合考虑。在观测过程中,应根据变形量的大小适当调整观测周期。根据观测结果,应对变形观测的数据进行分析,得出变形的规律和变形大小、以判定建筑物是否趋于稳定,还是变形继续扩大。如果变形继续扩大,且变形速率加快,则说明变形超出允许值,会妨碍建筑物的正常使用。如果变形量逐渐缩小,说明建筑物趋于稳定,到达一定程度,即可终止观测。

表 10-6-1　变形测量的等级划分及精度要求

等级	垂直位移测量/mm		水平位移测量	适用范围
	高程中误差	相邻点高程中误差	变形点的点位中误差	
一等	±0.3	±0.1	±0.1	变形特别敏感的高层建筑、工业建筑、高耸建筑物、重要古建筑物、精密工程设施等
二等	±0.5	±0.3	±0.3	变形比较敏感的高层建筑、工业建筑、高耸建筑物、古建筑物、重要工程设施和重要建筑场地的滑坡监测等
三等	±1.0	±0.5	±0.5	一般性的高层建筑、工业建筑、高耸建筑物、滑坡监测等
四等	±2.0	±1.0	±1.0	观测精度要求较低的建筑物、构筑物和滑坡监测等

10.6.2　建筑物的沉降观测

建筑物的沉降观测是根据水准点测定建筑物上所设沉降点的高程随时间变化的工作。

(1)水准点和沉降观测点的布设

沉降观测是根据水准点进行的。为了保证水准点高程的正确性和便于相互检核,一般不得少于三个水准点。埋设地点应保证有足够的稳定性,必须将水准点设置在受压、受震的范围以外。冰冻地区水准点应埋设在冻土浓度线以下 0.5 m。为了提高观测精度,水准点和观测点不能相距太远,一般应在 100 m 范围内。

进行变形观测的建筑物、构筑物上应埋设观测点。观测点的数量和位置,应能全面反映建筑物、构筑物的沉降情况。一般观测点是均匀设置的,但在荷载有变化的部位、平面形状改变处、沉降缝的两侧、具有代表性的柱子基础上、地质条件变化处,应设置足够的观测点,如图 10-6-1 所示。

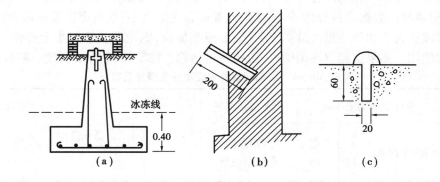

图 10-6-1　沉降观测点的埋设

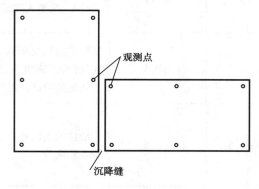

图 10-6-2　观测点布设图

沉降观测点可用圆钢或铆钉预埋在基础上,或用角钢埋在墙或柱子上,如图 10-6-2 所示。如在墙上凿取 100 ~ 160 mm 深的孔眼,插入圆钢后用 1∶2 砂浆浇筑在建筑物上。

（2）沉降观测周期、方法和精度要求

表 10-6-2　沉降观测方法和精度要求

等级	垂直位移测量/mm		观测方法	适用范围
	高程中误差	相邻点高程中误差		
一等	±0.3	±0.1	除按国家一等精密水准测量的技术要求实施外,尚需设双转点,视线≤15 m,前后视差≤0.3 m,视距累距差≤1.5 m,精密液体静力水准测量,微水准测量等	变形特别敏感的高层建筑、工业建筑、高耸建筑物、重要古建筑物、精密工程设施等
二等	±0.5	±0.3	按国家一等精密水准测量的技术要求实施精密液体静力水准测量,微水准测量	变形比较敏感的高层建筑、工业建筑、高耸建筑物、古建筑物、重要工程设施和重要建筑场地的滑坡监测等
三等	±1.0	±0.5	按国家二等精密水准测量的技术要求实施精密液体静力水准测量	一般性的高层建筑、工业建筑、高耸建筑物、滑坡监测等
四等	±2.0	±1.0	按国家三等精密水准测量的技术要求实施精密液体静力水准测量,短视线三角高程测量	观测精度要求较低的建筑物、构筑物和滑坡监测等

1）沉降观测周期

沉降观测周期应根据建筑物（构筑物）的特征、变形速率、观测精度和工程地质条件等因素综合考虑,并根据沉降量的变化情况作适当调整。例如,一般待观测点埋设稳定后,即可进行第一次观测。在建筑物增加荷重前后,地面荷重增加、周围大量的开挖土方等情况,均应随时进行沉降观测。工程竣工后,一般每月观测一次,如沉降速度减缓,可改为 2～3 个月观测一次,直至沉降量稳定时,观测才可停止。

2）沉降观测方法和精度要求

沉降观测是根据水准点定期进行水准测量,测量出建筑物上观测点的高程,从而计算其沉降量。对于一般精度要求的沉降观测,采用 DS$_3$ 水准仪即可。高层建筑物或大型建筑物以及

表 10-6 沉降观测成果表

观测次数	观测日期（年、月、日）	各观测点的沉降情况																	工程施工进度情况	荷载情况 吨·m²
		1			2			3			4			5			6			
		高程/m	本次下沉/mm	累计下沉/mm	高程/m	本次下沉/mm	累计下沉/mm	高程/m	本次下沉/mm	累计下沉/mm	高程/m	本次下沉/mm	累计下沉/mm	高程/m	本次下沉/mm	累计下沉/mm	高程/m	本次下沉/mm	累计下沉/mm		
1	1998.7.15	30.126	±0	±0	30.124	±0	±0	30.127	±0	±0	30.126	±0	±0	30.125	±0	±0	30.127	±0	±0	浇灌底层楼板	3.5
2	7.30	30.124	-2	-2	30.122	-2	-2	30.123	-4	-4	30.123	-3	-3	30.124	-1	-1	30.125	-2	-2	浇灌一楼楼板	5.5
3	8.15	30.121	-3	-5	30.119	-3	-5	30.121	-2	-6	30.120	-3	-6	30.122	-2	-3	30.124	-1	-3	浇灌二楼楼板	
4	9.1	30.120	-1	-6	30.118	-1	-6	30.119	-2	-8	30.118	-2	-8	30.120	-2	-5	30.121	-3	-6	屋架上瓦	10.0
5	9.29	30.118	-2	-8	30.115	-3	-9	30.116	-3	-11	30.114	-4	-12	30.117	-3	-8	30.119	-2	-8	竣工	
6	10.30	30.117	-1	-9	30.114	-1	-10	30.114	-2	-13	30.113	-1	-13	30.114	-3	-11	30.118	-1	-9		
7	12.3	30.116	-1	-10	30.113	-1	-11	30.114	±0	-13	30.113	±0	-13	30.113	-1	-12	30.117	-1	-10		
8	1999.1.2	30.116	±0	-10	30.112	-1	-12	30.113	-1	-14	30.111	-2	-15	30.113	±0	-12	30.116	-1	-11		
9	3.1	30.115	-1	-11	30.110	-2	-14	30.112	-1	-15	30.110	-1	-16	30.112	-1	-13	30.116	±0	-11		
10	6.4	30.114	-1	-12	30.108	-2	-16	30.111	-1	-16	30.110	±0	-16	30.111	-1	-14	30.115	-1	-12		
11	9.1	30.114	±0	-12	30.108	±0	-16	30.111	±0	-16	30.108	-2	-18	30.111	±0	-14	30.115	±0	-12		
12	12.2	30.114	±0	-12	30.108	±0	-16	30.111	±0	-16	30.108	±0	-18	30.110	-1	-15	30.115	±0	-12		

桥梁、大坝的沉降观测,通常采用 DS$_1$ 精密水准仪,按国家二等水准测量的要求进行施测。观测精度要求和观测方法见表 10-6-2。

观测时,为提高精度,应在成像清晰、稳定时间内进行;视线长应小于 50 m;前、后视距应相等;并且每次观测应采用固定的观测路线,使用固定的仪器和固定的观测人员进行沉降测量。

3)沉降观测的成果整理

每次观测结束后,应检查记录中的数据和计算是否准确、精度是否合格,然后把观测点的高程,列入成果表中,并计算再次观测之间的沉降量和累计量,同时也要注明观测日期和荷重情况,如表 10-6-3 所示。为了更清楚地表示沉降、荷重、时间三者的关系,还要画出各观测点的沉降、荷重、时间关系曲线图(图 10-6-3)。

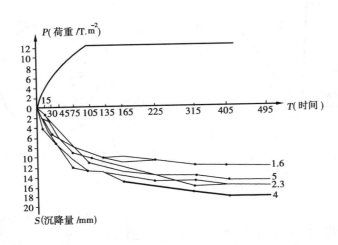

图 10-6-3　沉降、荷重、时间关系曲线图

10.6.3　建筑物的倾斜观测

倾斜观测是建筑物变形观测的主要内容之一。建筑物主体倾斜观测,就是测定建筑物顶部相对于底部或各层间的水平位移量,分别计算整体或分层的倾斜度、倾斜方向以及倾斜速率。对具有刚性建筑物的整体倾斜,亦可通过测量顶面或基础的相对沉降间接确定。

(1)倾斜观测方法

根据建筑物高低和精度要求不同,倾斜观测可采用一般性投点法、倾斜仪观测法和激光铅垂仪法等。

1)投点法

所谓投点法就是根据经纬仪的视准轴绕横轴旋转的竖直面原理将高层建筑物上的变形点(倾斜点)投影到低点(作为固定点),从而求得偏距,确定其倾斜度。

对墙体相互垂直的高层建筑,如图 10-6-4 所示 M,P 为观测点,经纬仪安置在大于建筑物高度 $1.5 \sim 2$ 倍的 A 点,照准高层 M,用盘左盘右分中法定出低点 N。在另一侧面仪器安置在

B 点,由点 P 同法定 Q 点。经过一段时间后,仪器分别安置在 A,B 点,按正倒镜方法分别定出 N',Q' 点。若 N' 与 N,Q' 和 Q 不重合,说明建筑物产生倾斜,此时,用钢尺量出其位移值 a、b,从而求得建筑物总的倾斜位移量

$$\Delta = \sqrt{a^2 + b^2} \tag{10-6-1}$$

设建筑物高度为 H ,则倾斜度为

$$K = \frac{\Delta}{H} \tag{10-6-2}$$

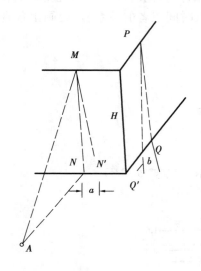

图 10-6-4 方体倾斜观测

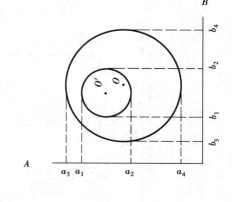

图 10-6-5 圆形建筑倾斜观测

在测定圆形建筑物(如烟囱、水塔、炼油塔等)的倾斜度时,首先要求顶部圆心对底部中心的偏距。为此,可在与建筑物相互垂直以外设置仪器,在与仪器视线垂直方向,建筑物底部横放水准尺 A,B,如图 10-6-5 所示。经纬仪分别照准顶部及底部边缘投测在标尺上的读数分别为 a_1,a_2,a_3,a_4,在另一侧经纬仪照准塔形顶部及底部边缘在标尺上的读数分别为 b_1, b_2,b_3, b_4。顶部中心 O 对底部圆心 O' 在 A 方向的偏距为

$$\Delta a = \frac{a_1 + a_2}{2} - \frac{a_3 + a_4}{2} \tag{10-6-3}$$

在 B 方向的偏距为

$$\Delta b = \frac{b_1 + b_2}{2} - \frac{b_3 + b_4}{2} \tag{10-6-4}$$

顶部中心相对底部中心的总偏距 Δ 和体面斜度分别按(10-6-1)式和(10-6-2)式求得。

2)倾斜仪观测法

常见的倾斜仪有水准管式倾斜仪、气泡式倾斜仪和电子倾斜仪等。倾斜仪一般具有能连续读数、自动记录和数字传输等特点,有较高的观测精度,因而在倾斜观测中得到广泛应用。下面就气泡式倾斜仪做一简单介绍。

气泡式倾斜仪由一个高灵敏度的气泡水准管 e 和一套精密的测微器组成(如图 10-6-6 所

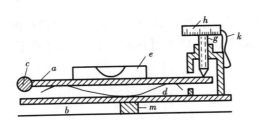

图 10-6-6　气泡倾斜仪

示)。气泡水准管固定在架 a 上, a 可绕 c 转动, 在 a 下装一弹簧片 d, 再下置放装置 m, 测微器中包括测微杆 g、读数盘 h 和指标 k。观测时将倾斜仪安置在需观测的位置上, 转动读数盘, 使测微杆向上(向下)移动, 直至气泡居中。此时, 在读数盘上即可读出该位置的倾斜度。

3)激光铅垂仪法

激光铅直仪法是在顶部适当位置安置接收靶, 在其垂线下的地面或地板上安置激光铅直仪或激光经纬仪。按一定的周期观测, 在接收靶上直接读取或量出顶部的水平位移量和位移方向。作业中仪器应严格置平、对中。

当建筑物立面上观测点数量较多或倾斜变形比较明显时, 也可采用近景摄影测量的方法进行建筑物的倾斜观测。

建筑物倾斜观测的周期, 可视倾斜速度每 1~3 个月观测一次。如遇基础附近因大量堆载或卸载, 场地降雨长期积水多而导致倾斜速度加快时, 应及时增加观测次数。施工期间的观测周期与沉降观测周期取得一致。倾斜观测应避开强日照和风荷载影响大的时间段。

10.6.4　建筑物水平位移和裂缝观测

(1)建筑物水平位移观测

建筑物水平位移观测就是测量建筑物在水平位置上随时间变化的移动量。为此, 必须建立基准点或基准线, 通过观测相对于基准点或基准线的位移量就可以确定建筑物水平位移变化情况。为了求得变化量, 通常把基准点与观测点组成平面控制图形形成为三角网、导线网、测角交会等形式。通过测量和计算求得变形点坐标的变化量。对于有方向性的建筑物, 一般采用基准线法, 直接或间接测量变形点相对于基准线的偏移值以确定其位移量。至于采用哪一种方法, 视建筑物形状、分布等而定。当建筑物分布较广、点位较多时, 可采用控制网方法, 当要测定建筑物在某一特定方向上的位移量时, 可在垂直于待定的方向上建立一条基准线, 定期直接测定观测点偏离基准线的距离, 以确定其位移量。

建立基准线的方法有"视准线法"、"引张线法"、"激光准直法"等。

1)视准线法

视准线法是由经纬仪的视准面形成固定的基准线, 以测定各观测点相对基准线的垂直距离的变化情况, 而求得其位移量。采用此方法, 首先要在被测建筑物的两端埋设固定的基准点, 以此建立视准基线, 然后在变形建筑体布设观测点。观测点应埋设在基线线上, 偏离的距离不应大于 2 cm, 一般每隔 8~10 m 埋设一点, 并作好标志。观测时, 经纬仪安置在基准点上, 照准另一个基准点, 建立了视准线方向, 以测微尺测定观测点至视准线的距离, 从而确定其位移量。

测定观测点至视准线的距离还可以测定视准线与观测点的偏离的角度通过计算求得, 由于这些角很小,所以称为"小角法"。小角 α 的测定通常采用仪器精度不低于 $2''$ 经纬仪,测回数不小于 4 个测回,仪器至观测点的距离 d 可用测距仪或钢尺测定,则其偏移值 Δ 可按式(10-6-5)计算:

$$\Delta = \frac{\alpha''}{\rho''}d \tag{10-6-5}$$

2)引张线法

引张线法是在两固定端点之间用拉紧的不锈钢作为固定的基准线。由于各观测点上的标尺是与建筑体固连的,所以对不同的观测期,钢尺在标尺上的读数变化值,就是该观测点的水平位移值。引张线法常用在大坝变形观测中,引张线是安置在坝体部道内,不受外界的影响,因此,具有较高的观测精度。

3)激光准直法

激光准直法可分为激光束准直法和波带板激光准直系统两类。激光束准直法是望远镜发射激光束,在需要准直的观测点上用光电探测器接收。由于这种方法是以可见光束来代替望远镜视准线,用光电探测器探测激光光斑能量中心,因此常用于施工机械导向和变形观测。波带板激光准直系统由激光器点光源,波带板装置和光电探测器和自动数码显示器等三部分组成。波带板是一种特殊设计的屏,它能把一束单色相干光会聚成一个亮点。所以它具有较高的精度。

4)控制点观测法

对于非线性建筑物,不宜采用上述方法时,可采用精密导线法、前方交会法、极坐标法等方法。将每次观测求得的坐标值与前次进行比较,求得纵、横坐标增量 $\Delta x,\Delta y$,从而得到水平位移量 $\Delta = \sqrt{\Delta x^2 + \Delta y^2}$。

水平位移观测的周期,对于地基不良地区的观测,可与同时进行的沉降观测协调考虑确定;对于受基础施工影响的有关观测,应按施工进度的需要确定,可逐日或隔数日观测一次,直至施工结束;对于土体内部侧向位移观测,应视变形情况和工程进展而定。

(2)建筑物裂缝观测

工程建筑物发生裂缝时,为了解其现状和掌握其发展情况,应对裂缝进行观测,以便根据这些观测资料分析其产生裂缝的原因和它对建筑安全的影响,及时地采取有效措施加以处理。当建筑物多处发生裂缝时,应先对裂缝进行编号,然后分别观测裂缝的位置、走向、长度、宽度等项目,并绘制裂缝分布图。为了系统地进行裂缝变化的观测,要在裂缝处设置观测标志。如图 10-6-7 所示,观测标志可用两块大小不同的矩形白铁皮分别固定在裂缝两侧。固定时,内外两白铁皮的边缘应相互平行;固定后,将两铁皮端线相互投到另一块的表面上,用红油漆化成两个"▲"标记。如果裂缝继续发展,则铁皮端线与三角形边线逐渐离开,定期分别量取两组端线与边线之间的距离,取其平均值,即为裂缝变化的宽度,连同观测时间一起记录入手簿中。

(3)筑物的扰动观测

建筑物在应力作用下产生弯曲和扭曲时,应进行挠度观测。对于平置的构件,在两端及中间设置三个沉降点进行沉降观测,可以测得某时间段内三个点的沉降量,分别为 h_a、h_b、h_c,则该构件的挠度值为:

$$\tau = \frac{1}{2}(h_a + h_c - 2h_b)\frac{1}{s_{ab}}$$

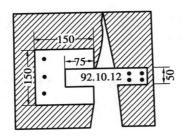

图 10-6-7　裂缝观测　　　　图 10-6-8　挠度观测

式中 : h_a 和 h_c 为构件两端点的沉降量;

h_c 为构件中间点的沉降量;

s_{ab} 为两端点间的平距。

对于直立的构件,要设置上、中、下三个位移观测点进行位移观测,利用三点的位移量求出挠度大小。在这种情况下,常把在建筑物垂直面内各不同高程点相对于底点的水平位移称为挠度。挠度观测的方法常采用正垂线法,即从建筑物顶部悬挂一根铅垂线,直通至底部,在铅垂线的不同高程上设置观测点,用测量仪器测出各点与铅垂线之间的相对位移。如图 10-6-8 所示,任意点 N 的挠度:

$$S_N = S_O - S'_N$$

式中 : S_O 为铅垂线最低点与顶点之间的相对位移;

S'_N 为任意点 N 与顶点之间的相对位移。

前面讲述了用工程测量的办法求得建(构)筑物的变形,也可以用地面摄影测量方法来测定。简要说就是在变形体周围选择稳定的点,在这些点上安置摄影机,对变形体进行摄影,然后通过量测和数据量算得变形体上目标点的二维或三维坐标,比较不同时刻目标点的坐标,得到各点的位移。这种方法有许多优点,较经常地用于桥梁等的变形观测中。变形量的计算是以首期观测的结果作为基础,即变形量是相对于首期结果而言的,变形观测的成果表现应清晰直观,便于发现变形规律,通常采用列表和作图形式。

10.7　竣工测量

竣工总平面图是设计总平面图在施工后实际情况的全面反映,所以设计总平面图不能完全代替竣工总平面图。编绘竣工总平面图的目的在于:①在施工过程中可能由于设计时没有考虑到的问题而使设计有所变更,这种变更设计的情况必须通过测量反映到竣工总平面图上;②它将便于日后进行各种设施的管理、维修、扩建、改建、事故处理等工作,特别是地下管道等隐蔽工程的检查和维修;③为扩建提供原有各项建(构)筑物地上和地下各种管线及交通路线的坐标和高程等资料。通常采用边竣工边编绘的方法来编绘竣工总平面图。竣工总平面图的编绘包括室外实测和室内资料编绘两方面的内容。

10.7.1 竣工测量的内容

在每个单项工程完成后,必须由施工单位进行竣工测量,提出工程的竣工测量成果,作为编绘竣工总平面图的依据。竣工测量的内容如下:

(1)工业厂房及民用建筑物

包括房角坐标、各种管线进出口的位置和高程;并附房屋编号、结构层数、面积和竣工时间等资料。

(2)铁道和公路

包括止起点、转折点、交叉点的坐标,曲线元素、桥涵、路面、人行道、绿化带界线等构筑物的位置和高程。

(3)地下管网

窨井转折点的坐标,井盖、井底、沟槽和管顶等高程;并附注管道及窨井的编号、名称、管径、管材、间距、坡度和流向。

(4)架空管网

包括转折点、结点、交叉点的坐标,支架间距、基础面高程等。

(5)特种构筑物

包括沉淀池、烟囱、煤气罐等及其附属建筑物的外形和四角坐标,圆形构筑物的中心坐标,基础面标高,烟囱高度和沉淀池深度等。

竣工测量完成后,应提交完整的资料,包括工程的名称、施工依据、施工结果等作为编绘竣工总平面图的依据。

10.7.2 竣工总平面图编绘

竣工总平面图上应包括建筑方格网点、水准点、建(构)筑物辅助设施、生活福利设施、架空及地下管线等高程和坐标,以及相关区域内空地等的地形,有关建(构)筑物的符号应与设计图例相同,有关地形图的图例应使用国家地形图图式符号。

如果所有的建(构)筑物绘在一张竣工总平面图上,因线条过于密集而不醒目时,则可采用分类编图。如综合竣工总平面图、交通运输竣工总平面图和管线竣工总平面图等。比例尺一般采用1:1 000。如不能清楚地表示某些特别密集的地区,也可局部采用1:500的比例尺。当施工的单位较多,工程多次转手,造成竣工测量资料不全,图面不完整或与现场情况不符时,需要实地进行施测,这样绘出的平面图,称为实测竣工总平面图。

思考题与习题

1　施工测量包括哪些内容?

2　测图和测设有何不同?

3　测设的基本工作包括哪些项目? 试述每项工作的操作方法。

4　点的平面位置测设方法有哪几种? 各在什么条件下采用? 各种测设数据如何计算? 试绘图说明。

5　试举例绘图说明视线高程在高程测设中的作用。

6　测设出直角 $\angle AOB$ 后,用经纬仪精确测得其角值 $90°00'24''$,并知 OB 长为 100 m,问 B 点在 OB 的垂直方向上改动多少距离才能得到 $90°$ 的角度? 试绘图说明改动方向。

7　已知水准点的高程 $H_水 = 240.050$ m,后视读数 $a = 1.050$ m,设计坡度线起点 A 的高程 $H_A = 240.000$ m,设计坡度 $i = 1\%$;拟用水准仪按水平视线法测设 A 点,20 m 及 40 m 桩点,使各桩顶在同一坡度线上。试计算测设时各桩顶的应读数 b。

8　简述建筑基线的作用及测设步骤。

9　民用建筑施工测量包括哪些主要工作? 建立轴线引桩(或龙门桩)有什么作用?

10　如下图所示, 已知导线点 E、F 的坐标为: $\begin{cases} x_E = 189.000 \text{ m} \\ y_E = 102.000 \text{ m} \end{cases}$ $\begin{cases} x_F = 185.165 \text{ m} \\ y_F = 126.702 \text{ m} \end{cases}$ 及

房角点 1、2 的设计坐标为: $\begin{cases} x_1 = 200.000 \text{ m} \\ y_1 = 100.000 \text{ m} \end{cases}$ $\begin{cases} x_2 = 200.000 \text{ m} \\ y_2 = 124.000 \text{ m} \end{cases}$

试计算用极坐标法放样用的数据: β_1、β_2、a_1 a_2。

11　在工业厂房施工测量中,为什么要专门建立独立的厂房控制网? 为什么在网中设立距离指标桩? 设计厂房控制桩时应考虑什么问题?

12　在厂房柱基开挖过程中,如何确定开挖边线? 怎样保证基坑不超挖?

13　如何时行柱子的竖直校正工作? 校正时应注意哪些问题?

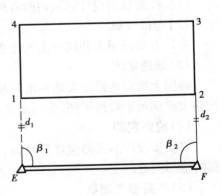

14　试述吊车梁的吊装测量工作?

15　变形观测的目的是什么? 建(构)筑物为什么产生变形?

16　根据变形的性质,变形如何分类? 其观测的特点是什么?

17　竣工总平面图应包括的内容是什么?

第11章
线路工程测量

11.1 概 述

线路工程主要包括铁路、公路、架空送电线路、各种用途的管道等工程。线路工程测量就是为这些线路工程的设计和施工服务的,主要内容有两方面:一是为线路工程的规划、设计提供地形信息(主要是地形图和断面图);二是按设计要求将线路位置测设于实地,作为施工的依据。其工作内容主要有:

(1)收集资料

收集线路规划设计区域内的各种比例尺地形图及断面图,收集沿线水文、地质资料等。

(2)选择线路

在原有地形图上并结合实地勘察进行图上定线,确定线路走向。

(3)线路初测

将图上所定线路在实地标出其基本走向,沿着基本走向进行导线测量和水准测量,并测绘线路大比例尺带状地形图,为初步设计提供资料。

(4)线路定测

将初步设计的线路位置测设到实地上,定测工作的内容包括中线测量、纵横断面测量和局部的地形测绘。

(5)线路施工测量

根据设计要求,将线路敷设于实地,在施工过程中所需进行的测量工作。

(6)线路竣工测量

将竣工后的线路位置测绘成图,以反映施工质量,并作为使用期间维修、管理以及以后改建及扩建的依据。

11.2　中线测量

线路的起点、终点和转向点通称为线路主点,主点的位置及线路的方向是设计确定的。中线测量就是就将已确定的线路位置测设于实地,其内容包括:交点测设,转向角的测定,中线里程桩的设置和圆曲线测设。

11.2.1　交点测设

如图 11-2-1 所示,线路的方向总在发生变化,而方向发生变化的点称为转向点,亦是两直线的交点,用符号 JD 表示。

交点的测设方法很多,常用的有极坐标法(详见 10.1.2)、穿线法、拨角放线法等。这里介绍后两种方法。

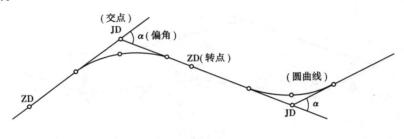

图 11-2-1

(1)穿线法

此法适用于地形不太复杂,且线路中线离初测导线不远的地区,其放线步骤为:

1)室内选点

在初测地形图上,根据线路与初测导线的相互关系,选择定测中线转点位置,每条直线段三个点以上。如图 11-2-2 所示,C_1,C_2,$\cdots$,C_5 为初测导线点,从初测导线作垂线与线路相交,得 ZD_3、ZD_4,有时也可量极坐标,如图 11-2-2 中 $\beta_1 = 52.5°$,极距为 4.25 m,得 ZD_2。

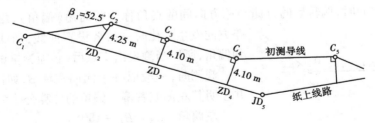

图 11-2-2

2)现场放线

在导线点上用方向架或经纬仪给出方向,沿所给方向量取相应距离即可得 ZD_2、ZD_3、ZD_4。

3)穿线

根据实地已放出的点位,用经纬仪检查其是否在一条直线上。若偏差不大时,适当调整,使其位于一条直线上。

4)交点

如图 11-2-3 所示,将经纬仪置于 ZD₄,瞄准 ZD₃,倒镜在视线上 JD₅前后各打一骑马桩 A、B,同法,定出 C、D 点,则 AB 与 CD 交点即为 JD₅点。

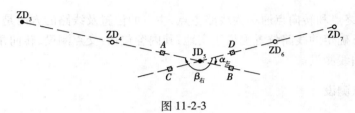

图 11-2-3

(2)拨角放线法

如图 11-2-4 所示,A 为线路起点,B、C…为转向点;N₁、N₂、N₃…为初测导线点。根据 A、B、C…的设计坐标和导线点的坐标分别计算出转向点间的距离 D₁、D₂、D₃…和相邻线段的夹角 β₁、β_A、β_B…。

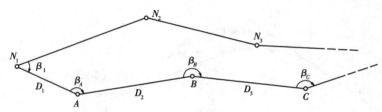

图 11-2-4

测设时,先置仪器于 N₁ 点,后视 N₂ 点,拨角 β₁ 沿视线方向量距 D₁ 定出 A 点;再将仪器置于 A 点,后视 N₁ 点,拨角 β_A,沿视线方向量取 D₂ 得 B 点,依次定出其他转向点。

此法测设,循序前进、操作简单、工效较高,但测设误差容易积累。因此,一般测设若干个转向点后,应与初测导线联测,以检查偏差是否超限。若闭合差超限,应检查原因,并予以改正;若不超限,一般不进行调整。

12.2.2　转向角的测定

线路改变方向时,偏转后的方向与原方向间的夹角称为转向角(偏角),用 α 表示。在线路方向发生变化时一般要设置曲线,而曲线的设计要用到偏角,所以当测设出交点后,必须测量偏角。

观测时,一般以一个测回观测 β,如图 11-2-5 所示,并注明其左偏或右偏。偏角的计算公式为:

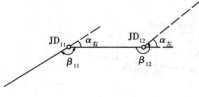

图 11-2-5

左偏角　$\alpha_{左} = \beta_{右} - 180°$

右偏角　$\alpha_{右} = 180° - \beta_{右}$

12.2.3　中线里程桩的设置

为了测定线路长度和测绘纵横断面图,从线路的起点开始,沿线路方向在地面上设置整桩和加桩,这项工作称为中线里程桩测设(简称中桩测设)。从起点开始,根据不同的线路(如:管道、公路、铁路等)可取 20 m、30 m、50 m 和 100 m 打一木桩,此桩称为整桩。在相邻整桩之间若遇有重要地物处(如铁路、桥梁等)及地面坡度变化处要增设加桩。

为了便于计算,线路中桩都按线路的起点到该桩的里程进行编号,如某桩至起点的里程为 2 182 m,则该桩桩号为 K_2+182。

按工程不同精度的要求,中线量距应用钢尺丈量两次,其较差主要线路不应大于 1/2 000;次要线路不应大于 1/1 000。

12.2.4　圆曲线测设

在线路工程当中,由于地形和其他原因的限制,线路在平面上方向总是在不断发生变化,而在竖直方向上其坡度也在变化。为了保证车辆平稳、安全地运行,必须用曲线连接。这种在平面内连接不同方向的曲线,称为平面曲线(平曲线),在竖直面上连接不同坡度的曲线称为竖曲线。

(1)圆曲线的测设

圆曲线的测设通常分两步进行。首先测设圆曲线上起控制作用的点,即曲线的起点(ZY)、终点(YZ)和曲线中点(QZ),称为主点测设;然后测设曲线上的加密点,称为详细测设。

1)主点测设

①圆曲线要素及其计算

如图 11-2-6,曲线要素有:曲线半径 R、偏角 α、切线长 T、曲线长 L、外矢距 E、切曲差 q。其中,R 设计给定,α 是在中线测设后实际测定的。其余要素按式(11-2-1)计算:

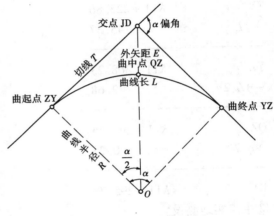

图 11-2-6

$$
\left.
\begin{aligned}
T &= R \cdot \tan\frac{\alpha}{2} \\
L &= R \cdot \alpha\frac{\pi}{180} \\
E &= R \cdot \sec\frac{\alpha}{2} - R \\
  &= R\left(\sec\frac{\alpha}{2} - 1\right) \\
q &= 2T - L
\end{aligned}
\right\}
\qquad(11\text{-}2\text{-}1)
$$

例 已知 $\alpha = 10°25'$　$R = 800$ m

求:曲线各要素。

解:将 α、R 代入(11-2-1)式可求得

$T = 72.92$ m

$L = 145.37$ m

$E = 3.32$ m

$q = 0.47$ m

②主点里程的计算

交点（JD）的里程是实地测量得出，圆曲线主点的里程由图 11-2-6 可知：

$$
\left.
\begin{aligned}
\text{ZY 里程} &= \text{JD 里程} - T \\
\text{YZ 里程} &= \text{ZY 里程} + L \\
\text{QZ 里程} &= \text{YZ 里程} - L/2 \\
\text{JD 里程} &= \text{QZ 里程} + q/2（检核）
\end{aligned}
\right\}
\tag{11-2-2}
$$

上例中，已知 JD 里程为 $K11 + 295.78$，求 ZY、YZ、QZ 点里程。

JD	$K11 + 295.78$
$-)\,T$	72.92
ZY	$K11 + 222.86$
$+)\,L$	145.37
YZ	$K11 + 368.23$
$-)\,L/2$	72.68
QZ	$K11 + 295.55$
$+\,q/2$	0.23
JD	$K11 + 295.78$

③主点实地测设

将经纬仪安置在交点（JD）上，望远镜瞄准 ZY 方向（相邻交点或中线桩），沿此方向量取切线长 T，得曲线起点 ZY；再瞄准 YZ 方向，沿此方向量取切线长 T，得曲线终点 YZ；然后以 YZ 为零方向，拨角 $\dfrac{180° - \alpha}{2}$，即得两切线的分角线方向，沿此方向量外矢距 E，得曲线中点 QZ。

2）圆曲线的详细测设

为了把圆曲线的形状详细地标定在地面上，除主点外，还要沿曲线按一定距离加密曲线桩，如图 11-2-7 中的 1、2、3 等点。圆曲线详细测设的方法有多种，应根据地形情况和精度要求，选择适当的方法，下面介绍两种常用的方法。

a. 偏角法

如图 11-2-7 所示，偏角法就是以曲线起点（或终点）至任一曲线点

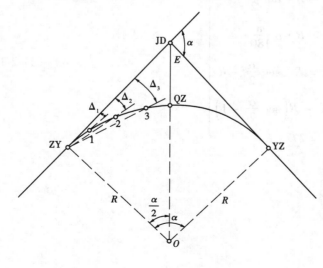

图 11-2-7

的弦长和偏角,作距离和方向交会,放样曲线细部点的方法。

偏角及弦长计算

偏角在几何学上称为弦切角。根据弦切角等于弧长所对圆心角的一半的关系,则

$$\Delta_1 = \frac{1}{2} \cdot \frac{l}{R} \cdot \rho'' \tag{11-2-3}$$

$$C = 2R\sin\Delta_1$$

式中:Δ_1——偏角

　　C——弦长

　　l——相邻细部点间弧长

当曲线上各相邻点间的弧长均等于 l 时,则有:

$$\Delta_2 = 2\Delta_1$$

$$\Delta_3 = 3\Delta_1$$

$$\cdots\cdots$$

$$\Delta_n = n\Delta_1$$

详细测设的步骤

①安置仪器于 ZY 点,瞄准 JD,置水平度盘于 $0°00'00''$;

②转动照准部,使度盘读数为 Δ_1,沿此方向量取 C,即得 1 点。继续转动照准部至度盘读数为 Δ_2,从 1 点量弦长 C 与望远镜视线相交,即得 2 点。依法逐点测设曲线上所有的细部点。

③当测设至 QZ 点和 YZ 点时,应与主点测设时的位置重合,若不重合,其闭合差不得超过如下规定:

横向(半径方向)±0.1 m

纵向(切线方向)$\pm L/1\ 000$

偏角法方法简便,能自行闭合检核,但量距误差容易累积,所以应由起点 ZY 和终点 YZ 分别向中点 QZ 测设。

b. 切线支距法

切线支距法又称直角坐标法。它是以曲线起点 ZY 或终点 YZ 为坐标原点,以切线方向为 X 轴,过原点的半径方向为 Y 轴,利用曲线上各点在该坐标系中的坐标 X、Y 测设各点,如图 11-2-8 所示。

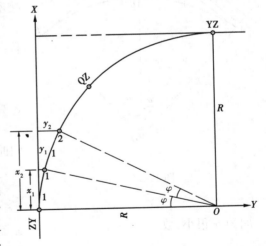

图 11-2-8

细部点坐标计算

设 l 为细部点间弧长,φ 为 l 所对的圆心角,则

$$x_1 = R \cdot \sin\varphi \qquad y_1 = R(1 - \cos\varphi)$$
$$x_2 = R \cdot \sin 2\varphi \qquad y_2 = R(1 - \cos 2\varphi)$$
$$\cdots\cdots \qquad\qquad \cdots\cdots$$
$$x_i = R \cdot \sin(i\varphi) \qquad y_i = R[1 - \cos(i\varphi)]$$
$$\varphi = \frac{l}{R} \cdot \rho^\circ$$

(11-2-4)

详细测设的步骤

①用钢尺沿切线分别量取 X_1、X_2、X_3……,定出各点垂足;

②在垂足处用经纬仪或方向架定出切线的垂线,沿各垂线方向上分别量取 Y_1、Y_2、Y_3 ……,即得各细部点;

③同法自 YZ 点测设曲线另一半。

切线支距法适用于平坦开阔地区,具有误差不累积的优点。

(2)竖曲线的测设

线路纵断面是由不同坡度的坡段连接而成的。坡度变化之点称为变坡点。在变坡点处相邻两坡度的代数差称为变坡点的坡度代数差,在高速公路、铁路等线路工程中,它对车辆的运行有很大的影响。为了缓和坡度在变坡点处的急剧变化,使车辆能平稳运行,坡段间应以曲线连接。这种连接不同坡段的曲线称为竖曲线。

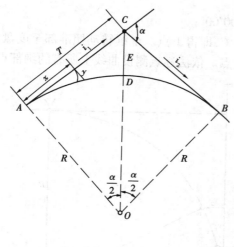

图 11-2-9

竖曲线有凸形和凹形两种,顶点在曲线之上者称凸形竖曲线,反之称为凹形竖曲线。

下面简要介绍竖曲线的测设。

如图 11-2-9,竖曲线与平面曲线一样,首先要计算曲线要素。

设曲线的半径为 R,其竖向转向角 $\alpha = i_1 - i_2$,则曲线要素为:

1)竖曲线切线长

$$T = R \cdot \tan\frac{\alpha}{2}$$

因为 α 很小,故

$$\tan\frac{\alpha}{2} = \frac{\alpha}{2} = \frac{1}{2}(i_1 - i_2)$$

所以

$$T = \frac{1}{2}R(i_1 - i_2)$$

(11-2-5)

2)竖曲线的长度

由于 α 很小,所以 $L \approx 2T$

3)竖曲线上各点高程及外矢距 E

由于 α 很小,可以认为曲线上各点的 Y 坐标方向与半径方向一致,也认为它是切线上点与曲线上点的高程之差。从而得:

$$(R + Y^2) = R^2 + X^2$$

$$2RY = X^2 - Y^2$$

又因 Y^2 与 X^2 相比较,其值甚微,可略去不计,故有

$$2RY = X^2$$

$$Y = \frac{X^2}{2R} \tag{11-2-6}$$

再由坡度线上各点的高程加(减)相应曲线点的 Y 值,就得到曲线点的高程。若为凹形曲线取加号,反之取减号。

由图 11-2-9 可知,曲中点 D 的 Y 值即为外矢距,由式(11-2-6)可得出:

$$E = \frac{T^2}{2R} \tag{11-2-7}$$

例设坡度 $i_1 = -1.114\%$,$i_2 = +0.154\%$,变坡点桩号为 $K1 + 670$,高程为 48.60 m,曲线半径 $R = 5\,000$ m,求起点、终点桩号和高程,在竖曲线上每隔 10 m 设置曲线点,试计算各点的设计高程。

按上述公式可求得:

$$T = \frac{1}{2}R(i_1 - i_2) = 31.7 \text{ m}$$

$$L = 2T = 63.4 \text{ m}$$

则:

起点桩号 $= K1 + (670 - 31.7) = K1 + 638.3$

终点桩号 $= K1 + (638.3 + 63.4) = K1 + 701.7$

起点高程 $= 48.60 + 31.7 \times 1.114\% = 48.95$ m

终点高程 $= 48.60 + 31.7 \times 0.154\% = 48.65$ m

按式(11-2-6)求各点的 Y 坐标值,即是各桩标高改正数,如表 11-2-1 所示。

表 11-2-1

桩号	x/m	y/m	坡度线高程 /m	曲线设计高程 /m	备注
1 + 638.3		0.00	48.95	48.95	竖曲线起点
1 + 650	11.6	0.01	48.82	48.8	$i_1 = -1.114\%$
1 + 660	21.7	0.05	48.71	48.76	
1 + 670	31.7	$E = 0.10$	48.60	48.70	坡度变化点
1 + 680	21.7	0.05	48.62	48.67	$i_2 = +0.154\%$
1 + 690	11.7	0.01	48.63	48.64	
1 + 701.7		0.00	48.65	48.65	竖曲线终点

由上所述,竖曲线的测设,就是在竖曲线范围内的各里程桩处,测设该点高程。

11.3 线路纵横断面测量

11.3.1 纵断面图测绘

线路的平面位置在实地测设之后,应测量各里程桩的高程,从而绘制沿线路中线方向上的纵断面图。它是设计线路纵向坡度、桥涵位置、隧道洞口位置及计算土方量的重要依据。其内容主要有:高程控制测量、线路纵断面测量和纵断面图的绘制。

(1)高程控制测量

高程控制测量就是沿线路方向设置若干个水准点,建立线路高程控制也称为基平测量。

水准点的设置应根据需要,设置永久或临时性的水准点,水准点密度应根据地形和工程需要而定,一般来说,在丘陵和山区每隔 $0.5 \sim 1$ km 设置一个永久水准,平原地区每 $1 \sim 2$ km 设置一个永久水准点;每隔 $300 \sim 500$ m 设置一个临时水准点。

水准测量的施测按四等水准的要求进行,并与国家水准点联测。一般线路水准路线闭合差不超过 $\pm 30 \sqrt{L}$ mm(L 以公里为单位)。

(2)线路纵断面测量

线路纵断面测量也称中平测量,是以相邻两水准点为一测段,从一个水准点开始,逐点测量中桩的高程,附合到下一个水准点上。

中平测量时一般采用中桩作为转点,也可另设。两转点间的中桩称为中间点,其高程用视线高程法求得。转点和重要高程点(如桥面、轨顶等点)读至毫米,中间点可读至厘米。

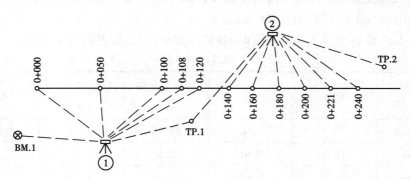

图 11-3-1

如图 11-3-1 所示,水准仪置于①站,后视水准点 BM.1,前视转点 TP.1,将观测结果分别记入表 11-3-1 中"后视"和"前视"栏内;然后依次观测 0 + 000,0 + 050,……,0 + 120 各中线桩,将读数记入表中"间视"栏内。将仪器搬到②站,后视转点 TP.1,前视转点 TP.2,然后观测各中桩,同法继续观测,直至下一个水准点 BM.2,一测段的工作完成。

每测站用高差法计算各转点高程,用视线高程法计算各中间点高程。

表 11-3-1

测站	测点	水准尺读数			仪器视线高程	高程
		. 后视	间视	前视		
①	BM.1	2.191			14.505	12.314
	0+000		1.62			12.89
	0+050		1.90			12.61
	0+100		0.62			13.89
	0+108		1.03			13.48
	0+120		0.91			13.60
	TP.1			1.006		13.499
②	TP.1	2.162			15.661	13.499
	0+100		0.50			15.16
	0+160		0.52			15.14
	0+180		0.82			14.84
	0+200		1.20			14.46
	0+221		1.01			14.65
	0+240		1.06			14.60
	TP.2			1.521		14.140

(3) 纵断面图的绘制

如图 11-3-2 所示,绘制时,以线路的里程为横坐标,高程为纵坐标。为了明显地表示地面的起伏,一般高程比例尺是水平比例尺的 10 倍或 20 倍,如水平比例尺为 1∶1 000,高程比例尺取 1∶100。

图 11-3-2 是道路工程的纵断面图。图的上部从左至右有两条线,细折线表示线路中线方向的实际地面线,是以中线桩高程绘制的;粗折线表示设计的道路坡度线。图的下部几栏表格中,注记有关测量和纵坡设计资料。

直线与曲线:中线示意图,曲线部分用直角折线表示,上凸表示右偏,下凸表示左偏。

桩号:各中线桩按里程的桩号,如 0+000,0+050,……;

填挖土:各中线桩处的填挖高度,按式(11-3-1)计算

$$h = H_{地面} - H_{设计} \tag{11-3-1}$$

h 为正表示挖深,为负表示填高;

地面高程:按中平测量成果填写各桩地面高程;

设计高程:填写相应中线桩处的路基设计高程。按(11-3-2)式计算,设 AB 坡段起点 A 高程为 H_A,设计坡度为 i,水平距离为 D_{AB},则 B 点设计高程为:

$$H_B = H_A + iD_{AB} \tag{11-3-2}$$

坡度与距离:用斜线或水平线表示设计坡度的方向,线上方的数字为以百分数表示的坡

243

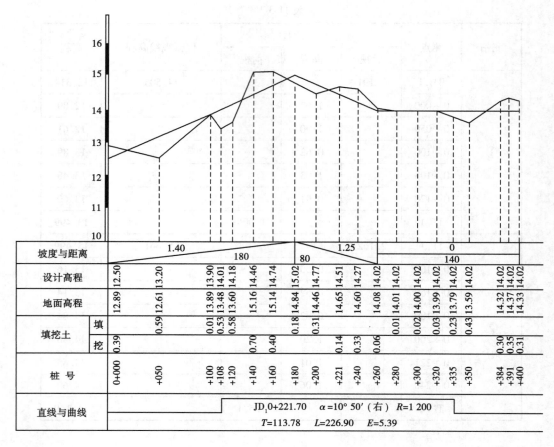

图 11-3-2

坡度与距离、设计高程、地面高程、填挖土、桩号、直线与曲线对照表：

桩号	设计高程	地面高程	填	挖
0+000	12.50	12.89		0.39
+050	13.20	12.61	0.59	
+100	13.90	13.89	0.01	
+108	14.01	13.48	0.53	
+120	14.18	13.60	0.58	
+140	14.46	15.16		0.70
+160	14.74	15.14		0.40
+180	15.02	14.84	0.18	
+200	14.77	14.46	0.31	
+221	14.51	14.65		0.14
+240	14.27	14.60		0.33
+260	14.02	14.08		0.06
+280	14.02	14.01	0.01	
+300	14.02	14.00	0.02	
+320	14.02	13.99	0.03	
+335	14.02	13.79	0.23	
+350	14.02	13.59	0.43	
+384	14.02	14.32		0.30
+391	14.02	14.37		0.35
+400	14.02	14.33		0.31

坡度与距离：1.40 / 180，80，1.25，0 / 140

直线与曲线：JD₁0+221.70　α=10°50′（右）　R=1200　T=113.78　L=226.90　E=5.39

度;线下方的数字为该坡段的距离。

11.3.2 线路横断面测绘

横断面测绘是对垂直于中线方向的地面起伏进行测量、绘制横断面图、供路基设计、土方量计算和施工时开挖边界之用。

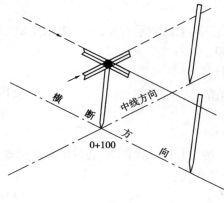

图 11-3-3

横断面的施测宽度，根据工程的实际要求和地形情况而定，一般为中线两侧 15~50 m，距离和高程分别准确至 0.1 m 和 0.05 m 即可。

测量时，横断面方向可用方向架标定，如图 11-3-3，在横断面方向上地形特征点处用测钎或木桩作标志，皮尺丈量特征点至中线的距离。特征点的高程与纵断面水准测量同时施测，作为中间点看待，分开记录，表 11-3-2 为 0 + 100 桩处横断面测量的记录。

表 11-3-2

测站	桩号	水准尺读数			仪器视线高程	高程	高差
		后视	前视	中间视			
3	0 + 100	1.970			159.367	157.397	0
	左 11					157.97	+ 0.57
	左 20			1.40		158.97	+ 1.57
	右 7			0.40		156.69	− 0.71
	右 20			2.68		156.40	− 1.00
	0 + 200		1.848	2.97		157.519	

　　横断面图绘制时,以中桩作为原点,水平距离为横坐标,高程为纵坐标,距离和高程取同一比例尺,一般为 1∶100 或 1∶200。

　　绘图时,先在图纸上定好中桩位置,然后由中桩开始,分别向左右两侧逐一按各特征点的距离和高程绘于图上,并用直线连接相邻点即可。图 11-3-4 为 0 + 100 桩处的横断面图。

$$\frac{0 + 100}{157.40}$$

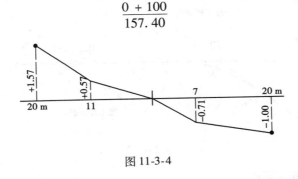

图 11-3-4

11.4　道路施工测量

　　根据线路纵横断面图及其他有关资料完成道路、工程的技术设计之后,在开工之前和整个施工过程中,常进行道路工程的施工测量,以指导施工。道路施工测量的主要任务有恢复中线、施工控制桩测设、路基边桩和边坡测设等。

11.4.1　恢复中线测量

　　线路勘测阶段所测设的中桩(包括交点桩、中线里程桩),从线路勘测到施工的这段时间里,往往有一部分桩点被碰动或丢失。为了保证施工顺利进行,施工前应根据原定测资料进行复核,并将已丢失的交点桩、里程桩恢复和校正好,其方法与 11.2 所述的中线测量相同。

11.4.2　施工控制桩的测设

　　开始施工以后,中线桩要被挖掉或填埋。为了施工中及时、方便、准确地控制道路的中线位置,就需要施工前在不受施工破坏、方便使用、易于保存的地方测设施工控制桩,常用的有以下两种测设方法。

(1)平行线法

平行线法是在路基以外两侧各测设一排平行于中线的施工控制桩,如图 11-4-1 所示。

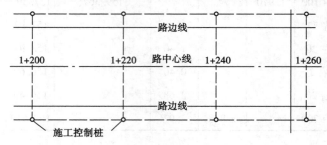

图 11-4-1

(2)延长线法

延长线法是在道路的转弯处延长两切线及曲中点(QZ)与交点(JD)的连线,在延长线上测设施工控制桩,如图 11-4-2 所示,应准确测量控制桩至交点的距离并作记录。

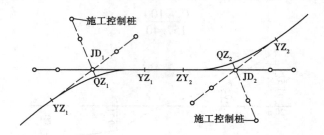

图 11-4-2

11.4.3 路基边桩的测设

路基边桩的测设就是根据路基设计断面在实地将每个横断面的路基边坡线与地面的交点标定出来,称为边桩。边桩的位置是由边桩至中桩的距离确定的。边桩至中桩的距离可以在横断面图上直接量取,也可以通过计算求得。

(1)平坦地区路基边桩放样

填方路基称为路堤(图 11-4-3(a)),其中桩至边桩的距离 D 为:

$$D = \frac{B}{2} + mH \tag{11-4-1}$$

挖方路基称为路堑(图 11-4-3(b)),其中桩至边桩距离 D 为:

$$D = \frac{B}{2} + S + mH \tag{11-4-2}$$

以上为直线段计算 D 值的方法。若横断面位于曲线上时,按上述方法求出 D 值后,还应在加宽一侧的 D 值中加上设计的加宽值。

放样时,用方向架定出横断面方向,沿所给方向量出距离 D,即得边桩的位置,并用木桩标定。

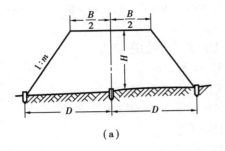
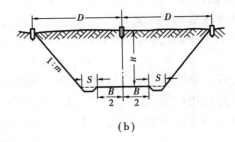

$$（a）\qquad\qquad（b）$$

图 11-4-3

（2）倾斜地面路基边桩的放样

在倾斜地段,中桩至边桩的距离随地面坡度的变化而变化。图 11-4-4（a）是路堤中桩至左右边桩的距离 $D_上$ 和 $D_下$,分别为:

$$\left.\begin{aligned} D_上 &= \frac{B}{2} + mh_上 \\ D_下 &= \frac{B}{2} + mh_下 \end{aligned}\right\} \qquad （11\text{-}4\text{-}3）$$

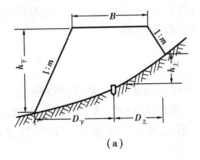
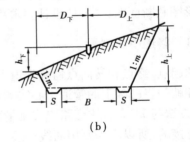

$$（a）\qquad\qquad（b）$$

图 11-4-4

图 11-4-4（b）所示为路堑中桩至左右边桩的距离 $D_上$ 和 $D_下$,分别为

$$\left.\begin{aligned} D_上 &= \frac{B}{2} + S + mh_上 \\ D_下 &= \frac{B}{2} + S + mh_下 \end{aligned}\right\} \qquad （11\text{-}4\text{-}4）$$

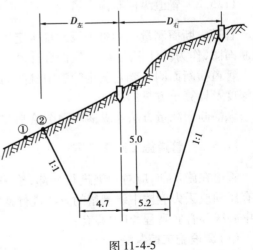

图 11-4-5

以上两式中,B、S、m 为设计给定,所以 $D_上$ 和 $D_下$ 随 $h_上$ 和 $h_下$ 而变化,由于 $h_上$ 和 $h_下$ 是边桩处地面与中桩的高差,故 $h_上$ 和 $h_下$ 为未知数。因此,在实际工作中,采用"逐渐趋近法"测设。

例如图 11-4-5 所示路堑,设左侧路基与边沟之和 4.7 m（曲线处加宽）,右侧为 5.2 m（曲线处加宽）,中桩挖深为 5 m,边坡坡度为 1:1,现以左侧为例说明边桩测设。

1）估算边桩位置 先设地面平坦,则 $D_左 = 4.7 + 5.0 \times 1 = 9.7$ m,实际地形左侧地面较中桩处低,估计低1 m,即$h_左 = (5 - 1)$ m = 4 m,则有$D_左 = 4.7$ m $+ (4 \times 1)$ m = 8.7 m。在地面上自中桩向左量水平距离8.7 m,定出临时点①。

2)实测①点与中桩间的高差,假设为1.4 m,则①点距中桩的距离为

$$D_左 = 4.7 + (5 - 1.4) = 8.3 \text{ m}$$

此值比原估算值8.7 m要小,故正确的边桩位置在①点处内侧。

3)重估边桩位置,应在8.3~8.7 m之间,假设在8.5 m处地面定出②点。

4)实测②点与中桩间差为1.2 m,则②点的边桩距应为

$$D_左 = 4.7 + (5 - 1.2) = 8.5 \text{ m}$$

此值与估计值相符,故②点即为左侧边桩位置。

11.5 管道工程测量

管道工程包括给排水、供气、输油、电缆等管线工程。这些工程一般属于地下构筑物,在较大的城镇及工矿企业,各种管道常相互穿插,纵横交错。因此在施工过程中,要严格按设计要求进行测量工作,确保施工质量。管道工程测量的主要任务有两个方面,一是为管道工程的设计提供地形图和断面图;二是按设计要求将管道位置敷设于实地。

11.5.1 管道中线测量

管道的起点、终点和转向点通称管道主点,主点位置及管道方向是设计确定的。管道中线测量的任务就是将已确定的管道中心线测设于实地。其内容包括:主点测设、中桩测设、转向角测量等,方法与11.2所述道路中线测量基本相同,不再赘述。而管道的转向处是用不同规格的弯头连接的,所以不需要用曲线连接。

11.5.2 管道纵横断面测量

管道纵断面测量就测量中线测量所定各中线桩处地面高程,根据各桩点高程和桩号绘制纵断面图,作为设计管道坡度、埋深和计算土方量的依据。

管道横断面测量就是测定管道中桩两侧地面起伏情况、绘制横断面图,作为开挖沟槽宽度与深度及计算土方量的依据。

纵横断面测量方法及纵横断面图绘制方法与11.3相同。

11.5.3 管道施工测量

管道在施工前,应对中桩进行检测,检测结果与原成果较差符合规定时,应采用原成果。若有碰动或丢失应按中线测量的方法进行恢复。在施工中,测量工作的主要任务就是控制管道中心线和管底高程,其内容有:

(1)测设施工控制桩

在施工时,管道中线上的中线桩将被挖掉,为了便于及时恢复管道中线位置以指导施工,应设立中线控制桩。方法是在管道主点处的中线延长线上设置中线控制桩,图11-5-1所示。中线控制桩应设在不受施工破坏、便于引测、便于保存的地方。

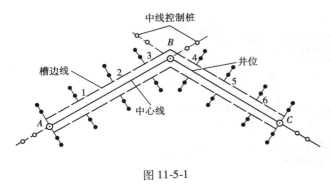

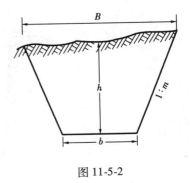

图 11-5-1　　　　　　　　　　　　　　　　　图 11-5-2

(2) 槽口放线

根据管经大小,埋设深度,决定开槽宽度,并在地面上定出沟槽边线的位置。若断面比较平缓,如图 11-5-2,开挖宽度可用式(11-5-1)计算。

$$B = b + 2mh \tag{11-5-1}$$

式中:b——槽底宽度

$1：m$——边坡比

(3) 测设控制中线和高程的标志

当管道开挖到一定的深度,为了方便控制管道中线和管底高程,常采用龙门板法。

龙门板跨槽设置,间隔一般为 10 ~ 20 m,编以板号,如图 11-5-3 所示。龙门板由坡度板和坡度立板组成,根据中线控制桩,用经纬仪将管道中线投测到各坡度板上,并钉一小钉作为标志,称为中线钉。坡度板上中线钉的连线即为管道中线方向。

为了控制管槽开挖深度和管道设计高程,应在坡度立坡上测设设计坡度。根据附近水准点,用水准仪测出各坡度板板顶高程,根据管道坡度,计算出该处管底设计高程,则坡顶高程与管底设计高程之差,即为该处自坡顶的下挖深度,通称下返数。如图 11-5-4 所示,由于地面起伏,各坡度板的下返数不一致,为了方便使用,实际工作中常使下返数为一整数

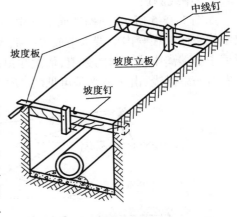

图 11-5-3

C。具体做法是在立板上横向钉一小钉,称为坡度钉,按式(11-5-2)计算坡度钉距板顶的调整距离 δ。

$$\delta = C - (H_{板顶} - H_{管底}) \tag{11-5-2}$$

式中:$H_{板顶}$——坡度板顶高程;

$\quad\ H_{管底}$——管底设计高程。

根据计算出的 δ 在坡度立板上用小钉标定其位置,δ 为正自坡度板顶上量 δ,反之下量 δ。

例 某管道工程选定下返数 $C = 1.5$ m,$0 + 100$ 桩处板顶实测高程 $H_{板顶} = 24.584$ m,该处管底设计高程为 $H_{管底} = 23.000$ m,则

$$\delta = 1.500 - (24.584 - 23.000) = -0.084 \text{ m}$$

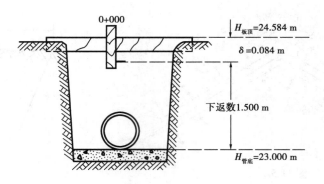

图 11-5-4

以该板顶处向下量取 0.084 m,在坡度立板上钉一小钉,作为坡度钉。

11.5.4 顶管施工测量

当管道穿越公路、铁路或其他建筑物时,不能用开槽方法施工,而采用顶管施工的方法。

采用顶管施工时,应先挖好工作坑,在工作坑内安放导轨,并将管材放在导轨上,沿着中线方向顶进土中,然后将管内土方挖出,再顶进,再挖,循序渐进。在顶管施工中测量工作的任务就是控制管道中线方向、高程和坡度。

(1) 中线测设

如图 11-5-5 所示,根据地面上标定的中线控制桩,用经纬仪将中线引测到坑底,在坑内标出中线方向。在管内前端水平放置一把木尺,尺上有刻划并标明中心点,则可以用经纬仪测出管道中心偏离中线方向的数值,依次在顶进中进行校正。如果使用激光准直经纬仪,沿中线方向发射一束激光,由于激光是可见的,所以在管道顶进中进行校正更为方便。

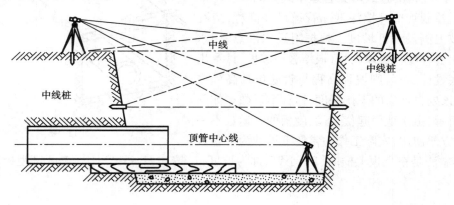

图 11-5-5

(2) 高程测设

在工作坑内测设临时水准点,用水准仪测量管底前后端高程,可以得到管底高程和坡度,将其与设计值进行比较,求得校正值,在顶进中进行校正。

11.5.5 管道竣工测量

在管道工程中竣工图反映了管道施工的成果及其质量,也是以后进行管理、维修和改建扩建的资料。所以在管道工程竣工后,应测绘 1∶500～1∶2 000 比例尺的竣工图,包括平面图和纵断面图。

管道竣工平面图,主要测绘管道起点、转折点、终点、检查井及附属构筑物竣工后的实际平面位置和高程,测绘管道与附近地物(房屋、道路、高压电线杆等)的相互位置关系。

管道竣工纵断面图,应在回填土之前进行,用水准测量的方法测定管顶的高程和检查井内管底的高程,距离用钢尺丈量并绘制竣工后实际纵断面图。

11.6　桥梁施工测量

在铁路、公路和城市道路的建设中,遇河架桥,必然要修建大量的桥梁。桥梁在勘测设计、建筑施工和运营管理期间都需要进行大量的测量工作。

桥梁按其轴线长度分为特大型桥(＞500 m)、大型桥(100～500 m)、中型桥(30～100 m)和小型桥(＜30 m)4 类。在桥梁施工时,测量工作的任务是精确地放样桥墩、桥台的位置和跨越结构的各个部分,并随时检查施工质量。一般来说,对中小型桥,由于河窄水浅,桥墩、桥台间的距离可用直接丈量的方法放样。对于大型桥或特大型桥,就必须建立平面和高程控制网,再进行施工放样。本节主要介绍桥梁施工控制测量及桥墩、桥台中心定位。

11.6.1　施工控制测量

(1)平面控制测量

桥梁平面控制测量的任务是放样桥墩台中心位置和轴线长度。桥梁平面控制网一般采用双三角形、大地四边形、双大地四边形等图形,如图 11-6-1 所示。为了保证桥轴线的精度和施工放样方便,应将桥轴线作为控制网的一条边,图中 AB 连线即为桥轴线。

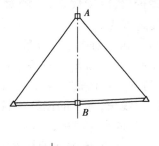
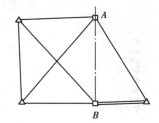
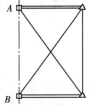
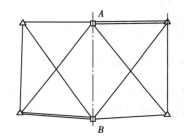

图 11-6-1

观测时,观测网中所有的水平角度,边长测量视精度要求而定,可全测,也可测量部分边长,但至少需测定两条边长,最后计算各点坐标。大型桥梁的平面控制网也可以用全球定位系统(GPS)技术进行布设。

(2)高程控制测量

在桥梁施工中,两岸应建立统一的高程系统,所以应将高程从河一岸传送到另一岸。因水准测量视线通过河面时,受大气折光影响较大,同时当河宽超过规定的视线长度时,照准标尺读数的精度太低,以及前后视距相差太大,使仪器视准轴与水准管轴不平行而产生的误差和地球曲率的影响都会增加,这时可采用跨河水准测量的方法进行。

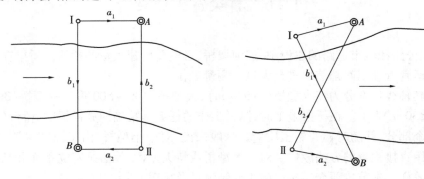

图 11-6-2

过河水准测量用两台水准仪同时作对向观测,两岸测站点和立尺点布置成如图 11-6-2 所示图形。图中 I、II 为测站点,A、B 为立尺点。要求 IA 与 IIB,IB 与 IIA 的长度尽量相等,并使 IA、IIB 的长度均不小于 10 m。

观测时,在两岸 I、II 两测站各安置水准仪,两台水准仪同时观测。I 站上先测本岸近尺,得读数 a_1,后测对岸远尺读数 2~4 次,取平均值得 b_1,其高差为 $h_1 = a_1 - b_1$。此时 II 站上也同样先测本岸近尺,得读数 a_2,再测对岸远尺读数 2~4 次,取平均值得 b_2,其高差为 $h_2 = a_2 - b_2$。h_1 和 h_2 的较差若在限差之内,则取其平均值,即完成一个测回。一般进行 4 个测回。

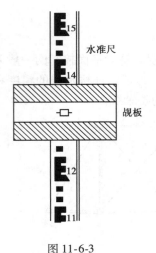

图 11-6-3

由于过河水准测量的视线长,远尺的读数比较困难,可在水准尺上安装一个能沿尺上下移动的觇板,如图 11-6-3。由观测员指挥司尺员上下移动觇板,使觇板中间的横线与水准仪十字丝横丝重合,然后由司尺员在水准尺上读取读数。

11.6.2 桥梁墩台定位测量

桥梁中线的长度测定后,即可根据设计图上桥位桩号在中线上测设出桥梁墩台的位置。桥梁墩台定位测量是桥梁施工测量中的关键工作。测设方法有直接丈量法、角度交会法和极坐标法。

(1)直接丈量法

如图 11-6-4 所示,首先由桥轴线控制桩、两桥台和各桥墩中心的里程算出其间的距离;然后用钢尺或光电测距仪,沿桥梁中线方向依次放出各段距离,定出墩台中心位置。

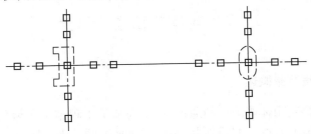

图 11-6-4

定出墩台中心位置后,在其上安置经纬仪,以桥轴线为基准放出墩台的横向轴线,以便指导基础施工。为了便于恢复墩台中心位置,在纵横轴线上,基坑开挖线以外,每端应设两个以上的控制桩。

(2) 角度交会法

大中型桥梁的桥墩一般位于水中,可采用角度交会法测设桥墩中心位置。

如图 11-6-5 所示,先根据三角点 C、A、D 的坐标及 P_i 点的设计坐标计算出交会角 α_i 和 β_i;然后在 C、A、D 三点各安一台经纬仪,置于桥轴线上 A 点的仪器瞄准 B 点,标定出桥轴线方向。置于 C、D 点的仪器后视 A 点,分别测设 α_i、β_i 角,以正倒镜分中法定出各站的交会方向线。三条方向线的交点即为桥墩中心 P_i 点。

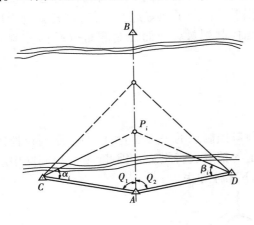

图 11-6-5

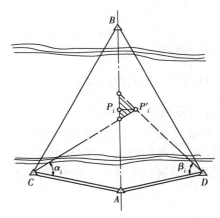

图 11-6-6

由于测量误差的影响,三条方向线若不交于一点,而形成一个示误三角形,如图 11-6-6 所示。若示误三角形在桥轴线方向上的边不大于规定数值(墩底放样为 2.5 cm,墩顶放样为 1.5 cm),则取 C、D 两点所测方向线的交点 P'_i 在桥轴线上的投影点 P_i 作为桥墩的中心位置。

(3) 极坐标法

一般在桥梁设计中,墩台中心坐标 $(X、Y)$ 已设计给出,这样根据控制点 C、A、D 坐标和墩台中心的设计坐标,反算出 α、β、Q_1、Q_2 以及三角形的边长(图 11-6-5),然后利用全站仪用极坐标法放样墩台位置,极坐标法详见第 10 章。

11.7　隧道工程施工测量

11.7.1　隧道工程测量概述

隧道是线路工程穿越山体等障碍的通道,或是为地下工程施工所做的地面与地下联系的通道。隧道施工是从地面开挖竖井或斜井、平峒进入地下的。为了加快工程进度,通常采取多井开挖以增加工作面的办法,如图 11-7-1 所示。在对向开挖的隧道贯通面上,中线不能吻合,这种偏差称为贯通误差。贯通误差包括纵向误差 Δt、横向误差 Δu、高程误差 Δh。其中,纵向误差仅影响隧道中线的长度,容易满足设计要求。因此,根据具体工程的性质、隧道长度和施工方法的不同,一般只规定贯通面上横向误差及高程误差的限差:$\Delta u < 50 \sim 100 \ mm$、$\Delta h < 30 \sim 50 \ mm$。在隧道工程施工过程中,需要利用测量技术指定隧道的开挖井位、开挖方向,控制隧道的贯通误差等。为了做好这些工作,首先要进行地面控制测量。地面控制测量分平面控制和高程控制两部分。

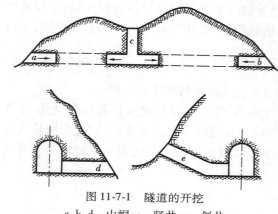

图 11-7-1　隧道的开挖

a、b、d—山峒;c—竖井;e—斜井

11.7.2　地面控制测量

(1)平面控制测量

隧道工程平面控制测量的主要任务是测定各洞口控制点的平面位置,以便根据洞口控制点将设计方向导向地下,指引隧道开挖,并能按规定的精度进行贯通。因此,平面控制网中应包括隧道的洞口控制点。通常,平面控制测量有以下几种方法。

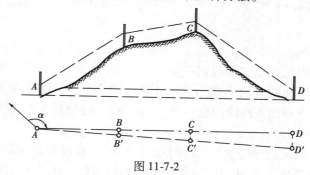

图 11-7-2

①直接定线法

对于长度较短的直线隧道,可以采用直接定线法。如图 11-7-2 所示,A、D 两点是设计的直线隧道洞口点,直接定线法就是把直线隧道的中线方向在地面标定出来,即在地面测设出位于 AD 直线方向上的 B、C 两点,作为洞口点 A、D 向洞内引测中线方向时的定向点。

在 A 点安置经纬仪,根据概略方位角 α 定出 B' 点。搬经纬仪到 B' 点,用正倒镜分中法延长直线到 C' 点,同法再延长直线到 D 点近旁 D' 点,在延长直线的同时,用经纬仪视距法或用测距仪测定 AB'、$B'C'$ 和 $C'D'$ 的长度。计算 C 点的位移量,在 C' 点垂直于 $C'D'$ 方向量取 $C'C$,定出 C 点。安置经纬仪于 C 点,用正倒镜分中法延长 DC 至 B 点,再从 B 点延长至 A 点。如果不与 A 点重合,则进行第二次趋近,直至 B、C 两点正确位于 AD 方向上。B、C 两点即可作为在 A、D 点指明掘进方向的定向点,A、B、C、D 的分段距离用测距仪测定,测距的相对误差不应大于 1 : 5 000。

②导线测量法

连接两隧道口布设一条导线或大致平行的两条导线,导线的转折角用 DJ$_2$ 级经纬仪观测,距离用光电测距仪测定,相对误差不大于 1 : 10 000。经洞口两点坐标的反算,可求得两点连线方向的距离和方位角,据此可以计算掘进方向。

③三角网法

对于隧道较长、地形复杂的山岭地区,地面平面控制网一般布置成三角网形式,如图 11-7-3 所示。测定三角网的全部角度和若干条边长,或全部边长,使之成为边角网。三角网的点位精度比导线高,有利于控制隧道贯通的横向误差。

④GPS 法

用全球定位系统 GPS 技术作地面平面控制时,只需要布设洞口控制点和定向点且相互通视,以便施工定向之用。不同洞口之间的点不需要通视,与国家控制点或城市控制点之间的联测也不需要通视。因此,地面控制点的布设灵活方便,且定位精度目前已优于常规控制方法。

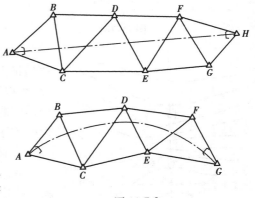

图 11-7-3

(2)高程控制测量

高程控制测量的任务是按规定的精度施测隧道洞口(包括隧道的进出口、斜井口和平峒口)附近水准点的高程,作为高程引测进洞的依据。高程控制通常采用三、四等水准测量的方法施测。

水准测量应选择连接洞口最平坦和最短的线路,以期达到设站少、观测快、精度高的要求。每一洞口埋设的水准点不少于两个,且以安置一次水准仪即可联测为宜。两端洞口之间的距离大于 1 km 时,应在中间增设临时水准点。

11.7.3　隧道施工测量

(1)隧道掘进的方向、里程和高程测设

洞外平面和高程控制量完成后,即可求得洞口点(各洞口至少有两个)的坐标和高程,根据设计参数计算洞内中线点的设计坐标和高程。坐标反算得到测设数据,即洞内中线点与洞口控制点之间的距离、角度和高差关系。测设洞内中线点位。

①掘进方向测设数据计算

如图 11-7-4 所示一直线隧道的平面控制网,A、B、C、…、G 为地面平面控制点。其中 A、G 为洞口点,S_1、S_2 为设计进洞的第 1、第 2 个中线里程桩。为了求得 A 点洞口中线掘进方向及掘

255

进后测设中线里程桩 S_1，用坐标反算公式求测设数据：

$$\alpha_{AB} = \arctan\left[\, (Y_B - Y_A)/(X_B - X_A)\,\right]$$

$$\alpha_{AG} = \arctan\left[\, (Y_G - Y_A)/(X_G - X_A)\,\right]$$

$$D_{A-S1} = \sqrt{(X_{S1} - X_A)^2 + (Y_{S1} - Y_A)^2}$$

对于 G 点洞口的掘进测设数据，可以作类似的计算。

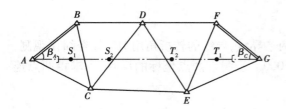

图 11-7-4

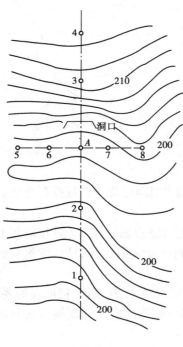

图 11-7-6

图 11-7-5

对于中间具有曲线的隧道，如图 11-7-5 所示，隧道中线转折点 C 的坐标和曲线半径 R 已由设计文件给定。因此，可以计算两端进洞中线的方向和里程并测设。当掘进达到曲线段的里程以后，按照测设线路工程平面圆曲线的方法测设曲线上的里程桩。

②洞口掘进方向标定

隧道贯通的横向误差主要由隧道中线方向的测设精度所决定，而进洞时的初始方向尤为重要。因此，在隧道洞口，要埋设若干个固定点，将中线方向标定于地面，作为开始掘进及以后与洞内控制点联测的依据。如图 11-7-6所示，用 1、2、3、4 标定掘进方向，再在洞口点 A 与中线垂直方向上埋设 5、6、7、8 桩。所有固定点应埋设在不易受施工影响的地方，并测定 A 点至 2、3、6、7 点的平距。这样，在施工过程中可以随时检查或恢复洞口控制点的位置和进洞中线的方向及里程。

③洞内中线和腰线的测设

中线测设

图 11-7-7 所示，为直线隧道，图中 P_1、P_2 为导线点，

A、D 为待测设的隧道中线点，测设数据 β_2、D_1、β_A 可由 P_1、P_2 的实测坐标和 A 点的设计坐标以

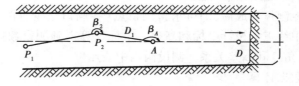

图 11-7-7

及隧道中线的设计方位角 α_{AD} 求出

$$\beta_2 = \alpha_{P_2-A} - \alpha_{P_2-P_1}$$

$$\beta_A = \alpha_{A-D} - \alpha_{A-P_2}$$

$$D_1 = \sqrt{(X_A - X_{P_2})^2 + (Y_A + Y_{P_2})^2}$$

求得测设数据后,将经纬仪安置于 P_2 点,后视 P_1 点,拨角 β_2,并在视线方向上量距 D_1,即得中线点 A。然后在 A 点安置经纬仪,后视 P_2,拨角 β_A 即得中线方向,按设计距离 AD 定出 D 点。随着隧道逐渐向前延伸,D 点离开挖面越来越远,则必须在开挖面处埋设新的中线点,此时可将仪器置于 D 点,后视 A 点,用正倒镜法继续向前标出中线方向,指导开挖。

腰线测设

为了控制隧道的标高与坡度,通常采用腰线法。当高程由洞口水准点引入洞内后,如图 11-7-8 所示,水准仪后视水准点 P_1,读取后视读数 a,则可算出仪器的视线高程。再根据腰线上 A、B 的设计高程,分别求出 A、B 两点与仪器视线间的高差 h_1、h_2,根据 h_1、h_2 便可在边墙上定出 A、B 两点,两点的连线即为腰线,用此腰线可指导隧道底板和顶板的施工。

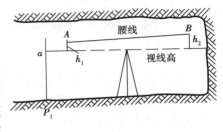

图 11-7-8

在隧道施工过程中,测量人员还要经常测量检查隧道横断面的尺寸,看是否符合设计要求,并计算土石方工程量。

④掘进方向指示

隧道的开挖掘进过程中,洞内工作面狭小,光线暗淡。因此,在隧道掘进的定向工作中,经常使用激光准直经纬仪或激光指向仪,以指示中线和腰线方向。它具有直观、对其他工序影响小、便于实现自动控制等优点。例如,采用机械化掘进设备,用固定在一定位置上的激光指向仪,配以装在掘进机上的光电接收靶,当掘进机向前推进中,方向如果偏离了指向仪发出的激光束,则光电接收靶会自动指出偏移方向及偏移值,为掘进机提供自动控制的信息。

(2)洞内施工导线和水准测量

①洞内导线测量

在隧道掘进过程中,是以支导线的形式来指示中线方向的,其中线点间的边长 20 ~ 50 m,这种导线一般为施工导线。由于测量误差影响,各点不一定严格在设计的中线上,为使隧道中线继续沿设计方向向前延伸,在平面上正确贯通,所以当隧道掘进距离较长时,要及时布设基本导线(可用施工导线点),边长一般为 100 m 左右,每次测定新点时,要将以前的基本导线点进行检核。

地下导线的角度测量,可采用 DJ_2 级经纬仪测两个测回,或者 DJ_6 级经纬仪测四个测回,测角中误差不应超过 $\pm 5''$,距离测量相对误差不大于 1/5 000。隧道贯通后,两相对开挖的隧道中线横向贯通误差不应超过 100 mm(两洞口之间长度不大于 4 km),或不超过 150 mm(两洞口之间长度在 4 ~ 8 km),纵向误差不超过隧道长度的 1/2 000。地下导线要按附合导线重新观测,求出各导线点的坐标,并确定隧道中线位置。

②洞内水准测量

地下水准测量的目的是在地下建立与地面统一的高程系统,以作为隧道施工放样的依据,保证隧道在竖向上正确贯通。地下水准测量是以洞口水准点为高程依据,沿水平坑道、竖井或斜井将高程引测到地下,然后再测量地下隧道内各水准点高程。

地下水准路线一般与地下导线测量路线相同,可采用导线点作为水准点,水准点的位置可埋设在隧道底板或顶板上。在隧道没有贯通以前,地下水准路线均为支线,因而需要往返观测进行检核。水准点按三、四等水准测量要求施测。当水准点在顶板上时,地下水准测量常采用倒尺法传递高程,如图 11-7-9 所示,高差计算公式仍为 $h = a - b$,但倒尺读数为负值。

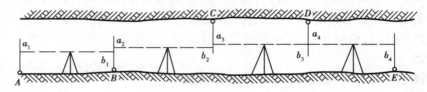

图 11-7-9

当隧道贯通后,由两端水准路线引测的贯通面处的同一水准点两高程之差即为高程贯通误差,其值不应超过 50 mm。然后将两洞口的高级水准点连成附合水准路线进行实测,经平差后计算出洞内各水准点的高程。

11.7.4 竖井定向测量

在城市修建地下铁路、矿山地下采矿、过江隧道等工程施工中,除采用平洞、斜井增加工作面外,还可以采用开挖竖井的方法。为了保证地下各相对开挖面的正确贯通,就必须将地面控制点坐标、方向及高程通过竖井传递到井下去,这种传递工作称为竖井联系测量。

将地面控制点的坐标、方向经竖井传递到地下的测量工作叫做竖井定向测量。常用以下几种方法进行竖井定向测量。

(1)瞄直法

如图 11-7-10 所示在竖井挂两垂线 O_1、O_2,在地面控制点 A 上安置经纬仪,调整两垂线,使 A、O_1、O_2 三点为一直线,并大致为井下巷道的中线方向。

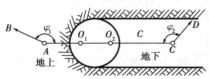

图 11-7-10

在井下以 O_1、O_2 方向目测定线,在 O_1、O_2 方向线上做一标记为 C 点,然后在 C 点上安置经纬仪,仪器在架头上平移,使仪器中心与 O_1、O_2 精确地在同一竖直平面内,再用光学对点器投点,得到 C 点的精确位置。用经纬仪分别测出地上地下连接角 φ_1、φ_2,并用钢尺丈量出 A—O_1、O_1—O_2、O_2—C 的长度,最后按导线测量计算方法求出地下控制点 C 的坐标及 CD 边的坐标方位角。此法测量计算简单,但精度较低,主要用于短隧道定向测量。

(2)联系三角形法

如图 11-7-11 所示,在井筒内挂两条吊垂线 O_1、O_2,A 点为近井的控制点,C 点地下导线的起点,则地上地下形成两个狭长的三角形 AO_1O_2 和 CO_1O_2,O_1O_2 为公共边,通常称为联系三角形。在地面观测角 α_1 及连接角 φ_1,并丈量三角形边长 a_1、b_1、c_1,在地下观测角 a_2 及连接角 φ_2,并丈量三角形边长 a_2、b_2、c_2,β_1、β_2 两角由计算求出,则可根据导线 A—O_2—O_1—C 计算出地下控制点 C 的坐标及 CD 边的坐标方位角。

为了提高定向精度,两垂线间的距离应尽量大一些,a_1、a_2 应尽量小,不应大于 3°,b/a 的

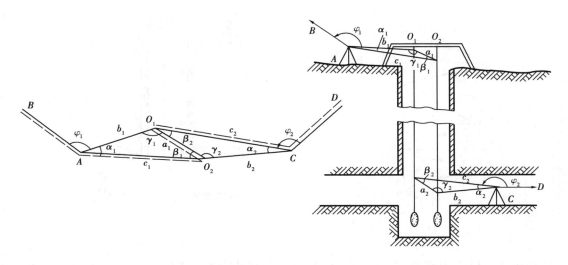

图 11-7-11

数值应大约等于 1.5, 观测时角度用 DJ_2 级经纬仪观测 4 个测回, 取平均值, 边长用检定过的钢尺丈量 4 次取平均值, 井上井下丈量两垂线间距之差不应大于 2 mm, 两垂线间实量间距与按余弦定理计算的间距之差值不应超过 2 mm。

(3)陀螺经纬仪定向

陀螺经纬仪定向是将陀螺仪装在经纬仪照准部上, 如图 11-7-12, 陀螺仪自由悬挂的转子高速旋转时, 因受到地球自转的影响产生重力矩, 陀螺转子轴则指向子午线方向, 即真北方向, 并可在经纬仪水平度盘上读取真北方向读数, 当经纬仪瞄准需要定向边方向时, 读取水平度盘读数, 即可达到确定该方向真方位角的目的。

当用陀螺经纬仪定向时, 将仪器安置于测站 A 点上, 如图 11-7-13瞄准未知点 B, 读取水平度盘读数 M。然后接上电源, 使望远镜大致指向北方向, 水平微动螺旋置于中间位置, 抬起陀螺房托

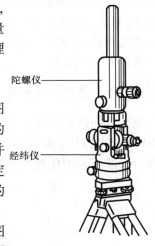

图 11-7-12

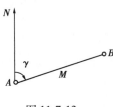

图 11-7-13

盘, 在陀螺房吊丝不受力的情况下起动转子(指示灯亮), 转子逐渐加速旋转, 直至达到额定转速时(指示灯灭), 将托盘缓慢平稳地放下, 使陀螺房悬挂在吊丝上。高速旋转的陀螺轴在子午面两侧不断地作衰减往返摆动, 如图 11-7-14 所示, 用水平微动螺旋连续跟踪, 并读取摆动指示线到达东西两端转向点(逆转点)的水平度盘读数值 a_1、a_2、$a_3 \cdots$, 每三个连续的读数计算出一个中点位置 $N_i (i = 1, 2, 3 \cdots)$ 故

$$N_i = \frac{\frac{(a_1 + a_2)}{2} + a_2}{2} \qquad (11\text{-}7\text{-}1)$$

取各个 N_i 的平均值, 即可得出测站真北方向的水平度盘读数 N, 则 AB 边的真方位角为

$$\gamma = M - N \qquad (11\text{-}7\text{-}2)$$

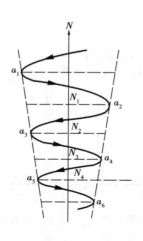

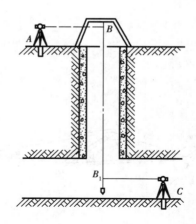

图 11-7-14 图 11-7-15

如图 11-7-15 若要将地面坐标传递到井下去,在竖井中吊一垂线 B,将陀螺经纬仪安置于近井控制点 A 上,测出 AB 边的真方位角 γ,并利用经纬仪测出 AB 边的坐标方位角 a_{AB},求出二者之差,并丈量出 AB 水平距离,则可计算出 B 点(吊垂线)的坐标。然后在井下控制点 C 上安置陀螺经纬仪,测出 CB 边的真方位角 a_{CB},并换算出坐标方位角 a_{CB},再丈量出 CB 水平距离,即可求得 C 点的坐标。

11.7.5 竖井传递高程

竖井传递高程的任务就是将地面点高程通过竖井传递到井下去使地上地下建立统一的高程系统。如图 11-7-16 所示,将一钢尺悬吊在竖井中,A 为地上水准点,B 为地下待测高程点,用两台水准仪分别在地上地下观测,b_1 和 a_2 读数必须在同一时刻读取。$b_1 - a_2$ 为井上井下两

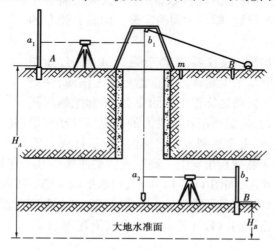

图 11-7-16

水准仪视线间的钢尺长,应对其进行温度和尺长改正,则 B 点的高程为

$$H_B = H_A + a_1 - [(b_1 - a_2) + \Delta l_t + \Delta l] - b_2 \qquad (11\text{-}7\text{-}3)$$

式中 $\Delta l_t = al(t_{均} - t_0)$ 为温度改正数，$t_{均}$ 为井上井下温度的平均值，Δl 为钢尺尺长改正数。

习题与思考题

1　如习题图 11-1 所示，已知设计管道主点 A、B、C 的坐标，在此管线附近有导线点 1、2、…等，其坐标已知。试求出根据 1、2 两点用极坐标法测设 A、B 两点所需的测设数据，并提出校核方法和所需的校核数据。

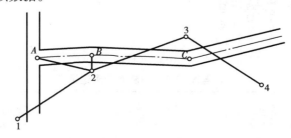

习题图 11-1

$$1\ 点\begin{cases} x_1 = 481.\ 11\ m \\ y_1 = 322.\ 00\ m \end{cases} \qquad 2\ 点\begin{cases} x_2 = 562.\ 00\ m \\ y_2 = 401.\ 90\ m \end{cases}$$

$$A\ 点\begin{cases} x_A = 574.\ 00\ m \\ y_A = 328.\ 00\ m \end{cases} \qquad B\ 点\begin{cases} x_B = 586.\ 00\ m \\ y_B = 400.\ 10\ m \end{cases}$$

2　已知管道起点 0 +000 的管底高程为 15.720 m，管线坡度为 -1%。试按习题表 11-1 中有关数据计算出各坡度板处的管底高程，并按实测板顶高程选取下返数，再按选定的下返数计算出各坡度板顶高程的调整数（已知 BM.3 的高程为 18.056 m）。

习题表 11-1　管线坡度测定记录

板号	后视	仪器高程	前视	板顶高程	管底高程	高差	选定下反数	板钉高程调整数	坡度钉高程
BM.3	1.78	19.840			15.720				
0 +000	4		1.430						
0 +020			1.440						
0 +40			1.515						
0 +060			1.606						
0 +080			1.348						
0 +100			1.357						

3　根据线路纵断面水准测量示意图按记录手簿填写观测数据，并计算各点的高程（0 +000 的高程为 35.150 m），再根据计算成果绘制纵面图（水平比例尺 1：1 000，高程比例尺 1：50），绘出起点设计高程为 33.50 m，坡度为 +7.5% 的线路。

4　在 N0.5 ~ N0.6 两井（距离为 50 m）之间，每 10 m 在沟槽内设置一排腰桩，已知 N0.5 井的管底高程为 135.250 m，其坡度为 -8%，设置腰桩是从附近水准点（高程为 139.234 m）引测的,选定下返数为 1 m。设置时,以临时水准点为后视读数 1.54 m,在习题表 11-2 中计算出钉各腰桩的前视读数。

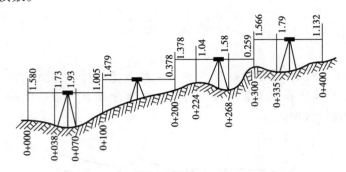

习题图 11-2

习题表 11-2　横断面测量记录

$\frac{前视读数}{至中线距离}$(左)			$\frac{后视读数}{桩号}$	(右)$\frac{前视读数}{至中线距离}$		
$\frac{0.21}{20.0}$	$\frac{0.81}{7.8}$	$\frac{1.32}{3.2}$	$\frac{1.54}{0+020}$	$\frac{1.14}{4.2}$	$\frac{2.79}{11.7}$	$\frac{2.81}{20.0}$
$\frac{0.32}{20.0}$	$\frac{0.57}{14.5}$	$\frac{1.02}{3.7}$	$\frac{1.05}{0+035.6}$	$\frac{1.25}{5.5}$	$\frac{2.36}{10.5}$	$\frac{2.40}{20.0}$

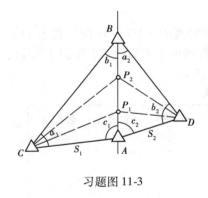

习题图 11-3

5　根据上表的数据在计算出各点与中桩间的高差后,按距离和高差比例尺均为 1∶200,在一张厘米方格纸上绘出中线上 0+020 和 0+035.6 两横断面图。

6　如图习题图 11-3 所示,布设一个桥梁三角网,量测了基线 S_1、S_2 并观测各三角网的内角。具体观测数据如下:

$a_1 = 44°49'32''$　　　　　$a_2 = 33°49'46''$

$b_1 = 37°26'18''$　　　　　$b_2 = 63°32'52''$

$c_1 = 97°44'08''$　　　　　$c_2 = 82°37'22''$

$S_1 = 57.065$ m　　　　　$S_2 = 41.147$ m

试进行小三角网的闭合差调整,并计算出桥轴线 AB 的长度。

7　设习题图 11-3 中,$AP_1 = 18.00$ m,$AP_2 = 48.000$ m,试计算用角度交会法测设桥墩中心位置 P_1 和 P_2 的放样数据。

8　已知线路的转角 $\alpha = 39°15'$,又选定曲线半径为 $R = 220$ m,试计算用偏角法测设圆曲线主点及细部点的放样数据。

9　根据上题的已知数据,再计算用切线支距法测设圆曲线所需的放样数据,并简述它的测设方法。

参 考 文 献

［1］中华人民共和国国家标准（GB50026—93）. 工程测量规范. 北京：中国计划出版社，1993

［2］武汉测绘科技大学《测量学》编写组. 测量学（第 3 版）. 北京：测绘出版社，1991

［3］合肥工业大学等合编. 测量学（第 4 版）. 北京：中国建筑工业出版社，1995

［4］过静珺主编. 土木工程测量. 武汉：武汉理工大学出版社，2000

［5］李青岳，陈永奇主编. 工程测量学. 测绘出版社，1999

［6］杨德麟等编著. 大比例尺数字测图的原理、方法与应用. 北京：清华大学出版社，1998